青少年心理发展（第二版）

Adolescent Development: Advances in Recent Research

雷雳 张雷 著

图书在版编目(CIP)数据

青少年心理发展/雷雳,张雷著.—2版.—北京:北京大学出版社,2015.9
ISBN 978-7-301-26307-5

Ⅰ.①青… Ⅱ.①雷… ②张… Ⅲ.①青少年心理学 ②青少年—心理健康—健康教育—研究 Ⅳ.①B844.2 ②G479

中国版本图书馆 CIP 数据核字(2015)第 216042 号

书　　　名	青少年心理发展(第二版)
著作责任者	雷　雳　张　雷　著
责 任 编 辑	赵晴雪
标 准 书 号	ISBN 978-7-301-26307-5
出 版 发 行	北京大学出版社
地　　　址	北京市海淀区成府路 205 号　100871
网　　　址	http://www.pup.cn
电 子 信 箱	zpup@pup.cn
新 浪 微 博	@北京大学出版社
电　　　话	邮购部 62752015　发行部 62750672　编辑部 62752021
印 刷 者	北京宏伟双华印刷有限公司
经 销 者	新华书店
	787 毫米×980 毫米　16 开本　16.5 印张　337 千字
	2003 年 9 月第 1 版
	2015 年 9 月第 2 版　2023 年 3 月第 3 次印刷
定　　　价	39.00 元

未经许可,不得以任何方式复制或抄袭本书之部分或全部内容。
版权所有,侵权必究
举报电话: 010—62752024　电子信箱: fd@pup.pku.edu.cn
图书如有印装质量问题,请与出版部联系,电话: 010—62756370

第二版前言

本书第一版出版于2003年，弹指一挥间，12年过去了。在此期间，关于青少年心理发展的研究获得了丰富的研究成果，这些研究成果既反映了新一代青少年的内心轨迹，也反映了时代变迁的环境印记，为我们认识青少年的心理与行为补充了新的素材和视角。本次修订的完成正是得益于此。

此次修订我们主要做了以下几方面的工作：

一是补充十余年来相关研究领域的最新研究成果，融合到相关的每一个具体主题上，以便读者紧紧把握住青少年随时代变化的成长特点。

二是对体例结构进行了适当调整，包括在理论观中补充了维果茨基的社会文化观，在青春发育期部分补充了身体发育的特点，在情绪部分补充了与父母情绪调节的关系，原来的自我中心部分补充了心理理论和对他人的理解并改为社会认知，在亲子冲突的影响因素部分补充了文化的影响，在同伴关系部分补充了恋爱关系的影响因素，在心理性别部分补充了性别认同的发展、性别角色刻板印象的发展、行为的性别定型模式的发展。另外，对各章的逻辑关系进行了适当调整，以及对某些章节内部的逻辑关系进行了适当调整，同时删去了行为遗传学部分。

三是补充了"青少年的网络心理"一章。恰恰是在过去的十余年中，互联网的运用得到快速普及，我们已经身处互联网的时代，互联网与青少年的心理发展有何关系成了人们日益关注的焦点；有幸的是，心理学家的工作已经为我们揭示了其中的一些基本特点。

四是补充了"青少年心理的进化解析"一章。过往人们熟悉的心理学研究为我们描述了青少年心理发展的特点和规律，尝试回答了"是什么"及"怎么样"的问题，但是在回答"为什么"的问题上却力有不逮；近年来兴起的进化发展心理学在此方面进行了有益的尝试。

最后一个主要的变化是，初版中文献资料反映的是西方研究中关于青少年心理发展的进展，此次修订我们注重文化和环境背景对青少年发展的影响，对基于中国文化或环境背景的研究成果尽量予以呈现，以反映中国青少年发展的特点。

同样，此次修订工作的完成得益于众多心理学家的辛勤工作，我们对他们孜孜以求的探索精神致以敬意，并表示感谢；另外也感谢苏州大学的李宏利副教授协助整理关于青少年心理的进化解析的部分；感谢本书第一版编辑陈小红女士付出的努力。感谢国家社会科学基金重大项目(12&ZD228)的支持。

我们期盼这次的修订版能够让读者读得开心、用得顺手，对读者了解、理解青少年的心理发展有所帮助；同时希望各位读者及专家对书中可能的疏漏错误予以批评指正。

作　者
2015年8月

第一版前言

自 1904 年斯坦利·霍尔出版其标志性的青少年心理学专著以来,众多的研究者对青少年心理发展的特点进行了不断探索,100 年中所积累的研究文献揭示了青少年心理发展的诸多本质特征,也描绘了时代变迁在青少年心理发展中留下的印记。我们的这本书反映过去十余年中青少年心理发展研究在西方取得的最新进展,希望它有助于读者把握当代青少年心理发展的时代脉搏,看到当代青少年心理发展的生动画面。

本书在指导思想上从终生发展的角度出发,强调青少年个性和社会性的发展,而不再是采用以往那样的以青少年认知发展为中心的框架。本书内容上涵盖了青少年发展过程中的主要方面,较为全面,从青少年的青春期适应、自我的发展,到情绪及其调适、青少年认知发展中特有的自我中心,以及青少年主要人际关系中的亲子关系和同伴关系、社会化过程中心理性别的发展及行为问题等,同时也包括了近来从行为遗传学的角度对青少年发展进行研究的最新成果;反映了最近十余年来青少年心理发展研究所取得的成果,能够反映相关研究的前沿,既有对老问题的新认识,也有对新问题的阐述。

我们在每一章安排了一个"引子",它是对相关内容的概括总结和综合分析,希望它能够帮助读者形成一个总体印象,看到有关内容的相互关系,明白该领域存在的问题,以及未来可能的发展方向。

绪论是一个特别的部分——关于青少年期的理论简介,之所以这样做,是因为本书主要反映关于青少年心理发展过去十余年来的研究进展,目的是向读者呈现青少年心理发展的最新特点。这些涉及具体问题的方面是研究者一直努力并且不断获得新发现的领域,而关于青少年期心理发展的理论并没有如火如荼地蓬勃发展,很多经典的、传统的理论在解释青少年心理发展上仍然具有生命力。为了帮助有需要的读者建立理论上的一些基本认识,我们对有代表性的、有影响的理论观点进行了简要综合,为大家提供一个基本的概念框架。

本书之所以得以完成,得益于诸多心理学家的研究成果,是他们的心血凝聚为我们呈现了当今青少年心理发展的最新画面,在此我们向他们表达敬意和感谢。此外,本书的写作得到了北京市重点学科"发展与教育心理学"的资助,以及香港优质教育资金(QEF)研究项目(EMB/QEF/P1999/2735)、香港研究资助局(RGC)研究项目(No:4339-01H)的资助,在此一并表达我们的谢意。北京大学出版社的陈小红编辑为本书的出版付出了辛勤的劳动,我们也表示衷心的感谢。

本书完稿之后虽经过反复校阅,或许还有未能发现的疏漏、不当或错误,敬请读者及同行专家不吝指正。

作 者
2003 年 7 月

目 录

绪论　青少年期发展理论简介 …………………………………………… (1)
　　一、生物学观 ……………………………………………………… (1)
　　二、精神分析观 …………………………………………………… (2)
　　三、心理社会观 …………………………………………………… (4)
　　四、认知观 ………………………………………………………… (5)
　　五、社会学习观 …………………………………………………… (7)
　　六、背景观 ………………………………………………………… (8)
　　七、文化观 ………………………………………………………… (10)

1 青春期及其适应 ………………………………………………… (13)
　　一、身体发育 ……………………………………………………… (14)
　　二、身体映像 ……………………………………………………… (18)
　　三、理想身材与体重 ……………………………………………… (20)
　　四、进食障碍 ……………………………………………………… (21)
　　五、早熟与晚熟 …………………………………………………… (24)
　　六、青春期与情绪 ………………………………………………… (27)
　　七、青春期与自尊 ………………………………………………… (29)
　　八、青春期与亲子冲突 …………………………………………… (30)

2 青少年的社会认知 ……………………………………………… (32)
　　一、心理理论 ……………………………………………………… (33)
　　二、对他人的理解 ………………………………………………… (36)
　　三、传统的自我中心观 …………………………………………… (39)
　　四、自我中心的社会认知观 ……………………………………… (41)
　　五、自我中心的"新视点"理论 …………………………………… (42)
　　六、自我中心与冒险行为 ………………………………………… (44)
　　七、自我中心与内化问题 ………………………………………… (46)
　　八、自我中心研究中的差异问题 ………………………………… (47)

3 青少年的情绪 (49)
   一、情绪的基本特点 (50)
   二、家庭冲突与情绪支持 (52)
   三、同伴关系中的情绪表现 (55)
   四、亲密关系中的情绪表现 (58)
   五、友谊中情绪表现的性别差异 (59)
   六、情绪自主与社会适应 (60)
   七、情绪调节 (62)

4 青少年的自我 (67)
   一、青少年自我的表现 (68)
   二、自我概念和自尊的变化 (71)
   三、自我概念和自尊的影响 (73)
   四、自我概念的影响因素 (75)
   五、自我概念的稳定性与改善 (78)
   六、自我认同的形成与状态 (79)
   七、自我认同的发展过程 (81)
   八、家庭对自我认同的影响 (83)
   九、性别与自我认同的发展 (84)
   十、文化与种族对自我认同的影响 (85)
   十一、自我认同状态与情绪及行为 (86)

5 青少年的心理性别 (89)
   一、性别认同的发展 (90)
   二、性别刻板印象的发展 (92)
   三、性别类型行为的发展 (94)
   四、心理性别的相似性和差异 (95)
   五、心理性别的强化 (97)
   六、生物学因素的影响 (99)
   七、社会因素的影响 (100)
   八、认知因素的影响 (103)
   九、心理性别与自我认同 (103)
   十、性别认同障碍 (104)

6 青少年的亲子关系 (107)
   一、亲子之间的交互社会化 (108)

二、亲子关系的建构 …………………………………………………… (109)
　　三、亲子关系中的亲近感 ……………………………………………… (111)
　　四、亲子关系中的自主 ………………………………………………… (113)
　　五、亲子关系中的监控 ………………………………………………… (115)
　　六、父母的养育方式 …………………………………………………… (117)
　　七、自主与亲子依恋 …………………………………………………… (118)
　　八、亲子冲突 …………………………………………………………… (121)
　　九、影响亲子冲突的因素 ……………………………………………… (123)
　　十、亲子双方的成熟 …………………………………………………… (126)

7　青少年的同伴关系 …………………………………………………… (129)
　　一、对朋友的需求 ……………………………………………………… (130)
　　二、同伴团体的功能 …………………………………………………… (132)
　　三、同伴关系与家庭关系 ……………………………………………… (133)
　　四、对同伴的服从 ……………………………………………………… (135)
　　五、同伴地位 …………………………………………………………… (137)
　　六、影响同伴地位的因素 ……………………………………………… (139)
　　七、欺负与受欺负 ……………………………………………………… (142)
　　八、青少年的朋党 ……………………………………………………… (145)
　　九、青少年的团伙 ……………………………………………………… (146)
　　十、青少年的友谊 ……………………………………………………… (148)
　　十一、恋爱关系 ………………………………………………………… (151)

8　青少年的问题行为 …………………………………………………… (155)
　　一、问题行为的特点 …………………………………………………… (156)
　　二、外化问题概说 ……………………………………………………… (160)
　　三、攻击行为 …………………………………………………………… (163)
　　四、吸烟 ………………………………………………………………… (165)
　　五、酗酒 ………………………………………………………………… (166)
　　六、物质使用 …………………………………………………………… (168)
　　七、青少年犯罪 ………………………………………………………… (169)
　　八、社会性退缩 ………………………………………………………… (171)
　　九、焦虑 ………………………………………………………………… (173)
　　十、抑郁 ………………………………………………………………… (174)
　　十一、自杀 ……………………………………………………………… (176)
　　十二、外化及内化问题的并发性 ……………………………………… (178)

9 青少年的网络心理 ……………………………………………………………… (180)
　　一、网络身体映像 ……………………………………………………………… (181)
　　二、虚拟自我 …………………………………………………………………… (183)
　　三、在线自我表现策略 ………………………………………………………… (185)
　　四、社交网站使用 ……………………………………………………………… (188)
　　五、网络恋爱关系 ……………………………………………………………… (190)
　　六、网络亲社会行为 …………………………………………………………… (193)
　　七、网上音乐 …………………………………………………………………… (194)
　　八、网络游戏 …………………………………………………………………… (196)
　　九、健康上网 …………………………………………………………………… (199)

10 青少年心理的进化解析 …………………………………………………… (202)
　　一、进化发展心理学要义 ……………………………………………………… (202)
　　二、朴素心理学的进化 ………………………………………………………… (204)
　　三、朴素生物学的进化 ………………………………………………………… (206)
　　四、情绪认知和识别 …………………………………………………………… (206)
　　五、亲子关系的进化基础 ……………………………………………………… (208)
　　六、亲子冲突的进化根源 ……………………………………………………… (209)
　　七、祖辈对后代的投资 ………………………………………………………… (212)
　　八、儿童期的不成熟适应 ……………………………………………………… (215)
　　九、青春期与不成熟适应 ……………………………………………………… (217)

参考文献 ………………………………………………………………………… (219)

绪论　青少年期发展理论简介

如何认识青少年期,可以选择的一个视角就是看看各种理论对青少年期的评说。综合起来看,这些理论可以包括生物学、病理学、心理学、生态学、社会学、社会心理学及人类学的观点,下面就介绍这些领域较有代表性、有影响的学者们的观点。不过,综合起来看,今天人们一般认为青少年的发展是受到生物因素、心理因素及社会因素的交互影响。

一、生物学观

关于青少年期的生物学观点强调这一时期是一个生理及性成熟的时期,这期间个体身体上发生了很多重要的、成长方面的变化,包含身体的、性的、生理的变化,这些理论都会涉及这些变化的原因,也都会论及这些变化所带来的后果。

生物学观点也强调生物遗传因素是青少年期的任何行为及心理变化的主要起因。成长和行为是由内在的成熟所控制的,几乎没有留给环境产生影响的余地。发展的过程表现为一种差不多是必然的、普遍的模式,与社会文化环境无关。按照某些理论家的观点,这些模式之所以形成,是进化及自然选择的结果。

被称为"青少年心理学之父"的斯坦利·霍尔(G. Stanley Hall, 1844—1924),是使用科学方法对青少年期进行研究的第一人。霍尔对查理·达尔文(Charles Darwin)的进化论很着迷,他相信"个体的发生复演了种系的发生",也就是说,个体的成长和发展过程反映了或者类比于其种系进化的历史。

根据霍尔的观点,青少年自己进入了一个"急风暴雨"(sturm and drang)的时期,青少年期本质上是动荡的。他相信青少年在荡着情绪的秋千:时而感到无聊,时而感到兴奋;今天无动于衷,明天又热情洋溢。霍尔认为,情绪极端之间的这种摇摆不定会一直持续到20岁左右。而且,我们对此无能为力,因为这是由遗传决定的。

阿诺德·格赛尔(Arnold Gesell, 1880—1961)对发展和个体的行为表现很感兴趣。他对不同年龄段的儿童和青少年的活动及行为进行了观察,建构了描述发展阶段和周期的模型。他认为成熟受到基因和生物学的调节,它们决定了行为特质的表现顺序和发展趋势。格赛尔断言,成长过程中出现的困难和异常情况会随着时间的推移而消失,所以建议父母不要使用情绪化的管教方法。

格赛尔强调,"加速发展绝不可能超越成熟",因为成熟是最重要的。尽管格赛尔承认个体差异和环境对个体发展的影响,他却认为很多基本的原则、趋势及时间顺序在人类具有普遍性。格赛尔强调发展不仅是向上的,也是螺旋式的,其特征是起伏的变化,这样的变化在不同的年龄段会有循环。比如,11岁和15岁的青少年一般都具有反叛性、好斗嘴,而12岁和16岁就比较稳定。

二、精神分析观

西格蒙德·弗洛伊德(Sigmund Freud,1856—1939)是一位维也纳的医生,他对研究大脑及神经障碍的神经病学很感兴趣。他是精神分析理论的创始人,其女儿安娜·弗洛伊德(Anna Freud,1895—1982)把他的理论运用到了青少年身上。

(一) 西格蒙德·弗洛伊德的观点

西格蒙德·弗洛伊德认为青少年期是一个性兴奋、焦虑的时期,有时甚至出现人格障碍。按照他的看法,青春期是一系列变化的积累,它们注定要给婴儿期的性生活确立最终的正常的模式。在婴儿期,当快乐与口部活动联系在一起时(口唇期,oral stage),儿童性活动的目标在自己身体以外:母亲的乳房。渐渐地,儿童的快乐变成了自体性的:他们发现自己也能从其他的口部活动中获得快乐。比如,他们学会了自己吃东西。在两三岁,儿童更多地将注意和快乐集中在肛门活动和排泄上(肛门期,anal stage)。这之后儿童对自己身体的兴趣越来越大,也越来越有兴趣探究自己的性器官,这就是发展的生殖器阶段(phallic stage),年龄为四五岁。再往后的一个阶段弗洛伊德称之为潜伏期(latency stage),大约从六岁到青春期,这期间儿童的性兴趣并不强烈,他们的快乐源泉渐渐地从自我转向了他人。他们对与其他人,尤其是与同性别的人建立友谊更感兴趣。在青春期(生殖阶段,genital stage),随着外部及内部生殖器官的成熟,接踵而至的就是强烈的解决性紧张的愿望。这种解决要求有一个爱的对象。因此,弗洛伊德在理论上认为,青少年会着迷于大量的能够解决其性紧张的异性。

弗洛伊德强调青少年期性目的有两种重要成分,并且是男女有别的。一是身体肉欲的。在男性,这一目的包含了产生性产品的愿望,并伴有身体上的快乐感。在女性,身体满足和释放性紧张的愿望也是存在的,但是并没有性产品的排泄。第二个成分是精神的;它是情感成分,女性表现得更加突出。换言之,青少年既渴望情绪上的满足,也渴望身体的释放。这种感情需要在女性身上尤为重要,但是满足这种需要对所有青少年的性渴望来说都是重要的目标。弗洛伊德也强调,正常的性生活只有在情感和肉欲融合的时候才有保证,而这两者都是指向性对象和性目的的。

青少年期成熟过程中一个重要的部分就是儿童与父母情感纽带的松弛。在发展过程中,儿童的性冲动会指向自己的父母,儿子吸引母亲,女儿吸引父亲。弗洛伊德也论及青少年期的俄狄浦斯情结,这时候男孩会爱上母亲,渴望取代父亲(即,他形成了"俄狄浦斯情结",Oedipus complex);而女儿则可能会爱上父亲,并渴望取代母亲(即,她形成了"厄勒克特拉情结",Electra complex)。然而,自然形成的和社会强加的对乱伦的阻碍限制了这种性欲的表现,所以,青少年就试图放松与家庭的联系。在他们克服并排斥乱伦幻想的时候,青少年也在实现"青春期最痛苦的、心理上的完成:脱离父母的权威"。这是通过撤回对父母的感情,并把它转向同伴而实现的。这种情绪上的损失被称为"分离之恸"。

(二) 安娜·弗洛伊德的观点

安娜·弗洛伊德比自己的父亲更加关注青少年期。她认为,青少年期的典型特征是充满内在冲突、心理失衡、行为乖僻。一方面,青少年是自我中心的,认为自己是人们感兴趣的唯一对象,是宇宙的中心。但是,另一方面,他们又能做出自我牺牲和奉献。他们会建立充满激情的恋爱关系,转瞬之间又会断绝这种关系。他们有时候渴望完全融入社会,参与团体,有时候又渴望独处。他们彷徨于对权威的盲目服从和反叛之间。他们自私,满脑子想着物质享受,但是他们又充满了崇高的理想主义。他们禁欲又放纵,他们不体谅他人,又对自己暴躁易怒。他们摇摆于乐观主义与悲观主义之间,摇摆于不知疲倦的激情与懒散冷漠之间。

这种冲突行为的原因是青春期伴随性成熟而出现的心理失衡与内在冲突。在青春期,最明显的变化是本能驱力的增加。部分原因是由于性成熟,以及随之而来的对性器官的兴趣、性冲动的增长。但是,青春期本能冲动的突然爆发也有其生理基础,而不是仅仅局限于性生活。

按照快乐原则,满足愿望的冲动,即"本我"(id),在青少年期增加了。这些本能冲动向个体的"自我"(ego)和"超我"(superego)提出了直接的挑战。安娜·弗洛伊德认为,自我是旨在保护心理机能的那些心理过程的总和。自我是个体的评价能力和推理能力。超我指的是自我理想,是对同性别父母社会价值观的吸纳而衍生的良心。因此,在青少年期本能重新获得的活力直接对个体的推理能力和良心提出了挑战。在潜伏期,这些心理力量之间小心翼翼取得的平衡,随着本我与超我之间公开宣战而丧失。

除非这种本我-自我-超我冲突在青少年期得以解决,否则其后果对个体而言在情绪上是破坏性的。安娜·弗洛伊德讨论了自我是如何不加偏袒地使用各种防御方法(按心理学的术语讲,就是"防御机制")来赢得这场战斗的。自我会压抑、替代、否认、反转本能,使它们转而针对自身;这会通过强迫思维和强迫行为而导致恐惧症、癔症,引发焦虑。按照安娜·弗洛伊德的看法,青少年期的禁欲主义和理性主义是所有本能欲望的不当表现。青少年期神经症及抑制的增加,反映了自我和超我获得了一定的成功,但这使个体自己付出了代价。然而,安娜·弗洛伊德确实相信,本我-自我-超我的和谐是可能的,并且在大多数正常的青少年身上最终会如此。如果在潜伏期超我得以充分发展——但不要过分压抑本能以免引起极端的内疚和焦虑——如果自我足够强大并足够聪明,那么这种平衡是可以获得的。

三、心理社会观

(一) 埃里克森的自我认同危机

艾里克·埃里克森(Eric Erikson,1902—1994)整合了现代社会心理学和人类学研究发现的结果,修正了西格蒙德·弗洛伊德的心理性发展理论。埃里克森将人类发展描述为八个阶段,在每一个阶段,个体都有一项心理社会性任务要完成。直面每一项任务都会产生冲突,且伴有两种可能的结果:如果冲突得以解决,一种积极的品质就会在个性内根植,更进一步的发展就会开始;如果冲突持续下去,或者没有得到完满地解决,自我就会受到损害,因为它整合了一种消极的品质。

根据埃里克森的看法,在个体从一个阶段向下一个阶段发展时,其总体的任务就是要获得一种"积极的自我认同"(positive ego identity)。自我认同的完成既不是始于青少年期,也不是止于青少年期,它是终生的过程,只不过人们往往没有意识到。埃里克森强调,青少年期是一个标准的危机,是冲突不断增长的正常阶段,其特征是自我力量的波动。不断尝试实验的个体成了一种自我认同意识的受害者,这种意识是青少年自我意识的基础。在这一时期,个体必须建立起一种个人自我认同感,避免角色扩散和自我认同扩散的危险。要建立自我认同,就要求个体努力评估自己拥有什么、欠缺什么,努力学习如何利用这些条件去形成更为清晰的概念,明白人应该是什么样的、应该变成什么样的。积极进行自我认同探索的青少年更可能经历一种个性模式:自我怀疑、混淆、思维混乱、冲动、与父母和权威人物发生冲突、自我力量减弱、身体症状增加。

埃里克森理论中关于青少年期的一个令人感兴趣的概念是"心理社会性延迟"。青少年期是儿童期与成人期之间受到社会调节的时期,其间个体通过自由的角色尝试来在社会中找到一个适当的位置。青少年期成了一个分析和尝试五花八门的角色的时期,而他们又不必为任何一个角色负责任。但是,在青少年期快结束的时候,青少年如果还没有建立起自我认同,那么他们就会因为角色扩散而深受困扰。在自我认同探索中失败的青少年将会遇到自我怀疑、角色扩散、角色混淆;这样的人可能会沉溺于自我破坏的、片面的事物或者活动。他们可能会过分关注他人的意见,也可能会退缩,或者去吸毒、酗酒,以释放由于角色扩散引起的焦虑。自我扩散与个性混淆可见于经常犯罪的人身上,以及精神病患者的个性紊乱中。

（二）海威格斯特的发展任务

罗伯特·海威格斯特(Robert Havighurst,1900—1991)提出了青少年期主要的发展任务理论。他的理论是一个折中的理论,综合了之前人们提出的各种概念。此理论获得了广泛的接受,在讨论青少年的发展与教育时被认为是非常有用的。海威格斯特综合考虑个体的需要与社会要求,试图提出一种关于青少年期的心理社会性理论。个体所需要的及社会所要求的,就构成了"发展任务"。它们是个体在人生的某些阶段必须通过身体成熟、社会期望及个人努力来获得的一些技能、知识、态度。在发展的每一个阶段完成这些任务就会得到适应,并为完成以后更为困难的任务做好准备。青少年期任务的完成带来的是成熟,否则导致的是焦虑、社会责难、无法履行成熟个体的功能。

按照海威格斯特的看法,教授每一项任务都有一个最佳时机。某些任务是生物变化带来的,有些则是社会期望赋予特定年龄个体的,或者是由个体在某一时刻做某件事时的动机引起的。而且,发展任务是有文化差异的,它有赖于生物因素、心理因素、文化因素在决定这些任务时的相对重要性。青少年在自己生活中的不同时刻面对着不同的任务。并且,在不同的文化中,要求和机会都是不同的,以至于每一种文化所界定的成功、所要求的能力都是不同的。海威格斯特提出青少年期有八项主要的任务:接受自己的体格,并善用之;与同性及异性建立新的更为成熟的关系;获得男性化或女性化的社会性别角色;从父母及其他成人那里获得情绪情感的独立;为一份挣钱的职业做准备;为婚姻和家庭生活做准备;渴望并获得有社会责任感的行为;获得一系列价值观和某种道德系统作为行为指南——发展一种意识形态。

四、认 知 观

认知是一种认识的行动或者过程。心理学对认知的研究重点并不在于信息获得的过程,而在于理解其中所包含的心理活动或者思维。所以,对认知发展的研究就是探讨这些心理过程是如何随年龄而变化的。

（一）皮亚杰的形式运算

让·保罗·皮亚杰(Jean Paul Piaget,1896—1980)大大改变了人们关于儿童认知资源的概念和理解。皮亚杰研究表明,从出生开始,个体的智力能力就经历了无休止的发展变化。皮亚杰认为,认知发展是环境影响和大脑及神经系统成熟的综合结果。他用五个术语描述了认知发展的动力学。"图式"(schema)代表的是最初的思维模式,或者人们用以应对环境中发生的事件的心理结构。"适应"(adaptation)是对有助于增加个人理解的新信息的包纳和适应。适应有两种方式:同化(assimilation)和顺应(accommodation)。"同化"是指在对新的环境刺激做出反应时通过使用已经存在的结构来获得新的信息。"顺应"是指创造新的结构来取代旧的结构，以适应新信息。"平衡"（equilibrium）是指在同化和顺应之间获得一种平衡。它意味着觉得舒服，因为个人所经历的现实与他所学到的是匹配的。现实与个人对其理解不协调的时候，就会产生失衡，就有必要做出进一步顺应。儿童是通过获得新的思维方式来解决冲突的，以便自己所理解的东西与所看到的是一致的。对平衡的渴望成了推动儿童走过各个认知发展阶段的动机。

皮亚杰提出认知发展有四个阶段。在第四个阶段（11岁及以上），即形式运算阶段时，青少年脱离了具体的、实际的经验，开始用一种更为逻辑的、抽象的方式来思考。他们能够进行反省，对自己的思想进行思考。在解决问题、得出结论的过程中，他们能够使用系统的、命题的逻辑。他们也能够使用归纳推理，把大量的事实聚合在一起，以此为基础建构理论。青少年也能够进行演绎推理，对理论进行科学的检验和证明，能够使用代数符号和隐喻象征。此外，他们能够思考假设，把自己投射到未来，并为之做准备。

（二）塞尔曼的观点采择

"社会认知"（social cognition）是理解社会关系的能力。这种能力使我们能够理解其他人——他们的情绪、思想、意图、社会行为及一般的观点。社会认知是所有人类关系的基础。知道他人的所思所感对于与之相处、理解他们都是必要的。

社会认知模型中最常用到的就是罗伯特·塞尔曼（Robert Selman）提出的"社会角色采择"（social role taking）理论。对塞尔曼而言，社会角色采择是把自我和他人作为主体来理解的能力，是对他人像对自己一样做出反应的能力，是对自己的行为从旁观者的角度做出反应的能力。他提出，人会经历五个发展阶段，其中的第四阶段，即青少年期到成人期，是"深入的社会观点采择阶段"（in-depth and societal perspective-taking stage）。青少年关于他人的概念有两个突出的特征。首先，他们开始意识到，动机、活动、思维及情感是由心理因素造成的。关于心理决定因素的概念现在包含了无意识过程的观念，尽管青少年可能并没有使用心理学术语来表达这一概念。其次，他们开始意识到个性是特质、信念、价值观及态度与其自身的发展历史构成的系统。

在青少年期，个体走向一个更高的更为抽象的人际观点采择水平，这当中包含了对所有可能的第三者观点（即社会观点）的协调。青少年能够建立这样的概念：每个人都能够考虑共享的"一般化他人"的观点——即社会系统，这反过来又使得带着对他人的理解而进行准确的沟通成为可能。进一步，个体会意识到，作为社会系统的法律和道德有赖于团体一致认可的观点。塞尔曼强调，并不是所有的青少年或者成年人都会达到社会认知发展的第四阶段。塞尔曼的理论意味着一种从仅仅关注学习的认知面，向包含人际社会认知意识的转移。

五、社会学习观

社会学习理论(social learning theory)关注的是社会和环境因素的关系及其对行为的影响。阿尔伯特·班杜拉(Albert Bandura)一直关注社会学习理论在青少年身上的应用。他强调,儿童通过观察和模仿他人的行为来学习——即模仿学习(modeling)过程。于是,模仿学习成了社会化过程,通过它,习惯化的行为反应模式得以建立。随着儿童的成长,他们在自己的社会环境中模仿不同的榜样。在很多研究中,父母都被列为青少年生活中最重要的成人。兄弟姐妹也是重要他人,在大家庭里还包括叔叔阿姨们。没有亲戚关系的重要他人包括教师及邻居等。然而,不同的研究揭示的结果是不同的,这有赖于所调查的团体。

社会学习理论家的工作对解释人类的行为具有非常重要的意义。尤其重要的是,它强调成人的所作所为及其呈现的角色榜样在影响青少年的行为方面,比他们所说的要重要得多。教师和父母要鼓励青少年学会人的正派、利他、道德价值观及社会良心,最好的方法就是自己表现出这些美德。

后来,班杜拉扩展了自己的社会认知理论,使其包含了认知的作用。班杜拉不是认为个体严格地受到环境的影响,而是强调个体通过选择自己的环境及希望追求的目标,从而在很大程度上决定了自己的命运。儿童通过观察他人的自我表扬和自我谴责,以及通过自己行动的价值反馈,会发展出个人的行为标准和"自我效能感"(a sense of self-efficacy),即相信自己的能力和特征有助于自己获得成功。这种认知在特定的情境中会指导个体的行为反应(Bandura,1999,2001)。人们对自己的思想、情感及活动进行反省和调整,以实现自己的目标。简言之,他们解释环境影响的方式决定了他们会采取什么样的做法。比如,以攻击性的男孩为例。研究表明,攻击性的男孩偏好于在各种情景中把敌对意图归于他人。他们很少注意有助于他们对别人的动机善恶进行准确推理的信息。因此,在他们很快得出结论时,更可能是做出敌意的意图推理。换言之,不仅仅是发生在这些男孩身上的事决定了他们的攻击水平,他们对他人意图的解释也起着作用。

社会认知理论强调,个体可以主动地控制影响自己生活的事件,而不是被动地接受环境中发生的一切;他们可以通过自己对环境的反应来对其有所控制。一个平和的、快乐的、容易安抚的青少年可能对父母会有非常积极的影响,鼓励他们在言行举止中表现出一种友好的、温情的、爱护的方式。然而,一个好动的、喜怒无常的、难以安抚的青少年则可能刺激父母变得敌对、没耐心、拒绝。从这一点来看,儿童实际上不知不觉中也在一定程度上为自己创造了环境。因为存在个体差异,不同的人,在不同的发展阶段,会以不同的方式解释自己的环境,对其做出反应,这样的方式又会给每一个人带来不同的经验。

六、背景观

青少年不可能是在真空中发展的,他们是在自己的家庭、社区及国家构成的多元背景中发展的。青少年受到同伴、亲戚及与之接触的其他成人的影响,受到宗教组织、学校及他们隶属其中的团体的影响。他们也受到媒体、他们成长于其中的文化、国家和社区的领导人及世界大事的影响。他们在某种程度上是环境和社会影响的产物。

(一) 勒温的场论

科特·勒温(Kurt Lewin,1890—1947)关于青少年发展的理论,解释和描述了青少年个体在特定情景中的行为,即"场论"(Field Theory)。勒温的核心概念是"行为(B)是个体(P)与其环境(E)的函数(f)"。要理解某个青少年的行为,就必须把他的个性和环境作为相互依存的因素。环境及个人因素的总和被称为"生活空间"(life space, LSp),或者"心理空间"。行为是生活空间的函数,B=f(LSp),这包括了物理环境的、社会的、心理的因素,比如需要、动机、目标,所有这些都会影响行为。勒温的场论整合了行为中的生物学因素和环境因素,而不管谁的影响更大。

在勒温看来,青少年期是一个过渡期,这期间发生的是儿童期向成人期转化过程中团体成员资格的改变。青少年既属于儿童团体,也属于成人团体。父母、教师、社会都反映了这种团体地位界定不明的情形;并且在他们一会儿像对待儿童一样对待青少年,一会儿又像对待成人一样对待青少年的时候,其含糊不清的感受就变得更加明显了。因为某些幼稚的行为已经是难以令人接受了,所以困难也就出来了。同时,某些成人性质的行为又是被禁止的,或者,即使得到允许,对青少年而言也是新鲜而陌生的。青少年处于一种"社会移动"状态,他们要进入一个非结构化的社会心理场。目标不再明确,前方的道路也混沌不清、充满迷茫——青少年可能会开始怀疑是否能够实现预期的目标。

这种"认知结构的缺乏"有助于解释青少年行为中的不确定性。勒温指出青少年是"边缘人"(marginal man)。作为一个边缘人就意味着青少年想要回避成年人的责任时,言谈举止往往就像是一个儿童;另一些时候,他们又像是成年人,并且提出成年人权利的要求。勒温场论有说服力的一个方面是,它假设个性和文化存在着差异,所以它解释了行为中广泛存在的个体差异。它也解释了不同文化之间、同一文化的不同社会阶层之间青少年期的不同。

(二) 布朗芬布伦纳的生态系统

尤里·布朗芬布伦纳(Urie Bronfenbrenner,1917—2005)提出了一个理解社会影响的生态模型。社会影响可以分为围绕青少年扩展开来的一系列系统,青少年是这些系统的中心。

对青少年产生最直接影响的是"微系统"(microsystem)中的因素,包括个体直接接触的那些方面。对大多数青少年而言,家庭是主要的微系统,接下来是朋友和学校。微系统中的其他成分是医疗保健服务、宗教团体、街区的游乐场所及青少年隶属其中的各种社会团体。

微系统随着青少年在各种社会背景中的进进出出而改变。比如,青少年可能会换学校、退出某些活动,以及参加另外的活动。一般而言,同伴微系统对青少年的影响是在增加的,它通过同伴接受、同伴爱戴、同伴友谊及同伴地位等方式提供有力的社会性奖酬。当然,同伴团体也可能会产生消极的影响,它可能会鼓励不负责任的性行为、吸毒、偷窃、参加帮会或者欺骗。健康的微系统可以提供积极的学习机会和发展,为在成人生活中获取成功做准备。

"中系统"(mesosystem)包含微系统背景中的交互关系。比如,在学校发生的事会影响在家里发生的事,反之亦然。在考虑来自多方面的影响因素之间的相互关系的情况下,青少年的社会性发展可以得到最好的理解。中系统将分析交互作用的频率、性质及影响。微系统和中系统可以相互强化,或者发挥相反的影响。如果中系统与微系统的基本价值观有分歧,那么就会有麻烦;在不同的价值观体系上做选择,青少年可能会感到压力过大。

"外系统"(exosystem)是由那些青少年并不在其中扮演活跃角色,但是又对他们会产生影响的背景构成的。比如,父母在工作中发生的事会影响父母,接下来也会影响到青少年的发展。相似地,社区组织对青少年会在多方面产生影响。

"宏系统"(macrosystem)包括特定文化中的意识形态、态度、道德观念、习俗及法律。它包含的是教育、经济、宗教、政治及社会等方面的价值观核心。宏系统决定了谁是成人,谁是青少年。它设置了身体吸引力、性别角色行为的标准,它对吸烟这样的有关健康的行为会产生影响。它也影响教育标准及种族团体之间的关系。

文化在不同的国家、种族或者社会经济团体中是不同的。在每一个团体内部,差异也是存在的。比如,在瑞典,法律禁止父母打孩子,而在美国这种行为却得到某些团体的宽容。在美国,中产阶级的父母与社会经济地位低的父母在抚育孩子方面往往有着不同的目标和哲学。农村家庭为人父母的价值观可能与城市家庭的是不同的。这些价值观和习俗会对个体产生不同的影响。所以,在谈及社会性发展时,我们必须讨论青少年成长于其中的背景中的问题和所关注的东西。

"时间系统"(chronosystem)就是时间维度,包括家庭构成、居住地或父母职业的变化,以及重大事件的发生,比如战争、移民潮等。家庭模式的变化也是时间系统中的因素,比如工业国家参加工作的母亲的增加,发展中国家几代同堂的大家庭的减少。

按照布朗芬布伦纳的观点,环境并不是静态地以一成不变的方式对个体发展产生影响。相反,它是动态的、不断变化的。无论什么时候,个体的生活中增加或减少了所承担的角色,或者生活背景有所增减,其微系统的广度都会发生变化。贯穿人的一生,背景中发生的这些变化(即所谓的"生态转换")常常是发展中的重要转折点。开始上学、开始工作、结婚成家、为人父母、分居离婚、迁移住所,以及退休等都是。

这些变化可能是外部因素造成的,也可能是个体自身引发的,因为个体会对自己的生活背景和经验进行选择、修正,甚至创造。一个人会做什么跟其年龄有关,跟他们的生理特征、智力特征和人格特征有关,也和他们的环境机遇有关。因此,生态系统理论认为发展既不是环境控制的结果,也不是个体内在倾向驱动的。相反,人是环境的产品和生产者,人和环境一起形成了一整套的、相互依赖和影响的系统。

七、文 化 观

(一) 维果茨基的社会文化论

前苏联心理学家列夫·维果茨基(Lev Vygotsky,1896—1934)是文化观的先驱,尤其对儿童认知发展进行了阐述。维果茨基提出的"社会文化理论"(sociocultural theory)关注的是文化(价值观、信仰、习俗、社会团体的技能)是怎么传递给下一代的。其核心概念是,社会、文化及历史的复合体是儿童生活的一部分,要理解儿童认知的发展,就必须看其思维之所以衍生的社会过程。

每一种文化都为其成员提供了某种思维工具,特定文化中的人们解决问题的方式是通过口头和书面的交流一代代传下去的。所以,文化塑造了思维的本质,尤其是当文化植根于语言时。认知发展并没有普适性,它在不同的社会背景和文化背景中会因为文化决定的思维工具而不同。

按照维果茨基的看法,社会交互作用对儿童获得构成其社区文化的思维方式和行为方式是必需的,尤其是与社会中更有知识的成员的协作性对话。维果茨基相信,当成年人及更有经验的同伴帮助儿童掌握具有文化意义的活动时,他们之间的沟通交流就变成了儿童思维的一部分。当儿童把这些对话的关键特征内化以后,他们就能够用内部言语来指导自己的思想和行动,并获得新的技能(Winsler, Fernyhough, & Montero,2009)。

维果茨基的理论对认知发展研究的影响尤为明显。他认为儿童是主动的建构者,儿童的认知发展是一个社会中介过程,有赖于儿童在尝试新的任务时成年人及更为成熟的同伴提供的支持。

维果茨基认为,在儿童能够掌握和内化学习内容之前,成年人(或更有经验的同伴)必须对儿童的学习进行指导和组织。这种指导对帮助儿童跨越"最近发展区"(zone of proximal development)非常有效。最近发展区指的是儿童已经能够做的与其自己尚不能很好完成的任务之间的差距。对特定的任务而言,处于最近发展区的儿童差不多能够靠自己完成任务,然而,如果有了某种正确的指导,他们就能够做得非常好。在这一协作过程中,指导和监控学习的责任会逐渐地转移到儿童身上。

比如,在成年人教儿童漂浮的时候,成年人首先会在水里托着儿童,当儿童的身体放松成水平姿态时,再逐渐地放手。在儿童看起来准备好了的时候,成年人会一点点地放手,直到最后让儿童自由地漂浮。维果茨基的一些追随者把这种教学方式比喻为"搭脚手架"(scaffolding),也就是说,在儿童能够独立完成任务之前,父母、老师或其他人给儿童暂时的支持。

在维果茨基看来,儿童经历了某些阶段性的变化。比如,在他们获得语言时,他们参与和其他人对话的能力就会大大提升,对具有文化价值的能力的掌握就会向前发展。当儿童进入学校时,他们会花更多的时间来讨论语言、读写能力及其他的学术概念,这种经验会鼓励他们去反省自己的思维。结果,他们的推理能力和问题解决能力得到了很大的发展。

维果茨基的理论在教育和认知测验中具有重要意义。基于最近发展区的测验是一种"动态测验"(dynamic testing),关注的是儿童的潜力,它为标准化智力测验(它测的是儿童已经学会的东西)提供了一种有价值的选择,许多儿童也能够从维果茨基所制定的专家指导中获益。

虽然基于维果茨基理论的研究很多是关注儿童的,但是,他的理念也可以应用到各个年龄段的人身上。其中心是,文化为其成员选择了他们的发展任务,围绕这些任务的社会交互作用使人们获得了在特定文化内获取成功所必需的能力。比如,在工业化社会,老师教人们学会阅读或使用计算机;在墨西哥南部的印第安人则教少女们学习复杂的编织技术(Greenfield, Maynard, & Childs, 2000)。在巴西,卖糖果的儿童几乎没有上过学,但是却掌握了复杂的数学能力,因为他们要从批发商那里买来糖果,再与成年人和有经验的同伴一起协商定价,并与街上的顾客讨价还价。

(二) 文化人类学观

对儿童具有塑造作用的种种影响,有赖于儿童成长于其中的文化。玛格丽特·米德(Margaret Mead, 1901—1978)、露思·本尼迪克(Ruth Benedict, 1887—1948)及其他文化人类学家的理论被称为"文化决定论"(cultural determinism)及"文化相对论"(cultural relativism),因为人类学家像布朗芬布伦纳一样都强调社会环境在决定儿童个性发展中的重要性。因为社会制度、经济模式、习惯、道德规范、宗教仪式及宗教信仰在不同的社会是不同的,所以文化是相对的。

米德及其他人的著作后来进行了修订,对发展的某些共同方面(比如乱伦禁忌)进行了再认识,更承认生物学因素在人类发展中的作用。今天,遗传学家和人类学家基本上都抛弃了极端的立场。他们基本上同意一种综合的观点最接近真理,即同时承认遗传因素和环境力量。

人类学家强调，社会文化背景决定了青少年期的方向，对青少年与成人社会的交融有着重要的影响。成人地位的获得不仅仅是与父母的分离，还包括建立个人自我认同和进入社会的新角色。在现代社会，青少年期已经是一个被延长了的发展阶段；终止的时间并不明确，它的权利和责任也常常是不合逻辑的、混沌不清的。这与原始社会形成了对比，那时候成人仪式就明确标志着成年期的开始。

人类学家向所有关于儿童及青少年发展的年龄及阶段理论（比如，弗洛伊德和埃里克森的理论）提出了挑战。比如，米德发现，萨摩亚儿童遵循的是一种相对连续的成长模式，从一个年龄到另一个年龄并不会出现突然的变化。人们并不期望他们的言谈举止要么像孩子一样，要么像青少年一样或者像成年人一样。萨摩亚人从来不必突然改变自己的思维方式或者行为方式；他们不必在成人期的时候抛弃儿童期学到的东西，所以，青少年并不会表现出从一种行为模式向另一种行为模式的突然变化或转变。

自霍尔以来，人们想当然地认为青少年期是一个无可避免的麻烦期。但是人类学家向关于青少年期的急风暴雨观提出了挑战，认为这时生理变化带来的困扰没那么大，他们强调对这些变化的解释。月经就是一个例子。某一部落可能会说月经期的女孩对部落来说是危险的（她可能会惊扰比赛或者使井水干涸）；另一个部落可能会认为这是一种祝福（她会增加食物供给或者巫师触摸她会得到一种祝福）。学到月经是一件好事的女孩，与认为月经是一种诅咒的女孩相比，她们做出的反应是不同的。因此，青春期生理变化带来的紧张和压力可能是某种文化对这些变化的解释的结果，而不是其内在的生物学特性造成的。

人类学家描述了西方文化中造成代沟的很多条件，但是他们否认代沟的必然性。米德相信，紧密的家庭纽带应该松绑，以便给青少年更多的自由去做出自己的选择，开始自己的生活。如果不要求那么多的服从和依赖，并容忍家庭中的个别差异，亲子冲突和紧张就会大大减少。并且，米德认为，年轻人可以在年龄更小一些的时候就进入成年期。有收入的工作，即使是兼职，也将大大提升经济独立性。米德提议，为人父母应该推迟，但必要的性生活或者婚姻则是另一回事。应该让青少年在社会生活和政治生活中有更多的声音。这些做法会消除西方社会中文化对儿童成长的调节的某些不连续性，会使得向成年期的过渡更加平稳和容易。

1

青春期及其适应

在过去的20多年中,用以评估"青春期"(puberty)成熟变化的方法和技术有了很大发展,从而激发了这一研究领域突飞猛进地发展。这些研究大多关注的是青春期对青少年与父母之间关系的影响。研究表明,青春期成熟导致了青少年与父母之间更为平等的关系,青少年有了更多的自主,在家庭决策中有了更大的影响力。也有证据表明,青少年与父母之间的冲突,尤其是与母亲之间的冲突,在青春期开始的前后增加了。从前人们认为,随着青少年的成熟,这种冲突会慢慢减少;然而,现在看来,亲子冲突在青春期的后期未必就会减少。尽管在青春期父母与青少年之间可能会出现更多的不愉快,但是积极的影响和亲密的感情可能是不变的。

关于青春期的研究中出现的一个有趣的争议是,青春期的发展与家庭关系的变化之间的因果联系的方向到底是怎样的。一些研究指出,家庭关系的质量可能会影响青春期出现的时间及其过程,即在缺乏亲密感、充斥着冲突的家庭中,青少年成熟得更早、更快,并且亲生父亲不在家的家庭中,女孩的成熟也是更早、更快些。尽管这些现象的内在机制还没有得到很好的认识,但是从一般的观察中还是可以看到,生殖系统方面的成熟发育可能会受到亲密关系的影响,并且对其他灵长类动物和某些哺乳动物的研究中都得以验证这一点。近来关于早熟晚熟的研究进一步支持了以前的研究发现,即青春期出现早或晚所产生的影响对男孩、女孩是各不相同的。

研究关注的另一个领域是青春期对青少年出现的情绪反复的影响,以及激素变化在更普遍意义的情绪发展中的作用。总体上看,支持青少年期的情绪反复由激素决定的证据还很弱,但是人们据以形成普遍看法的那些研究却很少是以情绪反复本身为研究内容的。研究者发现,对女孩而言,一般的情绪或者情绪变化与青春期并无关系;而对男孩而言,青春期发展较为成熟的人反映出来的是积极的而非消极的感受。而且,尽管情绪反复作为青少年期的特征比成年期更恰当,但是,与儿童期相比的话,那就不算什么了,完全是小巫见大巫。

在20世纪80年代后期及90年代初期,有一股热潮是研究激素对青少年期的心理社会功能的直接影响和间接影响。这些研究表明,青春期并不是以激素勃发为特征的,并且,与青春期联系在一起的混乱也被夸大了。即使研究发现激素与情绪之间存在联系,那也主要是在青少年期的早期。这一时期激素的波动与男孩的易怒和攻击性联系在一起;与女孩的抑郁联系在一起。然而,激素水平的变化仅仅能解释青少年情感变化的一小部分,而社会影响能够解释的部分则大得多。

尽管没有证据表明青少年的心理问题是直接由青春期的激素变化所引发的,但是青少年期身体上的变化却可能在女孩抑郁及进食障碍的形成和发展上产生影响。在青春期随着体形的改变和体重的增长,女孩可能会形成更为消极的"身体映像"(body image)看法,进而又可能会导致进食障碍及抑郁。这种现象可能主要集中在那些特别关心约会的女孩身上。研究表明,青春期与谈恋爱这两件事揉在一起的话,就可能使女孩非常容易出现进食障碍。

一、身体发育

青春期是人体发育的第二次"生长高峰",这期间青少年的身体外形发生剧变、内部机能和性走向成熟。并且,根据医学史的资料分析,随着经济的发展、医学的进步与社会的开放,新一代身体发育开始的年龄,有逐渐提前的趋势。

学龄儿童身体发育速度比较缓慢,而进入青春期之后,就开始了第二次生长发育高峰。所谓"生长高峰",就是指个体在身心发展过程中的某个阶段,其身体发育的增长速度比其他阶段相对更快的时期。每个人从出生到走向成熟,都经历两个生长高峰,第一次是在出生之后的第一年(即乳儿期),第二次是在青春期。青春期的身体发育,除了表现为身体外形的剧变和内部机能的增强外,也反映在第二性征的出现和性的成熟上。

(一) 身体外形的变化

身材迅速增高、体重迅速增加是青少年在青春期最为显著的变化之一。我国女孩大约从9岁时开始进入生长发育的高峰期,身高增长一直持续到15岁左右,此时女孩基本上有了成人的身段,17岁以后身高的增长就很少了。另一方面,男孩大约从11岁开始进入生长高峰期,身高增长一直持续到16~17岁左右。体重方面的增长也与身高的增长有着几乎一样的趋势。

同时,青少年身高及体重的增长存在着性别差异,这表现在快速增长时期开始的早晚以及增长速度和增长量上。女孩的发育一般早于男孩,但是男孩开始发育之后,其增长速度高于女孩,并且最终的增长量也大于女孩。此外,研究表明,就同一性别而言,青少年身高、体重的增长存在着"早熟""晚熟"现象,即有的人比一般人更早开始长身体,提前一二年进入生长高峰,而有的则较迟进入生长高峰。

青少年身材迅速长高的主要原因是其腿骨和躯干的变化,青春期激素活动的加强,促进了软骨的生长,从而导致身高的增长。而体重的增加则主要是取决于肌肉和脂肪的生长。

除了上述身高、体重的剧变外,青少年的胸围、肩宽、骨盆宽、坐高等外形特征在青春期也都有很大的变化,反映了青少年处于第二次生长高峰的特点。

此外,从历史上看,青少年的发育也呈现出一种"长期趋势"(代际变化),即在身体变化的幅度和方向上存在着代际差异。与1979年相比,1985年我国城乡青少年在身体外形的各项指标上均高于1979年,1996年的各项指标又高于1985年的。这种趋势也反映在身体发展的其他方面。

(二)内部机能的变化

1. 内脏的变化

青春期发育使得个体的内脏机能得以加强。一方面,心脏的重量大大增加。10岁时,心脏重量增长为新生儿的6倍,到青春期后,可达12倍。同时,血压、脉搏也接近成人水平。青少年男孩12岁时血压为105/63毫米汞柱,脉搏为84次/分;18岁时,血压为113/70毫米汞柱,脉搏为79次/分。青少年女孩12岁时血压为102/63毫米汞柱,脉搏为85次/分;18岁时,血压为105/66毫米汞柱,脉搏为81次/分。

另一方面,青少年的肺功能也大大提升。12岁时,肺的重量约为新生儿的9倍,青少年男孩肺活量为2007毫升,18岁时,肺活量达到3521毫升;12岁时,青少年女孩肺活量为1728毫升,18岁时,肺活量达到2283毫升。

2. 肌肉和脂肪的变化

到青春期以后,青少年肌肉在体重中的比例增加了,而且其肌肉组织也变得更为紧密,肌肉力量大大增强,他们的体力也随之增强。不过,肌肉的发展上有着明显的性别差异,男孩的肌肉发展更加快、力量也比女孩大,手的握力差异就是最好的例证。12岁时,青少年男孩握力为21.62千克,18岁时达到42.68千克;12岁时,青少年女孩握力为19.01千克,18岁时达到26.36千克。

在肌肉发展的同时,青少年的脂肪也有了很大的变化。不过,与肌肉发展不同的是,男孩的脂肪呈现渐进性的减少,他们发育更好的是肌肉,所以他们看起来显得强健。另外,女孩的脂肪却没有减少,而是"积存"在骨盆、胸部、背部上方、上臂、臀部和髋部,使得她们日益丰满起来。

3. 腺体和激素的变化

激素在很大程度上决定了青春期的身体变化,包括身体外形、内脏与脑的发育和性的成熟。激素是内分泌腺分泌到血液中的化学物质,它能够促进人体外形和结构的变化,影响人的先天行为模式的获得,调节体内平衡。人体内已发现有20余种激素,在青春期起明显作用的是人体生长激素、睾丸素、雌激素、黄体酮。

人体生长激素刺激骨骼的发展,促进生长。如果它分泌不足会导致"侏儒症",而分泌过多则会产生"巨人症"。睾丸素、雌激素、黄体酮都可以称为性激素,它们主要由性腺产生,对第一性征、第二性征的发展有重要影响。这三种激素在男女体内均有,只是浓度不同。整个儿童期这些激素的水平在男孩和女孩身上几乎一样(DeRose & Brooks-

Gunn，2006)。不过，一旦青春期开始，这种平衡就会发生剧变，女性比男性会产生更多的雌激素，而男性比女性产生更多的睾丸素。睾丸素主要是促进生殖系统和肌肉的生长发育。雌激素主要促进女孩的肌肉生长、第二性征的发展和身材长高，并影响脂肪分布。睾丸素和雌激素都会影响男女的性驱力。黄体酮主要促进乳房的发育，启动月经周期等。

(三) 脑的变化

12岁时，青少年的脑重大约是1400克，已经与成人的平均脑重相等，所以，在青春期这一方面变化不大。不过，脑的机能却发生了很大的变化。一方面，随着年龄增长，脑电波逐渐加快，10岁左右出现的α波(频率8~13赫兹)越来越活跃，14岁以后成为脑电波的主要形式。尤其是，大脑两半球之间的联系，以及额叶与脑的其他部位之间的联系得以扩展，信息传递更快(Blakemore & Choudhury，2006)。

另一方面，青少年的脑部不断分化，沟回增多加深，兴奋过程和抑制过程逐步平衡，尤其是内抑制机能日臻完善。到青少年中期，兴奋过程和抑制过程已能够协调一致。

青少年大脑的变化为其多种认知技能提供了支持，这包括更快的加工速度、注意、记忆、计划、整合信息的能力，以及自我调节。

近年来，已经有大量对青少年期神经系统发展的研究。研究技术，尤其是正电子发射断层扫描术(positron emission tomography，PET)和功能性磁共振成像(functional magnetic resonance imaging，fMRI)，使人们更深入地理解大脑如何发展成为可能，因为这些技术能够显示在完成认知任务时，大脑的不同部位如何起作用。

很久以来人们已经知道，6岁前儿童的大脑已经达到成人大小的95%。然而对大脑的发展来说，大脑的大小并不代表一切。"神经元"(脑细胞)之间的连接，或称"突触"，也是同等重要的。现在科学家了解到大约在青春期开始，也就是10~12岁左右，会出现大量的突触连接变厚，神经学家称这个过程为"突触过度产生或过于丰富"。突触连接的过度产生发生在"脑灰质"的一些部分，脑灰质在大脑表层，尤其集中于"额叶"，这个部分正好位于前额后面(Keating，2004)。额叶参与大脑的大部分高级功能，比如，提前计划、解决问题和进行道德判断。

突触过度产生在大约11岁或12岁时达到顶峰，但是很显然，这时我们的认知能力还没有达到顶峰。接下来的几年发生了大量的"突触修剪"，在突触修剪过程中，突触的过度产生大量减少。事实上，在12岁到20岁之间，大脑通过突触修剪通常会失掉大约7%到10%的脑灰质(Laviola & Marco，2011)。"用进废退"似乎是工作原理；被使用的突触保留下来，那些没被使用的突触则逐渐消失。使用fMRI方法的研究显示突触修剪在高智力的青少年中尤其迅速(Shaw et al.，2006)。突触修剪使大脑可以更高效地工作，因为大脑通路变得更加专门化。

"髓鞘化"是青少年期神经系统发育的另一个重要过程。髓鞘是包裹在神经元主要部分的一层脂肪膜。它的作用是将脑电信号维持在神经通路中,并提高它们的传输速度。髓鞘化和突触修剪使青少年期的执行功能更好(Poletti, 2009)。以前研究者认为髓鞘化在青春期之前就会结束,但是现在发现这一过程会一直持续到十几岁(Giorgio et al., 2010)。这是脑功能如何变得更快更有效的另一个标志。但是,和突触修剪一样,髓鞘化也会使脑功能变得不那么灵活、不那么容易改变。

最后,研究青少年期大脑发育的研究者惊喜地发现小脑对一些高级活动也有重要作用,比如,数学、音乐、决策、社交技能,以及幽默理解。而且还发现小脑在青少年期和初显成人期(emerging adulthood)一直在发育(Tiemeier et al., 2010)。事实上,这是最后一个停止发育的大脑结构,直到25岁左右才完成突触的过度成长与修剪,甚至在额叶之后。

总之,这些研究表明,青少年的思维和儿童不同,比儿童更加深刻,但是他们的认知发展也还没有达到成熟。他们在决策、预见行为结果,以及解决复杂问题等领域的能力还不像成人期那样深刻,他们基本的大脑发育差不多完成了。同时,在青少年期的大脑发育过程中有得有失。相同的神经变化使思维速度更快更有效,但是也使得思维更加死板、不那么灵活。

(四) 运动能力

青春期的开始会使得青少年的粗大运动技能有稳定的改善,只不过对于男女生而言,变化的模式并不一致。对女孩而言,变化稍慢,而且是渐进性的,在14岁时达到顶峰。相比之下,男孩在力量、速度、耐力等方面在青少年期会有很大的增长。到青少年期中期,在奔跑速度、跳远及投掷等方面,很少有女孩能够表现得和一般的男孩一样好,而且,几乎没有男孩表现得不如一般的女孩(Haywood & Getchell, 2005)。

因为男孩女孩在身体上已经没有可比性,所以在中学里一般体育课都是男女生分开上。同时,男孩女孩对运动项目的选择也成了课程中的一部分,比如包括田径、摔跤、足球、举重、曲棍球、箭术、网球和高尔夫球。

对男孩而言,运动能力与同伴尊重和自尊有着非常密切的关系。一些青少年会因为在运动方面乏善可陈,极受困扰,转而寻求服用提高成绩的药物。一项大规模的研究发现,大约8%的美国高中生(绝大多数是男生)报告说使用过肌氨酸,这是一种可以提高短时肌肉力量的非处方药,但是却有着危险的副作用,可能导致肌肉组织疾病、脑惊厥以及心律不齐(Castillo & Comstock, 2007)。大约2%的高中生(同样绝大多数是男生)服用过合成代谢类固醇或相关的药物雄烯二酮,这是强劲的可以促进肌肉组织和力量的处方药。青少年通常是通过非法途径获得类固醇,而且无视其副作用。教练和健康专家都应该提醒青少年这些药物可能带来的危害。

在中学里,男孩女孩都受到鼓励参加运动,但是只有30%左右的人每天都进行体育锻炼。实际上,运动及锻炼不仅可以改善运动能力,而且对认知和社会性发展也会产生影响。团队合作、问题解决、自信张扬,以及竞争等,都可以得到磨炼。

二、身体映像

在青少年期,身体映像(body image)作为对生理特征的态度和反映,一直被认为是自我概念发展过程中的核心要素,并且对实际的社会适应有着重要的影响。在女孩开始青春期的发育以后,她们的体形会由于脂肪的增加而发生变化,这常常使得她们看起来与西方文化所推崇的对女性审美偏好大相径庭。就对身体体形的满意度而言,存在着明显的性别差异,与男孩相比较,女孩往往对自己的身体体形更为不满,特别是对小腿、大腿和臀部不满。

(一) 发育时间与身体映像

从青春期起始时间的角度来看,相对准时的青春期发育进程与女孩对自己的魅力和身体映像的正面感受相联系。然而,文献已经表明,早熟的女孩往往比准时发育或者晚熟的女孩对自己的体形更为不满(Petersen & Crockett, 1985)。早熟者也不满自己相对于同龄伙伴更重的体重,所以早熟者对体形的低满意度可能部分地造成了对自己外表的某些方面的不满。并且也有证据表明,早熟女孩对体形的不满源于她们的乳房开始发育时遭到同伴的取笑,有时甚至是受到父母的取笑。

关于晚熟者身体映像的研究并没有得出一致的结论。一些研究并没有发现发育晚的女孩一致地报告消极的身体映像,还有一些研究指出准时发育和晚熟的女孩的身体映像比早熟者更为积极,但也有研究发现晚熟者特别容易形成对生理容貌的消极自我概念。可以看到,对生理容貌的全方位的知觉判断都可能影响青春期发育进程中的身体满意度或者身体映像。

(二) 生理魅力与身体映像

生理魅力和身体映像与青少年积极的自我评价、受欢迎程度,以及同伴接受性有着重要的联系。生理魅力影响着个性的发展、社会关系和社会行为。有吸引力的青少年可能是由于别人对待他们的方式不同,使得他们一般具有更高的自尊、健康的个性品质,他们社会适应更好,拥有更广泛的人际交往技能。研究表明,无论男女,生理魅力都与自尊有着显著的联系(高红艳,王进,胡炬波,2007;高亚兵等,2006)。另一项研究中发现,和那些被认为缺乏魅力的青少年相比,教师认为那些较有生理魅力的青少年也拥有较好的同伴关系和亲子关系,并且这些青少年自己的看法也是如此(Lerner et al., 1991)。研究还表明,生理容貌对女孩自尊的影响超过对男孩的影响,对女孩社会地位的影响也是如此(Wade & Cooper, 1999)。

(三) 性别差异

青少年对自己身体的知觉存在着性别差异。一般来说，在整个青春期，对于自己的身体，女孩比男孩更为不满，她们的身体映像更为消极（唐东辉等，2008；陈红，黄希庭，2005；骆伯巍等，2005）。并且，随着青春期变化的进程，女孩常常变得对自己的身体更加不满，这可能是由于她们身体脂肪的增加，而男孩在这一过程中却是越来越感到满意，这可能是由于他们肌肉的增加所致。国内研究比较了初中、高中和大学三组女学生的身体映像，发现高中女生的负面身体映像得分最高。这可能是因高中阶段的女性正处于青春期身体发育的高峰期，其内脏、骨骼的发育，以及脂肪的堆积自然带来体重的增加和体形的变化。随着年龄的增加，这些变化也日趋明显，而社会上却一味将苗条作为理想身材。女性所感受到的理想与现实的差距会随着年龄而增加。这种差异加深了她们对自己体形的不满，造成负面身体映像。但随着年龄的增长，到了大学阶段，女性逐渐接受了身体的这一变化，身体满意度回升，负面身体映像下降（陈红等，2007）。

只有那些希望自己是强壮的"肌肉型男"的男孩未能如愿时，他们才会对自己的外表感到不满（Jones，2004）。研究者以及临床治疗者已经意识到，目前对男孩的身体映像和相关的行为问题的基本认识以及评价是不当的。以往这些领域关注的是女性，而男性的很多问题被忽视了。特别是研究文献一直关注的是减肥，但是很少有研究关注过增加体重或者如何使肌肉变得更健壮。尽管人们已经认识了由于专注于节食而引发的各种障碍，但是对暴饮暴食、过分锻炼或者其他与扭曲的身体映像有关的行为对男孩所产生的影响却几乎是一无所知。除了暴饮暴食和过分锻炼这些可能导致明显的健康问题的行为之外，身体映像不良的男孩还可能会出现心理问题，比如抑郁、低自尊、焦虑症等。

不良的身体映像对青少年男孩的行为所产生的影响，可能被低估了。过去之所以不太关心哪些因素影响男孩出现身体映像的困扰，可能是由于之前的研究很少发现进食障碍（比如，神经性厌食症、神经性贪食症）对青少年男孩有什么影响，并且远不及对女孩的影响。然而，这些研究并没有考察不良的身体映像所产生的其他后果，比如暴饮暴食、过分锻炼、滥用类固醇。

(四) 节食

节食是女性用以调节体重的主要方式，但是男孩却不太可能这样，即他们很少做什么以达到改变自己身材体形的目的。而且，节食会使男孩更加偏离他们理想的身材。体重正常的女孩经常会对自己的体重感到不满，并且会进行节食以便减轻体重，而体重超重的男孩却不太可能去做减肥的事（Nelson-Steen et al.，1996）。

(五) 外因对身体映像的影响

总体上看,对于身体映像的影响因素可以从生态系统的角度来分析父母、同伴、伴侣、媒体、社会文化等微系统、外系统、宏系统的影响(杜岩英,雷雳,马晓辉,2010),当然,具体到青少年的身体映像而言,则可能稍有不同。

第一,父母基本上对男孩、女孩身体映像方面的困扰都有影响,但是对女孩的影响更为突出(Mccabe & Ricciardelli, 2001)。父母在向男孩传递社会文化关于理想身材的信息方面起着重要作用。对女孩来说,社会文化推崇瘦削身材为理想身材所产生的影响是不言而喻的。尽管母亲对女孩的态度和行为有着重要的影响,不过父母在鼓励女儿节食方面却没有差异。此外,父亲对女儿的态度有更大的影响,而母亲则更主要是影响儿子的态度。母亲主要是影响青少年男孩的身体映像,而父亲主要是影响他们参加锻炼的水平和饮食多少。母亲通过一些积极的评价来发挥影响,而父亲则是通过批评。

第二,从角色榜样来看,研究主要关心的是同性榜样对女孩减肥行为的影响,而对男孩而言,同性榜样则是鼓励他们加强锻炼,以改变身材和体形。大多数关于角色榜样的研究关注的都是青少年女孩。比如,研究发现,相当多的青少年女孩是和女朋友谈论体重、体形,有时也会谈节食(Levine, Smolak, Moodey, Shuman, & Hessen, 1994)。但是青少年女孩说很少有朋友会鼓励她们节食。虽然关于异性角色榜样对男孩、女孩身体映像的影响的研究并不多,但是异性角色榜样可能在青少年期起着重要作用,因为这时候青少年的身体正在变化,他们对异性的兴趣也在增长。

第三,从媒体的影响来看,研究发现比较一致,即媒体,特别是杂志,对青少年女孩的身体映像,以及饮食方面的困扰具有重要影响。在一定程度上媒体的信息也对男孩的身体映像产生影响,使他们做一些事以便增加体重、强健肌肉。研究发现,观看纤瘦模特会使女孩产生焦虑感以及对自己体形的不满,但是男孩不会(Kalodner, 1997)。

三、理想身材与体重

绝大多数的白人青少年女孩都对自己的体形感到不满,希望自己变得高挑一些。这种不满的感受在整个青少年期的发展过程中越来越明显。大多数研究者都认为,媒体对女孩过分追求瘦削身材负有主要责任。电影、电视节目、广告、杂志等所描绘的女性都是个子高高的、身材瘦瘦的、腰围细细的。这种形象的不断曝光,向女孩和女性传达了一个明确的信息:如果你想让大家觉得你漂亮,你就必须变得纤瘦。比如,在一项研究中,即使是很短暂地接触具有纤瘦身材的模特,也会增加被试对自己体形的不满(Thornton & Maurice, 1997)。所以可以想象成百上千小时地观看必然产生广泛深远的影响。

对自己的体形所产生的不满甚至会泛滥成灾,造成对自我的不满,女孩尤其如此。

换言之，认为自己超重的女孩比别的女孩自尊更低，更可能感到抑郁。事实上，不良的身体映像是造成青少年女孩比男孩更为抑郁的主要原因（Siegel，Yancy，Aneshensel，& Schuler，1999）。这种低自尊感一部分可能是源自于体重超重者与同伴的交往关系不太愉快这一事实。比如，青少年男孩就对与体重超重的女孩约会不太感兴趣，他们更喜欢苗条的女孩。国内研究显示，肥胖体形的女生对自己体形的认知和情感体验较体重正常和消瘦者都更消极，也更可能通过节食、药物等方法减肥（陈红等，2007）。

同时，研究也提示我们，女性的容貌焦虑与儿童期和青少年早期的消极社会体验相联系。这些经验可能会导致儿童期和青少年早期对容貌的不满，进而又与青少年后期和成年早期的容貌焦虑联系在一起（Keelan，Dion，& Dion，1992）。

青少年女孩对身体的不满在不同的种族中反应不一。非裔美国女孩相对其他种族的女孩而言，她们较少认为自己体重超重。白人女孩则对自己的身材很不满，亚裔和拉丁裔美国女孩更是有过之而无不及。甚至已经非常瘦削的拉丁裔和亚裔美国女孩也常常不满自己的体重，希望更瘦削一些。

相比之下，男孩更喜欢中等的运动员身材。所以，他们不太会像女孩那样常常感到自己体重超重了，并且，事实上他们也不喜欢太瘦。具有好身材的高个男孩被认为比矮个子更有魅力，矮个子的男孩往往受到诬蔑，承受其他的心理压力（Sandberg，1999）。具有运动员身材的男孩，在社会交往中比身材较瘦或较胖者更受欢迎，他们在人际交往中如鱼得水、自信乐观。而认为自己没有魅力的青少年，也可能觉得自己比较孤独。

青少年的身体映像与其体重有着密切的联系。很多青少年都担心体重超重，并且这种关注似乎从儿童期就已经开始。一项研究表明，大约60%的女孩说自己在12岁时就开始节食。此外，其中相当多的女孩在多吃一点东西之后都觉得抑郁，并且基本上以节食作为控制体重的手段。有些人还出现了进食障碍的早期症状。

肥胖的原因并不简单，可以包括生理和心理两方面。心理上的很多因素对肥胖有着重要影响。比如，吃东西对肥胖的人来说是非常有力的正强化，与体重正常的人相比，他们更觉得吃东西是一件令人愉快的事。对一些人来说，在可能会引起焦虑、抑郁以及心烦意乱时，吃东西成了寻求安全感、释放紧张的一种方式。同样，对别的人来说，吃东西成了一种惩罚手段。他们自尊较低或者恨自己。体重的增加变成了一种强化他们的消极自我概念的手段，证明他们对自己的感觉是对的。

四、进食障碍

青少年女孩希望自己瘦一点的想法有时会走向极端，从而导致进食障碍。进食障碍中有两种是比较典型的：一是神经性厌食症（anorexia nervosa），二是神经性贪食症（bulimia nervosa）。

(一) 神经性厌食症

神经性厌食症是一种可能威胁生命的心理障碍，它主要是由食物和体重引起的困扰。一个人被诊断为厌食症，除了体重比其身高和身材应该达到的重量低15%之外，个体还必须表现出对体重增加和发胖的恐惧，并且对自己的身体映像的认识是扭曲的，比如并不觉得自己体重太低了。而且，女性会出现月经停止或者月经周期紊乱(American Psychiatric Association, 1994)。对厌食者来说，出现抑郁症状也是常见的，并且还会表现出强迫症的特征(Thornton & Russell, 1997)。有些厌食者也会大吃大喝，然后通过药物引致腹泻或自我引吐。

尽管有些厌食者只是出现一次这样的障碍，但是有的人则会有反复。最终，超过10%的厌食者死于与营养不良有关的疾病。厌食者饮食方面的困扰和强迫锻炼是纠缠在一起的，后者会导致社会性孤立、退缩和不与家人和朋友来往。厌食者常常否认饥饿和疲劳，他们也强烈地拒绝任何食物疗法的干预，所以厌食者很难接受治疗。

厌食症在男性中比较少见。那些确实患上这种症状的男性通常是必须控制自己体重的运动员、舞蹈演员或者模特。大约95%的厌食者是女性，年龄通常在12～18岁之间。这一症状已经变得比较普遍，青少年女性中大约1%的人受到它的影响(Dolan, 1994)，并且它在各阶层的青少年中都出现了。

神经性厌食症是由多种原因造成的，包括社会的、心理的以及生理的因素。社会因素方面最主要的是现在流行的纤瘦的审美倾向。心理因素包括吸引注意的动机、追求独特性的愿望、对性的否定，甚至是作为对付父母过分控制的方法。厌食者的家庭有时对学业成绩的要求很高。由于难以达到父母的高标准，厌食症患者会感到无法控制自己的生活，而通过限制食物摄入，他们可以获得某种自我控制感。生理因素则包括下丘脑的异常等。不过，神经性厌食症的实际起因仍然有待探索。

神经性厌食症在青春期第二性征发育之后出现，这一事实表明性方面的冲突是其中一个核心问题。显然，随着女性心理的变化，焦虑也就滋生出来。女孩发育中的身体要求她们进行女性性别认同，她们必须把自己新的身体映像与女性性别角色整合起来。如果她不能接受自己的女性性别自我认同，她就会寻求压制自己青春期的身体发育。实际上她们是通过极端的减肥措施来扭曲自己的身体映像，使得其外形变成纤细的男性化的。她们可能变得外表极其憔悴，丧失了所有外在的第二性征。此外，她们的月经也会停止。这些所作所为反映了青少年女孩试图阻止自己性发育的绝望。她们在青少年期的发育，不是向前迈进，而是走向一种病理性的变异，压抑倒退使之回到了青春期之前的阶段。

女性厌食者普遍有不自在感和一种扭曲的身体映像，这常常会导致抑郁(Striegel-Moore & Franko, 2006)。她们自尊低、焦虑高，这反映了她们对自己身体魅力的负面态度。在别人眼中，厌食者爱发牢骚、自我怀疑、依赖性强、追求完美、焦虑。厌食者往往会把自己的身体和她们自己分离开,觉得身体好像是拖在自己身后的什么东西,这种分离感甚至使得她们不知道自己是什么样。患神经性厌食症的女孩很少看自己,甚至在被逼着看的时候,她们也很少对自己的身体映像有准确的认识。她们觉得自己的身体恶心,这实际上是她们自我感受的一种投射。

厌食者与父母的关系往往也比较糟。家庭中经常会对孩子的健康有一种"疑病"似的过度关心,所以在青少年女孩和她们的父母之间就经常有一种斗争,尤其是和母亲之间。随着父母的关注越来越明显,这种指导和控制的愿望会更加明显,厌食者的母亲往往对她们期望过高,而父亲则情感疏离,这些特质可能进一步强化厌食者对纤瘦身材的完美追求(Kaye,2008)。

(二) 神经性贪食症

神经性贪食症的典型症状为先大吃大喝然后服药腹泻。贪食症必须具有以下症状:一是经常无法自制地大吃大喝;二是为避免体重增加而采取过分补偿行为,比如绝食、呕吐、服用泻药;三是体重过分影响自尊。而且,在三个月内,大吃大喝和补偿行为至少平均每周发生两次(American Psychiatric Association,1994)。贪食症主要在青少年女孩身上发生,不过也有大约10%的患者是男孩。

贪食症的典型特征是在短时间内强迫性地、大量地摄取高热量的食物。一项研究表明,看门诊的贪食症患者每周平均花13.7小时大吃大喝,每次时间持续为15分钟到8小时不等。大吃大喝并服药腹泻也可能每天有几次。很多患者报告他们已经丧失了饱感知觉。大吃大喝通常是秘密进行的,一般在下午或晚上,有时也在夜里。通常大吃大喝之后接着就是主动呕吐。他们会服用泻药、利尿剂、灌肠剂或其他药物;或者进行强迫性的身体锻炼或绝食。

贪食者对自己的身体外表感到不快,渴望拥有社会所推崇的纤瘦身形。然而,他们又不控制吃。贪食者觉得使劲吃是鬼使神差地,但是顾及体形,他们接着又会服药腹泻。大吃大喝之后一段时间通常都会有压力感,伴随焦虑以及抑郁的情绪,并且在吃喝的过程中以及之后都有一种自我蔑视的思想。

贪食者也是追求完美的,但是他们的自我映像很差、自我价值评价低、羞怯、缺乏自我张扬。他们的心里常常笼罩着一种恐惧,害怕在两性交往中遭到拒绝,害怕魅力不足。并且,他们对女性化的概念是传统的、夸张的,认为理想的女性应该随和、被动、依赖。

由于贪食者所期望的标准不现实,又追求"完美",压力自然就产生了。伴随而来的是羞耻感和内疚感,这又会造成低自尊和抑郁。贪食者往往难以治愈,因为他们抵制治疗或者破坏治疗过程。

贪食者的家庭与神经性厌食者的不同。厌食者的家庭常常表现为过分保护、压制、控制,而贪食者的家庭则是混乱的、充满压力、一盘散沙似的。贪食者的父母特别强调魅力、身材、成就和成功。引发神经性厌食症的很多原因也会导致贪食症。

(三) 对进食障碍的治疗

因为厌食症会危及生命，医院治疗项目通常第一步都会开始恢复病人的身体机能。除了身体治疗以外，还发现许多心理治疗方法对厌食症和贪食症有效果，包括家庭治疗（解决引发疾病或者被疾病所引起的问题）和个体治疗。有证据表明，对于青少年而言，家庭治疗比个体治疗更为有效(Paulson-Karlsson et al., 2009)。许多药物治疗也被尝试过，但没有多少效果(Crow et al., 2009)。

因为进食障碍往往伴之以认知扭曲，似乎认知行为疗法(CBT)是一种颇为适合的方式。认知行为疗法关注的是改变那些瘦弱的人"我太胖了"的信念和饮食行为类型。但是，这些认知扭曲会使那些患有进食障碍的青少年拒绝承认他们有问题，并抗拒任何意图帮助他们的行为。可能正是由于这个原因，所以认知行为疗法在治疗进食障碍上，并不比其他个体治疗方式更为有效(Bulik et al., 2007)。

即使是对那些接受治疗的青少年而言，治疗厌食症和贪食症的成效也很有限。大约三分之二的厌食症患者经过医院治疗后有所好转，但仍有三分之一的人长期患病，并且有很高的出现慢性健康问题的风险，甚至因此而丧命(Steinhausen et al., 2003)。相似的，虽然对贪食症的治疗有50%的成功率，但仍有50%的人复发且恢复缓慢(Oltmanns & Emery, 2010)。有青少年期进食障碍病史的初显成人期女性即便是障碍好转之后，仍然会继续出现精神及身体、自我映像和社会功能上的显著损伤(Berkman, Lohr, & Bulik, 2007)。大约有10%的厌食症患者最后死于饥饿或者由体重减轻所引起的身体问题，是所有精神障碍中死亡率最高的(Striegel-Moore & Franko, 2006)。

五、早熟与晚熟

很多研究考察了生理上的早熟和晚熟对青少年心理特征、社会性特征和适应性的影响，这些研究结果对于我们理解那些青春期的起始时间和发展速率与众人不同的青少年来说，具有重要的意义。

(一) 早熟的男孩

对于男孩，早熟与积极的自我评价是联系在一起的，而晚熟则一般与消极的自我评价联系在一起。早熟的男孩们往往比其他男孩有更讨人喜欢的身体映像且更受欢迎(Graber et al., 2010)。与晚熟的男孩相比，早熟的男孩相对于他们的年龄来说显得比较大，他们更为强壮有力，动作更为协调，所以他们在体育运动中更加得心应手。他们比较容易在体育运动的竞争中获得优胜，而他们的运动技能则会提高他们的威信和地位。他们在与同伴的交往中有很大的社会性优势，他们更多地参加学校的课外活动，并且常常被选为领导角色。早熟的男孩也往往表现出对女孩更感兴趣,也更受女孩欢迎,因为他们更有形,社会兴趣和技能更为老到。较早的性成熟也使他们比较早地开始了异性交往。早熟的男孩们可能会有一个长期的优势。一项对早熟青少年男孩 40 年后的追踪研究发现,与晚熟的男孩相比,他们在生涯中获得了更大的成功,并有更高的婚姻满意度(Taga et al.,2006)。

成年人也往往比较喜欢早熟的男孩,可能是认为他们比晚熟的男孩在身体上有吸引力,更为强壮,整饰得当,心理上没那么紧张。更重要的是,成年人也认可和接受早熟的男孩,认为他们是比较成熟的、有能力的人。同时,社区也会比较早地认可他们希望承担成人角色和责任的愿望。这样一来,他们就能够获得年龄较大的人才能够获得的权利。

不过要注意的是,成年人的这种态度也是有利有弊的。成年人往往对早熟的男孩期望更多,希望他们的行为举止像个成年人,并且承担起相应的责任。但同时,早熟的男孩也就没有时间去享受儿童期的那种自由了。

不幸的是,有些早熟的男孩又未能好好地利用他们所得到的自由。因为父母不再那么紧盯他们,所以他们往往会和年龄更大的伙伴一起玩,结果早熟的男孩比其他人更有可能卷入偏差行为、性和物质滥用中。虽然这种问题绝不会发生在所有早熟者身上,但是无论如何相对于晚熟的男孩来说,这已经是很明显的特征了。

(二) 晚熟的男孩

晚熟的男孩会受到由晚熟所引发的自卑的困扰。一个在 15 岁时还没有开始青春期发育的男孩比起早熟的男孩来,身高和体重都差很多。伴随身材上的差异,他们在体格、力量和协调方面的差异也非常明显。由于身材和动作协调在社会接受方面的作用非常重要,因此晚熟者会形成消极的自我知觉和自我概念。他们典型的特征是缺乏魅力,不受欢迎;他们更好动、专横、反叛父母;他们会有不自在感,觉得遭到拒绝,比较依赖。由于他们受到的社会拒绝,他们会变得自我意识更强,也许会表现出退缩。

与"准时"成熟的男孩相比,晚熟男孩出现酒精使用和偏差行为的比率更高(Williams & Dunlop,1999),并且他们在学校里的成绩更低。一些证据表明晚熟男孩进入初显成人期时物质滥用和偏差行为增多了。

晚熟者有时会通过变得过分依赖他人,或者变得过分渴求地位和注意,来获取一种过度补偿。另一些时候,他们会试图通过藐视、袭击、取笑他人或者通过引起注意等,来补偿他们的不自在感。很典型的是,他们会高谈阔论,别人稍一挑衅他们就动手打架。这些早期的负面社会态度所产生的影响可能会一直持续到成年期,当他们的身体差异及其在社会交往中的重要性消失殆尽时,也经久不衰。研究发现,大多数晚熟的男孩延迟了成年期的心理承诺,比如晚婚,并且由于他们挣钱较少,因此对自己的职业地位也缺乏安全感。极端情况下,由生理因素导致的生理发育迟滞,虽然在雄性激素的作用下有时会加快青春期的过程,但是,社会性发展迟滞则可能一直持续很长时间。

(三) 早熟的女孩

对青少年女孩来说,早熟并不像对于男孩那样是一件好事。由于女孩通常都比男孩早两年进入青春期,早熟的女孩则更是超前了。由于她们个子长得更高,性方面更加成熟,因此她们往往会感到尴尬,自我意识更强。早熟者体重也比她们的朋友重一些,这一点在大多数的青少年女孩看来绝非好事。由于与同伴有很大的差异,使得她们的自尊受到消极的影响。

由于有这样的压力,并且早熟的女孩更可能会和年龄较大的男孩混在一起,她们出现各种行为问题的风险就大大增加了。她们更可能吸烟、酗酒、出现进食障碍;她们的身体可能会招来男性的关注,使她们更早出去约会,而且,也可能过早卷入性行为。早熟的女孩更可能遇到诸如焦虑和抑郁这样的内化问题(Graber, Lewinsohn, Seeley, & Brooks-Gunn, 1997)。她们也更可能在学业上遇到失败,更可能去干违法犯罪的事。研究也发现,早熟的女孩受教育程度较低,在成年后其职业成就也较低。显然,这是其社会性及认知的不成熟与过早的生理发育混合的结果,早熟的女孩容易受到诱惑而沾染问题行为,并且没有意识到这对她们的成长可能带来的长期影响。早熟的女孩如果建立了更多的异性友谊,如果她们上学的学校是男女同校而非女校,那么她们可能更容易遇到心理上的困难和出现问题行为。

此外,由于早熟往往导致更矮更胖的外貌,在女性外貌上推崇纤瘦的西方这就是个缺点。这有助于解释为什么早熟的女孩们有更高比率的抑郁心境、消极的身体映像和进食障碍。值得注意的是,非洲裔和拉丁裔的女孩并没有受到早熟的影响,可能是因为这些文化更少地把高挑、纤瘦的体格作为女性的理想类型(Ge, Elder, Regnerus, & Cox, 2001)。

研究表明,这些影响并不只是局限在美国。比如,在斯洛伐克的一项研究中,研究者发现,与那些适时进入青春期的女孩或者晚熟的女孩相比,早熟的女孩更可能去酗酒、吸烟、抽大麻,与男孩在一起混的时间更多(Prokopcakova, 1998)。

(四) 晚熟的女孩

初中和高中的晚熟女孩在社会交往上明显地处于不利的地位。她们在其他女孩已经开始发育而她们还没开始的一段时间会遭受取笑和形成消极的身体映像。她们看起来像是小姑娘,但是她们拒绝别人以这样的态度来看她们。在男女生聚会以及组织社会活动的时候,她们往往被撇在一边,大家对她们视而不见。到14~18岁时才出现月经初潮的女孩,也很可能比较晚才与人约会。结果,晚熟的女孩可能会妒忌那些已经发育成熟的朋友。她们一般与正常发育的男孩处于同一水平,所以通常是与这些人做朋友。然而,她们回避规模较大的、男女混合的团体,并且她们的活动反映出她们对年龄小一些的团体更感兴趣,她们和这些团体在一起的时间更多。

晚熟的女孩具有的一个优势是,她们不会像早熟的女孩那样遭到父母及其他成年人的尖锐批评。在她们青少年期的后期,她们往往会有比其他女孩更讨人喜欢的身体映像,很可能是因为她们最后更可能长成瘦削的体格,而这在西方主流文化中是被看作具有吸引力的体形。而她们主要的不利之处似乎是由于她们生理上相对不太成熟,在社会交往中暂时处于不利的地位。

(五) 不合时宜的成熟

关于青春期起始时间的研究提出,只要是不合时宜的,无论是早还是晚,也无论是对男孩还是对女孩,都是可能带来问题的。关于这一点,有两个比较有影响的理论提出了"成熟时间表"对青春期所产生的影响。"另类假设"(the deviance hypothesis)(如,Alsaker,1995)提出,青春期开始的时间不合时宜,无论是早熟还是晚熟都会给青少年的适应带来困难,因为它把青少年放到了社会性发展的"另类"中。再一种假设是"发展阶段终结假设"(the developmental stage termination hypothesis)(如,Petersen & Taylor,1980),这种假设指出,早熟让青少年很容易遇到发展困难,因为早熟可能会引发青少年的某些角色和活动(比如,约会),而这些角色和活动所需要的技能在早熟的青少年身上还没有形成。

尽管每个青少年所遇到的问题不尽相同,并且受到成熟速率与性别交互作用的影响,但是,与自己的同伴步调不一致是会带来混乱和压力的。由这些混乱和压力所产生的行为不当可能在表面上看起来是相似的,但是同样的行为对于早熟和晚熟的青少年来说却可能是有不同动机的。研究者发现,在早熟和晚熟的男孩中犯罪率都比较高,但是早熟者是由于受到年龄较大的同伴的怂恿才去干这些坏事的,而晚熟者则是为了提升自尊和赢得社会地位(Williams & Dunlop,1999)。所有的青少年都希望得到同伴的喜欢和尊重,为了使自己赢得大家的接受,他们会去做一些具有补偿作用的事。

六、青春期与情绪

科学研究已经证实,体形对青少年来说具有非常重要的意义,尤其是对于女孩。有研究表明,对"我长什么样"的信心是决定白人女学生自我价值的最重要的因素。对于男孩来说,自我价值更主要是建立在他们的能力之上。社会文化推崇的是瘦削的女性身材,再加上身体脂肪在青春期不断积累,结果就出现了经常被提到的那些与女性成熟有关的忧伤。这实际上是生理发育与文化的冲突。

研究一致表明,青少年女孩自我报告的和显现出来的抑郁症状多于男孩,这一差异随着年龄的增长和青春期发育会进一步扩大。抑郁症状上的这种性别差异虽然在儿童期基本上不存在,甚至可能是相反的,但它会一直持续到成年期,成年女性的抑郁症状比男性多两倍。

对自己身体的满意度是与青少年的忧伤相关的众多因素之一。身体满意度与自尊呈正相关关系,与抑郁呈负相关关系。男孩在青少年期的成长过程中对自己的身体有更多的正面感受;但是伴随青春期发育的进程,女孩对体重的负面知觉却越来越多。如果排除身体映像的影响,抑郁症状上的性别差异就会大大减少。在一项研究中,与男孩比较,各个年龄段的白人女中学生都更为抑郁,身体映像更为负面,自尊更低,所经历的有压力的生活事件更多(Allgood-Merten et al.,1990)。如果排除身体映像和自尊的影响,性别和抑郁症状之间的相关就变得不显著了。与此相似,在一项考察13~18岁青少年的多水平样本的研究中,女孩报告的抑郁症状多于男孩,她们对自己的身体更为不满,自尊也更低(Siegel, Yancey, Aneshensel, & Schuler, 1999)。在排除身体映像的影响后,抑郁症状的性别差异也就没有了。针对6~9年级白人青少年女孩的纵向研究表明,不良的身体映像对抑郁有预测作用,而抑郁却不能预测身体映像,并且身体映像在维持抑郁上的作用大于引发抑郁时的作用(Rierdan, Koff, & Stubbs, 1989)。

综合起来可以认为,如果女孩对自己的身体有更为积极的感受,她们就不太容易在青少年期陷入忧伤。

相对于白人女孩来说,能力被认为是影响非裔女孩自我价值的一个更重要因素,这意味着身体映像在非裔美国人中并不是导致抑郁的重要因素。也有研究表明,相对于白人而言,非裔青少年和成人都更为接受自己的身体,而实际上她们一般比白人体重更重些。非裔女性的进食障碍也比白人少,因为身体映像在很大程度上决定着进食障碍是否出现(French, Story, Downes, Resnick, & Blum, 1995)。

尽管非裔以及其他少数族裔青少年对她们相对较大的身材的接受性要高一些,但是她们并非不会受到"瘦不露骨的女性才有魅力"这一社会主流标准的影响。研究发现,越是认同白人的这种标准,非裔女孩就越可能限制饮食、害怕发胖、追求纤瘦(Abrams, Allen, & Gray, 1993)。同样的道理,在美国本土出生的拉丁裔就比海外出生的更为关注自己的身体是否超重。如果对比白人、本土拉丁裔和海外拉丁裔,考虑到她们移民时的年龄,那么社会化的重要性就更加显而易见了。在对理想身体映像进行挑选时,本土拉丁裔所挑选的身材是最小的,17岁以后才移民来的女孩所喜欢的身材是最大的,她们的选择与其他人的差异也是最大的。不过有研究发现,青少年女孩比男孩更容易受到身体映像变化的影响,并且,非裔美国女孩相对于其他种族的青少年来说,随着身体映像愈不如己意,她们体验到的忧伤愈加深切,她们并非不受身体映像的影响。

七、青春期与自尊

关于青少年期女孩的身体映像(对身材体形和容貌的判断知觉)与自尊之间关系的研究已经积累了大量的文献。其中一个比较一致的发现是,对自己的体形和体重不太满意的女孩与那些身体映像较为积极的人相比,她们的自尊往往更低。这一发现在青春期前和青春期后的女孩身上都可以看到,并且即使是考察不同的自尊维度也都得到了一致的结果。研究者还证明,更为一般意义上的身体映像(比如,对容貌的总体感受)与总体上的自尊之间存在联系(Harter, 1999)。

青少年女孩比男孩更可能强调生理外貌作为自尊的基础。这种性别差异很大程度上解释了在大部分西方文化中发生在青少年期的自尊的性别差异(Gentile et al., 2009)。在青少年期,女孩比男孩有着更消极的身体映像和更关注自己的生理外貌。与男孩相比,她们对自己的身材更不满意,大部分女孩都认为自己太重,尝试着去节食。因为女孩往往消极评价自己的生理外貌,而且生理外貌是她们总体自尊的中心,所以青少年期女孩的自尊往往比男孩更低(Shapka & Keating, 2005)。

关于青春期的起始时间与女孩的自尊之间的关系也有大量研究进行了探讨。一些研究者找到了早熟与低自尊之间存在联系的证据,而且,研究还发现晚熟的青少年自尊较低。研究者认为,重要的并不是青春期实际开始的早晚,而是青少年对自己的青春期起始时间早晚的知觉判断,那些认为自己发育晚的青少年在其自我概念的各个方面都受到困扰,但是觉得自己"准时"发育,以及认为自己早熟的青少年就差不多是一样的。

研究也表明,上述关系受到了其他相关因素的调节。比如,青春期发育进程较快的女孩自我映像水平较低,但是这种联系受到体重、对体重的满意度以及身体映像等因素的影响。在一项纵向研究中,研究者发现早熟者自尊较低,但是这种联系是受到相对而言其体重超重的程度调节的(Alsaker, 1992)。相比之下,另一项研究发现,"迟到的"青春期与较低的容貌自我概念之间的关系并不会受到对体重的知觉判断或者实际体重的影响(Wichstrom, 1998)。关于青春期的起始时间、身体映像,以及自我报告的自尊水平之间关系的矛盾的研究发现,这种矛盾可能在一定程度上是由于在跨文化上反映出来的个体经验差异,以及生理发育的程度最终不同。这方面的大量研究是在美国做的,在欧洲国家所做的有限研究已经警示,把美国研究的结果过分概括化而应用到其他国家是不严谨的。所以需要美国以外的其他国家进行更多这方面的研究来探讨文化可能对青春期与自尊之间的关系产生的影响。

后来的研究发现,早熟及身体映像的低评价与低自尊联系在一起。并且身体映像对青春期起始时间与自尊之间的联系具有调节作用。对身材体形的关注程度以及对容貌的负面知觉判断,可以像晚熟一样预测低自尊,不过没有发现这一关系中存在其他因素的调节作用。总之,研究结果支持青春期起始时间对身体映像及自尊有影响的观点。国内研究发现,体质指数、嘲笑与身体映像和自尊显著负相关,而身体映像和自尊显著正相关。这表明,个体体质指数越大,知觉到的嘲笑越多,其对身体越不满意,并且自尊水平越低(平凡,潘清泉,周宗奎,田媛,2011)。进一步的回归分析发现,体质指数、嘲笑可以通过影响身体映像间接影响自尊,身体映像在体质指数、嘲笑和自尊之间起着部分中介作用。

八、青春期与亲子冲突

以往的研究一般认为青春期是一个"急风暴雨"的时期,而现在则一般认为青春期是父母与青少年之间关系的一个转变期。

亲子关系在青春期会发生变化,大体上,对于美国主流文化中青少年和他们家长的研究发现,在青春期变化变得明显时,他们的关系往往会变得更冷淡(Ellis et al.,2011b),冲突增多,亲密感降低。在进入青春期后,家长和青少年似乎对彼此的存在都有些不自在,尤其是在他们的身体亲密度上。

不仅是年龄,青春期的身体变化也会导致亲子关系的变化。如果一个孩子相对较早进入青春期,与家长关系的变化也相对较早;如果一个孩子进入青春期相对较晚,与家长关系的变化也相对较晚。例如,一项针对10～15岁青少年的研究发现,不论年龄多大,那些已经进入青春期的青少年感觉与他们的母亲亲密度更低,更不被他们的父亲接纳(Steinberg,1988)。研究也发现对于那些早熟的青少年,与家长的冲突往往尤其高(Ellis et al.,2011b)。

研究已经表明,青春期所发生的生理变化,以及在青少年早期的心理社会性的变化,可能会导致父母与孩子之间关于人际问题的信念和期望出现差异,这种差异可能会引发父母与青少年之间更多的亲子冲突(Holmbeck,1996)。一般而言,青春期的到来与亲子关系的变化存在着线性关系,即青春期的成熟是和亲子之间距离的增加、亲子冲突的增加联系在一起的。此外,研究还发现一些曲线效应,在青春期的初始阶段,亲子距离的差距还比较小,继而这种差距在青春期发育的过程中达到顶峰,之后再回落,不过,之后的元分析并没有找到有力的证据来支持这种曲线效应的观点。

元分析的研究表明,在整个青少年期,亲子冲突的频率以及总体上的冲突都有所下降(Laursen,Coy & Collins,1998)。同时,从青少年早期到中期,冲突中所包含的情感越来越深切。对青少年早期和后期进行比较,可以发现母子之间的冲突处于中等水平,父子之间的冲突最小;从另一方面来看,青少年报告的冲突水平为中等,而父母报告的就比较低。父母和青少年之间的冲突几乎没有什么发展上的变化,唯一的例外是青春期发展与情感冲突之间存在正相关,不过与冲突频率或者总体上的冲突水平都无关。

另有对低收入非裔美国青少年进行的研究发现,青春期发育与亲子冲突之间的关系在男孩、女孩身上反映出不同的模式,尤其是父母报告说,在青春期中期父母对儿子的言语攻击比青春期早期或者后期要多,并且,父母与早熟的或者晚熟的儿子之间的"激烈"讨论多于准时发育的儿子(Sagrestano, McCormick, Paikoff, & Holmbeck, 1999)。儿子报告说,与自己发育还不太成熟时相比,在他们发育更为成熟时,与父母讨论的敏感问题更多,讨论本身也更为激烈。父母对年幼些的女儿使用暴力性的策略多过对年龄较大的女儿,并且,与准时发育或者晚熟的女儿相比,父母与早熟的女儿会讨论更多的敏感问题,讨论本身也更为激烈。

对这些研究结果进行解释时,最需要注意的是,并没有证据支持通常的看法——亲子冲突率与青少年的年龄或者青春期的成熟呈一种曲线关系。相反,它是一种线性关系:冲突频率随着青少年的成长而下降,情感冲突却随着青少年年龄增长以及青春期的成熟而增加。

元分析的结果还显示出,亲子冲突的变化可能并不像从前人们所认为的那样是青少年发展中重要的、独特的表现。亲子关系的变化并不广泛,青春期的冲突也不一定就比儿童中期或者成年期多,特别是没有证据表明亲子冲突在向青少年期过渡时达到顶峰、之后就减少。

在其他方面发生变化的时候,家庭成员和朋友可以为青少年提供一种稳定感,所以青少年在适应新的社会交往模式时,这些关系中冲突的变化是渐缓出现的。这些关系的主要特征是转换,而不是破坏。冲突率的降低,也反映了社会交往频率的下降,并且父母与孩子之间意见不合的减少,并不简单的是由于他们在一起的时间减少的缘故。情感冲突程度的增加与青少年花更多的时间独处以及和朋友在一起时所产生的自主和情绪焦躁的增加是一致的。在青少年情绪极不稳定的这一时期,人际交往中的这些变化给父母和青少年都带来了新的挑战,所以,亲子冲突往往更富有情绪色彩。

研究表明,在青少年期,亲子冲突主要是和母亲有关,而涉及父亲的就比较少。这期间,父亲与青少年之间的冲突率比母亲与青少年之间的冲突率下降得快。这很自然,因为它与社会交往中所发生的变化相似,但是这并不表明父母与青少年之间的关系重组所带来的冲击都集中在母亲和孩子身上了。此外,父母和青少年对亲子冲突的看法是不同的:青少年所报告的冲突比父母报告的多,并且青少年的报告与旁观者的独立观察更为一致,而父母的报告就不同了(Gonzales, Cauce, & Mason, 1996)。由于父母低估了冲突,因此他们也可能低估冲突减少的程度。

2 青少年的社会认知

"社会认知"(social cognition)是理解社会关系的能力。这种能力使我们能够理解其他人——他们的情绪、思想、意图、社会行为及一般的观点。社会认知是所有人类关系的基础。知道他人的所思所感对于与之相处、理解他人都是必要的。很多研究已经表明,1岁的儿童就能够对他人的意图有所理解。从此为起点,儿童的"朴素心理学"(naive psychology)开始快速扩展。在2~5岁,儿童发展了"心理理论"(theory of mind),即对心理与行为之间关系的朴素理解,是儿童对人的心理过程的理解。关于心理理论的研究,基本上是针对儿童的心理理论展开的,关于青少年心理理论的相关研究还比较少,但是也取得了一些研究成果。比如,有研究考察了青少年的心理理论与他们家庭生活的关系,发现青少年能够相当精确地描述父母对婚姻关系的思想和感情;心理理论和执行功能之间的相互作用在青少年期后期继续发展。

另外,随着儿童心理理论的发展,他们对人的认识由此随年龄增长变得越来越准确。到7~16岁,儿童对朋友及熟人的描述越来越少地使用具体的品质,而是更多地使用心理特质。青少年不仅能够意识到先天的相似性和差异,而且开始意识到一些情景因素(比如疾病、家庭冲突)可能会使一个人行为异常。

"观点采择"(perspective taking)能力是想象他人的想法和感受的能力,它的发展对个体自我概念、自尊、对他人的理解、社会技能的发展都有促进作用。早期的青少年能够理解他们与他人的观点采择是相互的——就像你知道他人的看法和你的不同一样,你也认识到他人会知道你的看法与他们的不同。到青少年后期,他们开始认识到自己的社会观点和他人的社会观点不仅会受到他们之间相互作用的影响,而且会受到他们在较大社会中的角色的影响。

最经久不衰、被引用最多的关于青少年自我中心的理论描述了两个截然不同但是又有联系的概念——假想观众和个人神话。过去三十多年中,一直有一种假设认为,青少年建构了"假想观众"(imaginary audiences,IA)和"个人神话"(personal fables,PF)。假想观众指的是青少年认为每个人都像他们自己那样对他们的行为特别关注。这一信念导致了过高的自我意识、对他人想法的过分关注,以及在真实的和假想的情景中去预期他人反应的倾向。个人神话指的是青少年相信他们自己是与众不同的、无懈可击的、无所不能的。这两种自我中心观念的建构常常被用来解释成年人所关注的、大量的青少年的典型行为,这两个心理结构所反映的思维模式似乎抓住并解释了与青少年早期相联系的典型的感受和行为。

尽管很多研究青少年的学者似乎都接受青少年建构了假想观众和个人神话的说法,这两个心理结构在过去的几十年中一直出现在讨论青少年行为和发展的教科书中,但是,这两个心理结构的理论背景却一直存在着大量的争论,对青少年为什么会这样做的解释不太一致,有关实验研究的文献也需要进行整合。

关于假想观众和个人神话的理论解释主要有两种:一是传统的观点,二是"新视点"(New Look)理论。根据传统的观点(Elkind,1967),假想观众和个人神话与从儿童期向青少年期过渡过程中发生的重要的认知变化相联系。认知的自我中心其中一种特殊的形式,即无法区分自己的想法和他人的想法,被认为是形式运算思维必然的副产品。这种区分的缺乏本身反映在假想观众这一心理结构中(特别是无法区分自己所关注的东西与他人所关注的东西),而个人神话则是这些感受的过分区分。

新视点理论并没有把假想观众和个人神话与逻辑思维或者一般的认知发展联系在一起,相反,与之相联系的两个观念模式是:① 社会认知的发展;② "分离-个体化"(separation-individuation)的过程。

尽管青少年在努力摆脱父母的保护和监督以变得独立,但是实际上他们同时也一直与父母继续保持着联系。亲近与分离的这种"拉锯"可以通过假想观众和个人神话的建构以不同的方式表现出来。青少年自己假想出来的观众证明他们对他人是在意的,当他们被自己的假想观众所包围的时候,他们就能够让自己更加脱离父母,而不会受到分离焦虑的困扰。

同时,青少年认为自己与众不同、无懈可击、无所不能的信念(即,个人神话的建构),给了他们自行其是的力量。这样做的时候,青少年是在试图重新建立稳固的自我防线,因为他们在试图脱离父母的时候自我已经被削弱了。简而言之,假想观众和个人神话两者在分离-个体化的过程中都具有防御和恢复的作用。然而,它们在这一过程中的作用又是非常不同的。

一、心理理论

(一)心理理论的发展

心理理论的发展在幼儿期会经历三个阶段(Wellman,2002)。在最早的阶段,2岁左右的儿童会意识到愿望,也经常讲出他们想要什么、喜欢什么。他们经常会把自己的愿望与行为联系在一起。2岁的儿童理解了人会有愿望,而愿望可以引发行为。

到了大约3岁的时候,儿童能够清楚地区分心理世界和物理世界。比如,如果告诉3岁的儿童,有一个女孩有饼干,而另一个在想饼干,那么他们会知道只有第一个女孩才能看见、摸到、吃到饼干。并且,大多数3岁的儿童能够使用"心理动词",比如"想""记住""忘记",这表明他们已经开始理解不同的心理状态。尽管儿童这时候会谈到想法和信念,然而他们在试图解释人们行为的原因时,强调的则是愿望,他们认为人的行为是与其愿望一致的,而不太理解信念这样的心理状态也会影响行为。

到4岁时,心理状态才真正在儿童理解自己以及他人的行为中起到中心作用,他们认识到信念和愿望都会决定行为。这时候,儿童理解了行为通常是基于一个人对事件和情境的信念,即使这些信念是错误的也是如此。这一变化在"错误信念"(false-belief)任务中非常明显。

比如,给儿童看两个盖着盖子的盒子,其中一个是他们熟悉的装"创可贴"的盒子,另一个则没有什么标志。然后对儿童说"挑出你认为装有创可贴的盒子"。儿童差不多每次都挑有标志的盒子。接着,打开盒子给儿童看,结果与他们的信念相反,有标志的盒子里是空的,而没有标志的盒子里却有创可贴。最后,给儿童看一个套在手上的布偶,并问:"这是贝贝。她被割伤了,看到了吧?你认为她会从哪个盒子里找创可贴呢?为什么她会在这个盒子里找?你没有看到盒子里面的时候,你认为没有标志的盒子里有创可贴吗?为什么?"结果发现,只有屈指可数的3岁儿童能够解释贝贝的(以及他们自己的)错误信念,但是,4岁的儿童能够做到的就很多。

在不同文化和社会经济地位的背景中,儿童理解错误信念的年龄可能在4~6岁间。以中国儿童为被试的研究也发现了相似的结果:3岁之前儿童已理解外表与真实的区别,但还不能理解错误信念。4岁儿童理解了欺骗外表任务中自己和他人的错误信念,5岁儿童理解了意外转移任务中的错误信念。4~5岁是儿童获得心理理论的关键年龄,但这会因测验任务的不同而有所差异。儿童的错误信念理解不存在显著的性别差异(王益文,张文新,2002)。

(二)影响儿童心理理论发展的因素

儿童心理理论的发展呈现出个体差异,有些儿童的心理理论能力发展得更早。这反映了大脑的成熟和认知能力的改善,所以遗传和环境都起着重要作用。

一方面,研究者认为儿童在生理基础上准备好了去获得关于心理状态的知识,在他们试图通过语言去分享这些认识时,更加受到激励。甚至有人相信心理理论是进化的结果,人类大脑有专门的模块让儿童去构建关于心理活动的理解,来自脑成像的研究表明,心理理论与腹内侧额叶,尤其是前扣带回有密切的联系,杏仁核结构可能是其重要机制之一(转引自:刘岩等,2007;张兢兢,徐芬,2005)。另一项研究也表明,左前额皮层与心理理论的发展有关(Liu et al., 2009)。

另一方面,社会经验也促进了心理理论的发展。比如,假装游戏就可以促使儿童去思考心理状态。当儿童在一起假扮角色时,他们就能越来越意识到人的心理状态,他们会设想他人的观点。

很多研究也表明,语言能力能够很明显地预测儿童对错误信念的掌握。会使用包含心理状态词汇的复杂句子的儿童,更可能会通过错误信念任务。此外,抑制不当行为的能力、进行灵活思考的能力以及做计划的能力,都能够促进对错误信念的掌握(Sabbagh et al., 2006)。

同时,儿童也有很多机会从家庭谈话中学到心理活动规律,比如,关于动机、意图以及其他心理状态的谈话,关于冲突解决办法的谈话,以及关于道德问题的谈话(Sabbaugh & Callanan, 1998)。家里有兄弟姐妹的儿童,尤其是有哥哥姐姐的儿童,在错误信念任务上就做得比较好,也更快地获得信念-愿望心理理论能力。与很多成人进行交往的儿童在错误信念任务上尤为出色。

此外,不同文化看待心理理论的方式是不同的,这些态度也影响了儿童。比如,北美和欧洲的中产阶级更多地关注心理状态如何影响行为,而亚洲人的注意力则放在引发某种行为的情境上。日本父母和老师经常对儿童说的是他们的行为如何影响他人的感受。比如,如果儿童不把饭吃完,成人会告诉他们这样做会让辛苦种粮食的农民伤心,而"谁知盘中餐,粒粒皆辛苦"也是中国教育中常常用到的。

(三) 青少年的心理理论

关于心理理论的研究已经有了几十年的历史,主要还是集中在对儿童的心理理论的研究。但随着心理理论研究的毕生(life-span)取向的出现,关于青少年心理理论的研究成果越来越多了。青少年期是一个深刻的心理变化影响社会认识和适应的时期。在此期间,青少年面临着一系列发展任务,了解青少年的认知和神经发育是重要的。电生理研究表明,与额叶皮层相关联的事件相关电位到青少年后期仍在成熟,他们的振幅与行为能力显著相关(Segalowitz & Davies, 2004)。此外,一些脑成像研究集中在儿童和青少年时期大脑的成熟过程,这些研究一致表明,前额叶皮层的成熟过程在儿童、青少年时期发生,甚至在青少年后期。考虑到前额叶及其功能的这些发展变化,依赖于额叶的认知能力,例如心理理论也可能在此期间改变。一项运用测量脑活动技术的研究就发现,从儿童期到青少年期对心理理论的理解的提高与完成心理理论任务时前额叶皮层活动的增加有关(Moriguchi et al., 2007)。赵冰、梁福成和吕勇(2010)对大学生心理理论错误信念任务的事件相关电位研究也发现,心理理论能力与大脑额叶存在较为密切的关系。

错误信念任务是考察心理理论的经典范式,但是这种研究范式所能探讨的都还局限在儿童阶段而非年龄更大的群体,青少年和成人在这种任务上可能出现天花板效应(刘希平,安晓娟,2010),所以研究者设计了失言识别任务来测量青少年和成人的心理理论。其操作性定义是:说话者的言语内容可能是听话者不希望知道的,并且产生了说话者不希望得到的消极后果。

对青少年心理理论的研究发现,青少年的心理理论与其同伴接纳类型之间存在相关关系,受欢迎的青少年在心理理论任务上的得分更高,青少年的性别及其同伴接纳类型可以预测青少年心理理论的发展水平(宋晓蕾,徐青,2010)。还有一项研究考察了青少年的心理理论与他们家庭生活的关系,发现青少年能够相当精确地描述父母对婚姻关系的思想和感情(Artar,2007)。研究发现心理理论的使用在青少年后期和成年期之间有所提高,数据表明,心理理论和执行功能之间的相互作用在青少年后期继续发展。也有研究者发现,在青少年早期心理理论与同伴评价的社会互动技巧、一般语言能力存在正相关。

二、对他人的理解

一个人要融入社会,就必须和他人交往,如果我们对交往对象的思想情感有所认识、能够预测其可能的行为,那么交往过程就会如鱼得水。儿童在3岁左右心理理论的发展是关键一步,使其开始理解信念、动机和意图。儿童对人的认识由此随年龄增长变得越来越准确。

(一) 对人的知觉

学前儿童是以具体的、可观察的词汇来对人加以描述,很少涉及人格的描述,与他们自我描述的方式相同。这并不是因为他们对人们表现出来的内部品质缺乏认识。甚至是18个月的婴儿就能够意识到意图可以指导人的行为;到3～5岁时,儿童会意识到其最密切的伙伴在各种不同情境中的行为方式。在幼儿园里,他们会知道小伙伴们在学业能力和社会能力上参差不齐,所以搞学习比赛时他们会选择和学业能力强的在一组,而玩游戏时会选择和社会能力强的在一组(Droege & Stipek,1993)。5～6岁的儿童不仅能够认识到同伴的"行为一致性",而且开始基于愿望等主观心理状态来进行一些特质推理。

到7～16岁期间,儿童对朋友及熟人的描述越来越少使用具体的品质,而是更多地使用心理特质。6～8岁的儿童不再简单地罗列亲密伙伴的行为,而是在值得一提的行为维度上与其他人进行比较,比如,"小贝比小杰跑得快""她画的画是全班最好的"。这种"行为比较"在6～8岁期间上升,9岁以后快速下降。

相对地,儿童越来越意识到同伴行为的规律性,并开始把它们归因于稳定的"心理结构"或特质。10岁儿童说同伴画得好时,会说她很有艺术天分。对心理结构的使用在8～10岁时快速增长,最终儿童对他人进行比较和对比时,主要体现在重要的心理维度上,比如,"小贝比小杰害羞""她是我们班最有艺术天分的人"。

到14～16岁时,青少年不仅能够意识到先天的相似性和差异,而且开始意识到一些情景因素(比如疾病、家庭冲突)可能会使一个人行为异常(Damon & Hart,1988)。

(二) 观点采择能力

在学龄儿童期,"观点采择"(perspective taking)能力,即想象他人的想法和感受的能力,有了很大的进步。这一变化对自我概念、自尊、对他人的理解、社会技能的发展都有促进作用。

罗伯特·塞尔曼(Selman,1980)认为,要想认识一个人,就必须认识其观点,理解其思想情感、动机意图,即通过内部因素来解释行为。如果儿童未获得这些重要的观点采择技能,他们对人的描述就别无选择地只能通过外部特质——外表、活动、财物。塞尔曼(1976)根据儿童青少年对社会性两难故事的反应,提出了观点采择发展的五个阶段(表 2-1)。

表 2-1 塞尔曼的观点采择阶段*

阶段	年龄	特征
水平 0: 尚未分化的观点采择	3~6 岁	儿童知道自己和他人会有不同的想法和感受,但是这些想法和感受经常会混为一谈。他们认为自己的看法会得到他人的同意。
水平 1: 社会信息的观点采择	4~9 岁	儿童认识到他人的看法可能与自己的不同,但是儿童相信是人们接触到的信息不同,而导致观点的不同。
水平 2: 自我反省的观点采择	7~12 岁	儿童知道即使得到相同的信息,自己和他人也会有不同的观点。儿童能够设身处地,能够从他人的观点来看自己的想法、感受和行为。他们也认识到别人也能够这么做。因此,他们能够预测他人的行为。
水平 3: 第三方的观点采择	11~15 岁	儿童能够走出当事双方的情境,想象站在第三方的公正立场来看待自己和他人。
水平 4: 社会的观点采择	14 岁~成年	青少年认识到第三方的观点会受到更广泛的个人、社会和文化背景的影响。他们会试图比较他人的观点与社会系统的观点(即"一般他人")。

*来源:Selman,1976.

起初,儿童对他人思想情感的认识非常有限,随着时间的推移,他们越来越意识到人们对相同的事件会有截然不同的看法。不久,他们能够设身处地,反省他人对自己的思想情感和行为会有什么看法。最后,年龄大一些的儿童和青少年能够同时评估两个人的观点,先是从旁观者的角度,然后是以社会价值观为参照。

经验对儿童观点采择的发展有促进作用。擅长观点采择者反过来又很可能表现出共情和同情,并以有效的方式处理困难的社会情境(FitzGerald & White, 2003)。

儿童观点采择能力的发展以相同的顺序走过每一个阶段,而且,认知发展水平较高的儿童更可能处在较高级的观点采择水平,这一点并不受年龄的影响。

塞尔曼在他的研究中主要使用了访谈的方法。在访谈中,向儿童和青少年展示假设情境,并且要求他们评论这些情境。例如:"米乐医生刚刚完成他的医生培训。他在一个新的城市建立了一个办公室,希望接纳很多患者。一开始他没有很多钱。他成立了办公室,然后试图决定是否应该花很多钱精心设计办公室,铺精美的地毯,买精美的家具和昂贵的灯,还是应该保持简单,不要地毯,只用简单的家具和简单的灯。"

然后通过提问引出能够表明观点采择的回答,提问有关医生吸引病人的想法,以及询问病人和社会对医生行为的普遍观点(比如,"你认为社会对于医生花钱精装修办公室来吸引病人的行为有什么看法")。

塞尔曼的研究表明,直到青少年期,儿童的观点采择能力以不同的方式受到局限。儿童难以把自己的观点与他人的观点分开。儿童在6~8岁时,开始发展观点采择技能,但是还不能对观点进行比较。在尚未进入青少年期时(8~10岁),大多数儿童能够理解他人的观点可能与自己的不一样。他们也认知到采择别人的观点能够帮助自己理解他人的意图和行为。

根据塞尔曼的理论,在青少年早期,大约10~12岁时,儿童逐渐能够进行最初的"相互观点采择"(mutual perspective taking)。也就是说,早期的青少年能够理解他们与他人的观点采择是相互的——就像你知道他人的看法和你的不同一样,你也认识到他人会知道你的看法与他们的不同。同时,与尚未进入青少年期的儿童不同,早期的青少年开始能够想象他们的观点和他人的观点如何展现给第三个人。在上面米乐医生的例子中,如果能够说明医生认识到他人如何看待他及其病人,那么回答者就表现出相互观点采择阶段的能力。

根据塞尔曼的理论,社会认知在青少年后期得到了进一步发展。在相互观点采择之后,他们进入了"社会和习俗观点采择"(social and conventional system perspective taking),意思是青少年开始认识到他们的社会观点和他人的社会观点不仅会受到他们之间相互作用的影响,而且会受到他们在较大社会中的角色的影响。在米乐医生的例子中,如果能够认识到社会如何评价医生角色以及这种评价如何影响医生及其病人的观点,那么就说明进入到社会和习俗观点采择阶段了。

总之,塞尔曼的研究表明观点采择能力从儿童期到青少年期一直在提高。但是,他的研究也表明在年龄和观点采择能力之间的关系并不密切。青少年可能最早11岁或是最晚20岁会达到相互观点采择阶段(Selman, 1980)。需要注意的是,这与我们之前讨论的形式运算的结果相似。这两个领域都存在着广泛的个体差异,任何一个年龄个体间的认知技能都有很大变化。

还有研究发现观点采择在青少年的同伴关系中起着重要作用。例如,研究发现青少年的观点采择能力与他们在同伴中的受欢迎程度以及他们成功结交新朋友有关(Vernberg & Others, 1994)。能够采择他人的观点有助于青少年察觉到自己的言行如何使他人高兴或是不高兴。观点采择也与青少年如何对待他人有关。在一项对巴西青少年的研究中发现,观点采择能力能够预测同情心和"亲社会"(prosocial)行为,也就是友善和考虑周到的行为(Eisenberg, Zhou, & Koller, 2001)。由于观点采择会促进这些特质,因此在这个意义上,善于观点采择的青少年也善于结交朋友。

三、传统的自我中心观

(一) 自我中心的产生

青少年期是一个巨大的转变时期,这既表现在转变的数量上,也表现在转变的幅度上。青少年经历了大量的身体变化、认知变化和社会性情绪的变化。可以理解的是,这样的变化经常会占据个人思维的中心位置。然而,人们认为青少年会错误地相信他们自己的外表和行为是其他人非常关注的,就好像他们自己非常关注一样(Elkind, 1985),并且错误地认为其他人对他们的评价是与他们自己的评价一致的。所以,青少年建构了假想观众,认为这些观众一直在观察和评价他们,并且青少年对这些观众做出反应。

什么类型的人总是受到他人的观察和评价呢?独特的人,与众不同的人。因此,出现了另外一个被误导的观念——个人神话。个人神话反映了青少年认为自己的感受和经历完全与他人不同的错误信念。青少年因此可能会相信"别人无法理解我做的事""那种事不会发生在我身上""我可以摆平一切"。

假想观众和个人神话看来抓住了被视为青少年典型行为的那些方面。比如,与外貌有关的自我意识以及对同伴团体的服从等,可以理解为青少年相信其他人(即,假想观众)正在看着自己、正在评价自己所产生的结果。孤独感以及冒险行为可以被视为个人神话的结果——相信自己是与众不同的、无懈可击的。

最初,这两个心理结构在概念上是作为自我-他人的错误区分或者自我中心的反映,是思维发展向皮亚杰所提出来的形式运算思维阶段转变时产生的结果。到达这一阶段就意味着一个人能够进行抽象思维,能够考虑各种可能性;比如,这时候就能够思考他人正在思考的东西是什么。然而,青少年对形式运算思维技能的把握还有欠缺,导致了引起假想观众这一观念的错误:青少年无法区分自己思考的东西与他人所思考的东西之间的区别。同时(也有部分原因是由于假想观众的建构),这种区分错误又会摆到另一个相反的极端:青少年无法认识到同伴之间经历和情绪上的共同性,相反,他们认为自己是与众不同的、无所不能的。这种"过分区分"是个人神话观念建构中的自我中心本质。

(二) 自我中心与思维的关系

个体在成长过程中经历皮亚杰所提出的每一个认知发展阶段时,会经历不同形式的自我中心。年幼的儿童不会有"青少年的自我中心",因为他们还没有达到形式运算思维的水平:他们还不具备作为假想观众和个人神话观念建构基础的基本技能——进行抽象思维和考虑各种可能性的能力。青少年的自我中心是持续的智力发展和社会交往的结果。随着青少年对形式运算思维能力的掌握或者这一能力得以巩固,以及他们彼此之间相互认识的加深,他们终于明白地看到,自己非常感兴趣的那些东西并不是别人在思考的东西,进而假想观众的观念就会减退。青少年也终于认识到,其他人有很多相同的感受、恐惧和体验,这会导致个人神话观念的减退。尽管社会性人际经验在减少扭曲的观念建构中起着毋庸置疑的作用,但是,对形式运算思维能力的掌握才是使青少年准确地、明确地理解自我与他人关系的重要因素。因此,假想观众和个人神话被认为在青少年和成年人身上是很少发生的,至少不是所有人都会这样。根据这一理论观点,这两种观念建构模式与认知发展水平之间就存在着一种倒 U 形曲线关系,具体运算阶段的个体(主要是儿童)以及形式运算思维已经得以巩固的个体(主要是后期的青少年和成年人)与形式运算初期的个体(主要是早期的青少年)相比,他们很少会有假想观众和个人神话的观念。

支持假想观众和个人神话观念建构与形式运算思维之间的关系的实验证据并不是经常可以看到,并且即便是有,也显得比较单薄。比如,一些研究似乎证实了中学生有假想观众和个人神话观念建构的东西(Enright, Shukla, & Lapsley, 1980),但是由于没有使用年幼些的被试,因此也难以评估上述曲线模式。一些支持这两种观念建构在青少年后期减退的研究发现随着年龄增长表现出负相关,但是其他研究却发现在年龄跨度相对比较大的样本中没有显著的年龄差异。还有一些研究甚至发现在年龄较大的青少年中假想观众和个人神话的观念建构更加突出,而在理论上这一年龄段由于形式运算思维的巩固,这两种观念模式应该是减少了。虽然也有研究以 4,6,8,12 年级的学生为被试,的确发现了假想观众的观念建构与年级水平之间存在着倒 U 形的曲线模式,然而,该研究并没有评估认知发展的水平,而只是根据年级水平来不恰当地推断。正因为如此,这些发现只是间接地支持了假想观众和个人神话的理论模型,而且还并不完全一致。

对被试的认知发展水平进行直接测量的研究中,其结果并未有助于澄清有关的问题。有的研究发现,在处于具体运算思维阶段的人身上,假想观众和个人神话的观念建构最为强烈,而这些人在理论上是还不具备必要的认知能力的。很多研究并没有发现认知发展水平与假想观众或者个人神话之间有什么联系,要么就是发现这两种观念建构模式与形式运算思维能力之间甚至在青少年早期也存在着负相关——而对这一年龄段来说在理论上这种关系被认为是正相关的关系。最后,在这两种观念建构中表现出来的性别差异也是有一些问题的,因为认知发展应该是与性别无关的。这方面最常见到的结果是青少年女孩表现出的自我中心比青少年男孩突出(Markstrom & Mullis, 1986),当然,也有研究发现相反的结果。同时还有研究发现,性别与假想观众、个人神话之间没有任何联系。从这些结果中我们似乎有理由认为,认知发展(尤其是形式运算思维的发展)在青少年假想观众和个人神话观念建构中的作用被过分强调了。然而,这一结论在当今讨论到假想观众和个人神话的教科书中并不是经常见到的。

四、自我中心的社会认知观

最初提出的关于青少年自我中心的理论除了缺乏一致的实验支持外,也被认为是缺乏逻辑和内部一致性的。该理论认为,认知发展达到最终的最高级的阶段(形式运算)就会使得青少年出现种种对自我与他人之间的区分错误,而这种错误恰恰应该是这一思维发展水平的特性所能够避免的;所以,这一提法看来有些自相矛盾。也就是说,一个人如果能够进行有逻辑的、抽象的和假设性的思维,那怎么可能会有假想观众和个人神话的观念建构呢?并且,上述类型的自我中心得以减退的机制(即,向发展的下一阶段转化)也不能够解释青少年自我中心的减退,因为形式运算在皮亚杰的理论中已经是发展的最终阶段了。因此,必须引入一种新的机制来解释青少年后期假想观众和个人神话观念是怎么减退的。

(一) 理论框架

上述这些理论受到的批评最终产生了一种新的解释青少年假想观众和个人神话的社会认知理论框架——在这一理论框架中两种观念建构的模式被重新界定为"人际理解中的问题"。

Lapsley 和 Murphy(1985)提出,塞尔曼关于"社会观点采择"(social perspective-taking)和"人际理解"(interpersonal understanding)的理论能够很好地解释假想观众和个人神话观念建构的起落。他们认为,塞尔曼的理论描绘了儿童最终能够考虑和协调自我与他人的社会观点的发展过程,这为透视假想观众和个人神话两个心理结构提供了很好的概念基础。他们提出,假想观众和个人神话可能是第三水平的社会观点采择能力的结果。第三水平与两个观念建构模式达到顶峰时(10~15岁)的年龄段是一致的,并且此时很典型的是青少年可以从第三者(或者"旁观自我")的角度来同时考虑自我的和他人的观点。而第二水平的儿童则局限于一次只能考虑一个观点(自我的或他人的),即相继性地;第三水平的青少年却能够走出来,从"旁观自我"(observing ego)的角度来审视自我和他人。在社会交往中既作为主体又作为客体的这种新自我意识被认为可以解释假想观众的观念建构,即它是自我意识的凸显,并且与青少年关于他人对自我的反应的假想非常啮合。个人神话的观念建构也是第三水平自我意识的结果,它增加了青少年对自己独特而无所不能的感受。

第四水平社会观点采择能力的获得(12岁至成年期)被认为会减少假想观众和个

人神话的建构。一旦达到发展的这一最后阶段,年龄较大的青少年或者年轻的成年人就能够从"一般化的社会观点"的角度来考虑和协调多个第三方的观点。这种观点会减少自我意识,因为青少年能够更好地看待与"更大的社会观点矩阵"有关的自我。第四水平无意识心理过程的增加对个人的自我反省能力有所限制,继而减少了个人神话观念。

(二) 研究支持

然而,关于假想观众和个人神话的这一社会认知模型还远未受到实验研究的注意。有研究者比较了形式运算与社会观点采择能力预测假想观众和个人神话观念建构上的作用,被试年龄范围是 11～20 岁。结果发现,形式运算思维和社会观点采择能力的水平都不能够显著地预测假想观众,并且在假想观众方面也不存在年龄或者性别的差异。然而,个人神话观念的建构则显著地与第三水平的社会观点采择能力相联系。

相似地,稍后的研究也未能支持第三水平与突出的假想观众观念建构有关的假设,这一研究的被试是 6～8 年级学生。这一研究再次表明,假想观众的观念建构不存在年龄和性别的差异,而个人神话的观念建构则在第三水平的青少年身上达到最高水平。然而,后一发现则有年级水平的限制。尤其是只有具备第三水平社会观点采择能力的 6 年级学生才表现出了较高水平的个人神话观念建构,而其他学生则没有。尽管很多与年龄相关的因素可能是比较复杂的,但是研究者支持这样的可能性:6 年级学生刚刚处于从小学向中学转换的过渡期,再加上他们已经具备第三水平的社会观点采择能力,所以导致了与个人神话相联系的独特感和孤独感。其他研究者也有相似的推测:个体社会环境的分裂可能会增加青少年,甚至是年轻成年人的自我中心。而且,这一组学生个人神话的观念建构在一年以后已经减退了,即使他们没有一个人达到第四水平也是如此。也没有证据表明假想观众存在着发展变化。

所以,尽管 Lapsley 和 Murphy 关于青少年自我中心的社会认知模型是在概念上比 Elkind 严格的认知思路更有吸引力的一个替代,并且它关于个人神话的构想也得到部分支持,但是它关于假想观众的部分仍然需要实验证据来支持其有效性。

五、自我中心的"新视点"理论

青少年对个人自我认同的意义的探索,也被认为解释了他们看似自我中心的思维过程,特别是解释了假想观众的建构过程。关于假想观众和个人神话的这第三种理论观点认为,当青少年自己开始质问他们是谁、他们要怎么适应以及他们应该为自己的生活做点什么的时候,青少年的自我意识就增强了,他们也开始关心别人对他们的看法了——这就是"新视点"(New Look)。

父母和教师期望青少年开始发展自己的自我认同,并且年幼些的青少年可能会以对他人的观察作为个体化和自我认同发展的参照。对自我认同发展过程的自我关注和社会要求，可能会导致青少年混淆自己所关注的东西与他人所关注的东西。所以，与那些不关心自我认同的人相比，纠缠于各种自我认同问题的青少年就可能会有比较高的假想观众方面的敏感性。这一看法得到了一些实验支持：自我认同危机的经验往往伴随着更高的假想观众观念的建构（O'Connor，1995）。

但是，对自我认同的关注是怎样与个人神话的观念建构联系在一起的呢？尤其是，对自我认同的这种关注中，是什么东西导致了假想观众的观念建构，或者，又是什么东西导致了个人神话的观念建构？Lapsley及其同事提出了一个关于假想观众和个人神话的新模型，它是以自我认同发展的理论背景为基础的。这一新视点观点提出，假想观众和个人神话有助于青少年从心理上脱离父母（Lapsley，1993）。在这一模型中，假想观众和个人神话的观念建构都不完全是自我中心本身；事实上，假想观众的观念建构仅仅是关于人际交往和人际情景中的自我的白日梦倾向，或者仅仅是进行"客体关系观念建构"（object-relational ideation）的倾向。

分离-个体化可能是青少年期的任务，它也是获得成熟的自我认同感所必须迈出的一步。分离-个体化的目的是在建立家庭关系之外的自我的同时，保持一种与家庭成员之间的亲近感。在分离-个体化的过程发生时，假想观众和个人神话的观念建构有助于分离-个体化过程的进展。当这一通常的发展过程向前推进时，青少年越来越关注与非家庭成员之间的关系，并且开始思考或者想象自己在各种社会性情景或者人际情景中的样子，在这些情景中他们是注意的焦点。当他们重新评估和建构与父母之间的关系时，这种人际倾向的白日梦让他们能够维持一种与他人的亲近感。对与众不同、无懈可击、无所不能等的强调（即，进行个人神话的观念建构），有助于青少年构思独立的自我，即脱离家庭纽带的自我。

新视点模型的基础已经得到实验研究的支持：研究已经发现，进行客体关系观念建构（即，人际倾向的白日梦，它在新视点模型中等同于假想观众的观念建构）与同分离-个体化过程有关的人际关注之间存在着正相关。正像这一模型所预测的，假想观众似乎是在知觉到有人际威胁或者人际损失时才被激发起来的。相似地，对分离-个体化的关注反映的是个体化的需要，它与个人神话的观念建构之间也是正相关关系。

而且，新视点模型从整合的角度来看是有希望的，而文献中这一点一直是非常缺乏的。性别和家庭问题就是例证。对分离-个体化中的性别差异已经有人关注到；比如，女性往往比男性更强调亲近，这可能是由典型的性别角色社会化过程造成的。因此，如果假想观众和个人神话的观念建构反映了青少年对分离-个体化的关注，那么，先前的理论模型中存在问题的性别范式就可以通过这一模型得以轻易地解释。此外，先前的研究表明，认为父母支持不够的那些青少年往往会反映出更多的假想观众的观念建构，这一发现无论用Elkind的观点还是Lapsley与Murphy的模型都不容易解释清楚。然而，新视点模型就能够很容易地适应这种范式：那些认为父母比较支持的青少年更可能在分离-个体化的过程中很少关注亲近感的维持，所以，就不太需要通过建构假想观众来作为应对机制。

像之前的理论模型一样，新视点这一模型认为个人神话的观念建构包含了对个人与众不同、无懈可击、无所不能的夸大感受。然而，新视点构想的假想观众比最初的青少年自我中心观或者社会认知模型都更为广泛。在早期的两种模型中，焦点显然是观众的"假想"本质。换言之，这两种观点都把青少年看成是在假想其他人经常会想到他们，并且对他们做出评价。相比之下，新视点模型认为青少年假想的是自己可能成为注意焦点的情景，而不是认为青少年日常对自己和他人的思考根本上都是有问题的。也就是说，青少年唤醒的想象是作为应对主要的发展任务的一种方式——简单地说就是，他们之所以有人际取向的白日梦是有其内在动因的。这是几个模型概念化中的一个重要分歧。

总而言之，人们已经非常强调对假想观众和个人神话心理结构的理论基础进行描述，但是，一个更为基本的重要问题却没有引起足够的注意：青少年对自我与他人之间的关系的理解真的是有缺陷的吗？青少年经常觉得其他人总是在观察和评价自己吗？总是觉得自己完全与他人不同吗？现在，在关于青少年期的教科书中可以看到的答案似乎是"是"，尽管支持这一答案的证据令人质疑，并且现有的对这两个心理结构的测量也难以让这些证据变得更为清晰一些。

六、自我中心与冒险行为

统计资料表明，差不多每一种类型的冒险行为青少年都参与。对青少年冒险行为的解释是非常复杂的，而不仅仅是由于他们在知识或者社会技能方面的缺乏。大多数青少年都能够准确认识到风险所在，但是，他们在决策的时候却经常看轻这一点。青少年的冒险行为可能与其认知社会性发展的不成熟有关，而且，还可能与青少年的认知加工有关，其中自我中心就可能是有关的因素之一。

青少年认知发展的水平在决定如何教给青少年有关健康问题的知识时起着重要的作用（Orr & Ingersoll, 1991）；也就是说，向还处于具体运算思维阶段的年幼的青少年传授极其抽象的信息被认为是不合适的，因为他们的发展还没有为接受抽象思维做好准备。从自我中心来看，8, 9年级的学生中假想观众和个人神话表现得最为突出，随着年龄的增长以及形式运算思维的巩固，这种现象稳步减少。此外，自我中心的表现也有一致的性别差异，女孩在假想观众上表现得更为突出，而男孩则在个人神话方面得分更高（Greene et al., 1996）。男孩更明显地比女孩相信自己的与众不同、无懈可击，以及无所不能。这些发现再次表明，不同的信息对不同性别和年龄的青少年来说具有不同的意义。

一些研究者提出,在检验青少年冒险行为时应该考虑自我中心。研究者要求女孩列出她们不使用避孕药具的原因,结果发现个人神话的解释——"我觉得怀孕这种事绝对不会发生在我身上"——是最常见的原因。研究者要求社会经济地位较低的女孩针对自己,以及针对朋友的行为来评估对性行为的反应,结果被试的反应表明,她们认为发生在别人身上的事(即,有可能会怀孕)不会发生在自己身上(Handler,1985)。认为怀孕的可能性低的女孩更可能会不使用避孕药具;女孩对自己怀孕可能性的知觉是她们是否使用避孕药具的最好的预测变量。所以,青少年可能会相信自己对那些发生在别人身上的冒险行为的后果具有免疫力(Arnett,1990)。

有研究率先用实验考察了青少年的自我中心与他们对关于艾滋病信息的反应之间的联系。在这些研究中,青少年是否打算按照有关安全性行为的信息来做,会受到其个人神话的调节。尤其是,个人神话中的与众不同成分对青少年冒险行为的态度具有很强的预测作用,并且假想观众能够很好地预测主观标准。研究中的信息变量(语言的明确程度)对态度与个人神话之间的关系具有影响作用。尤其是在信息比较明确的情况下,个人神话与青少年对回避冒险行为的态度之间的联系呈现出最大的反向关系。后来,研究者探索了相关的信息特征,并发现那些鼓励三思而后行的信息能够产生一定的影响,使青少年改变原来的想法,而采用可以减少风险的行为方式。有趣的是,信息类型与青少年"感觉寻求"(sensation-seeking)的行为倾向和可以解释行为意图及信息知觉的认知发展之间有着交互作用。这些研究表明,自我中心的心理结构有助于理解青少年的冒险行为,有助于理解如何设计最好的风险预防信息。

研究表明,自我中心(包括假想观众和个人神话)能够有效地预测青少年是否会采取能够减少自己冒险行为的方式的行为意图(Greene et al.,1996)。个人神话,尤其是其中的无懈可击,与青少年感知到的易感性、避免冒险行为的意图以及主观标准等的联系是反向的。然而,假想观众可能也对行为有影响,即,高假想观众的表现与更明显的服从他人的倾向相联系,这种倾向可能对行为有正面的影响,可能会使得青少年更加在意。因此,假想观众可能是一种"有益的"自我中心扭曲的形式。然而,如果同伴团体的标准是推动而不是阻遏冒险行为,那么参加这种团体的青少年就会有更大的风险。比如,如果自己所在的文化中年幼的青少年经常会怀孕并且生孩子,那么女孩就会觉得性行为是应该的,早孕是正常的。如果她们心理上建构的假想观众与她们在身边耳闻目睹的一致,那么在活跃的性行为和生孩子的可能性方面,她们就可能会面临夸大的来自同伴的压力。

感觉寻求的问题及其与冒险行为之间的关系,在关于青少年发展的理论中很可能有密切的联系。比如,测量感觉寻求和冒险行为的某些项目的内容,就与从青少年自我中心的概念体系中衍生出来的假想观众量表的项目很相似。然而,感觉寻求与冒险行为不同于自我中心,因为前者并不随着青少年的成熟而在所有青少年中表现出一种增长或下降的变化趋势,而自我中心的模式却和发展有着特别的联系。在此所探讨的认知自我中心的变量对青少年关于某些健康信息的理解有着深入的解释力,特别是那些与青少年啮合的信息,而过往研究所关注的注意偏好以及感觉寻求的相应解释力则有所不及。认知发展的过程实际上可能决定了并驱动着青少年寻找刺激的行为。对青少年而言,感觉寻求与个人神话之间的交互作用可能提供了对冒险行为的最好解释。研究表明,较高的个人神话表现与较高的感觉寻求的表现融合之后,能够解释大多数的青少年冒险行为(Greene et al., 2000)。

七、自我中心与内化问题

在青少年成长过程中,他们会经历分离-个体化的过程;从这一点来看,假想观众与亲近感相联系,而个人神话与分离有关。因此可以假设:在假想观众量表上得分高是与亲近感得分高相联系的,而与脱离父母方面的得分低相联系。个人神话的三个特征则表现出相反的关系。但是实验证据表明,假想观众量表和个人神话中的与众不同分量表与分离-个体化并没有一致的相关。然而,个人神话中的无懈可击和无所不能分量表与亲近感呈现负相关,与分离有直接的正相关。综合有关的研究,研究者指出,假想观众反映的是与丧失联系有关的焦虑,而个人神话的观念建构则对分离焦虑有一种缓冲作用(Lapsley, 1993)。简单地说,建构了假想观众的青少年体验着正常的分离焦虑,但是,恰恰是这些观念建构又补偿了这种丧失。相比之下,个人神话的信念则是对这种焦虑以及相关的消极情绪状态的防御性否认。所以,在这种意义上来讲,个人神话的信念是一种根本的防御机制,因为具有这种信念的青少年只是使自己避免消极情绪体验。

这一概念化(conceptualization)可以衍生出这样的假设:青少年建构假想观众的倾向与心理压力呈现为正相关,而他们的个人神话信念则与心理压力呈现为负相关。相关的实验研究表明,青少年关于假想观众和对自己的与众不同的信念与心理压力有着直接的联系,而他们对无懈可击和无所不能的感受则与他们的心理压力呈负相关。此外,通过"假想观众量表"(Imaginary Audience Scale, IAS)测量得到的假想观众的高分数也与较大的心理压力有关联(Garber, Weiss, & Shanley, 1993)。研究也发现,无懈可击和无所不能这两个分量表上的高分数与青少年低水平的抑郁和孤独感相联系。

此外,根据Elkind(1967)的理论,青少年早期的自我中心和自我意识也可能会造成这一年龄阶段抑郁的增加。年幼的青少年有一种错误的信念,认为其他人(假想观众)对他们的想法和行为就像他们自己一样关注,结果导致他们产生高度的自我意识。一些研究者指出,过分的自我关注与抑郁有关,与自杀的想法也有关系。并且自我意识与成年人的抑郁之间的联系也得到了实验研究的证明。

研究表明,青少年的抑郁与其自我中心有着密切的联系,但是抑郁性的思维与年龄之间没有联系,并且抑郁与自我中心之间关系的强度并不随着青少年从早期向中期转变而发生变化(Garber, Weiss, & Shanley, 1993)。

对青少年期抑郁及抑郁症状的研究已经不少,并且随后的一些研究也开始重视从发展的角度来探讨这样的情绪障碍,而其中一个值得注意的方面就是抑郁与社会认知发展之间的联系。社会认知发展中一个受到理论及实验关注的是青少年的自我中心,这一概念为解释青少年期的抑郁提供了很好的框架。

有研究探讨青少年的自我中心与互联网使用的关系,发现假想观众观念对于病理性互联网使用(网络成瘾)有显著的直接预测作用,假想观众和个人神话中的无懈可击成分通过对互联网社交使用的喜好间接预测病理性互联网使用水平(郭菲,雷雳,2009)。青少年与父母分离而形成自我感的过程中,其分离焦虑(个体对于重要他人的情感和肉体联系丧失的强烈恐惧)和自我卷入(个体对自己的过高估计和关注)通过假想观众观念间接地正向预测青少年的病理互联网使用水平(网络成瘾)(雷雳,郭菲,2008)。

八、自我中心研究中的差异问题

首先,关于假想观众和个人神话的研究应该注意到个体差异。比如,研究者已经指出,假想观众和个人神话的观念建构较好地概括了有问题的青少年的社会认知倾向,而不是没有麻烦的青少年(Elkind, 1967)。即使分离-个体化这样的基本发展过程处于这两个观念建构的核心位置,对个体的青少年而言,这种转变的过程或者发展任务也经常存在着很大的差异。也可能会有很多的个体变量影响青少年假想观众和个人神话观念建构的程度,以及其反映的特定内涵,比如,他们建构的是批评性的还是赞赏性的假想观众,自我陶醉的还是疏离的个人神话。需要考虑的一些重要的个体变量包括同伴地位、社会经济地位、青春期始发的时间、父母与青少年之间依恋的质量,以及同伴依恋的质量。同时,对假想观众和个人神话观念建构中的性别模式进行更为完整的检验,也是有必要的。

其次,文化在这些观念建构中的作用也应该在实验研究中给予很大的重视。探索这两种思维模式(无论它是扭曲的还是准确的)与文化赋予个人主义的相应价值之间的联系,将会是有趣且有意义的。比如,觉得自己与他人完全不同的这种感受可能更主要是西方社会青少年的特征,因为西方社会推崇和培养个人主义。相对而言,在推崇和培养集体主义或者团体和谐的文化中,这可能就相对比较少。

虽然假想观众和个人神话这两个心理结构的启发价值和直觉上的吸引力不可能并且不应该被忽视,但是现在确实应该来反思它们是否真的反映了青少年社会认知的基本特征。当然,心理结构和理论往往是脱离不了其社会、文化和历史背景的。也许假想观众和个人神话最初的含义(即,对自我与他人之间关系的曲解)很好地反映了20世纪60年代后期和70年代的问题,反映了当时的理论家对青少年的看法,而不是反映了青少年社会认知发展和行为的普遍规律。同样地,当时用来检验这两种心理结构的测量工具并不是真的在评估思维中的扭曲。

新视点模型的提出代表了假想观众和个人神话观念建构反思中的重要一步。这一工作使得两种心理结构在进一步促进人们对青少年期的理解方面焕发了新的活力。然而,应该指出的是,新视点提出的是一个非常宽泛的假想观众的心理结构。

3

青少年的情绪

　　青少年在个体化和自我认同的探索过程中,他们在情绪情感上不得不逐渐地独立于父母。青少年期的"情绪自主"(emotional autonomy)表现为更强的自我依靠、主动性、对同伴压力的抗拒力、对自己的决定和活动的责任感。这种情绪自主是在以父母为中心的人际关系向着以同伴为中心的人际关系转化的过程中产生的,而这种转化的过程也是由多种原因造成的。

　　青少年在日常生活中表现出来的消极情绪比小学儿童明显;另一方面,青少年报告的极端积极情绪和消极情绪都比他们父母多,但是中立的或者温和的情绪状态则不及父母那么多。厌烦可能是青少年情绪表现中很独特的一种情绪,它反映了多种与之相联系的心理状态。

　　青少年在情绪情感上逐渐独立于父母的过程中,基本上都有家庭冲突,而青少年与父母的冲突又很典型地包含了更多的消极情绪。不过,诸如争执、打断等言语冲突在青少年早期增加,到青少年后期则下降。解决家庭冲突的过程是与青少年的情绪功能和心理社会性功能联系在一起的。同时,父母给予的情绪支持对青少年的情绪发展有着重要的影响,这种影响也存在着与性别的交互作用。

　　同伴团体在社会性和情绪的发展中所起的作用,没有哪一个时期像青少年期那样重要。青少年与同伴成群结队在一起的时间,以及对同伴压力的敏感性都超过其他的发展阶段。青少年在努力转变自己在家庭中的角色时,他们开始依靠同伴,特别是依靠朋友来寻求情绪支持。同伴能够帮助青少年调节自己的情绪、提供情感支持和安全感、提供自信和认可,也有助于青少年的自我表白和自我探索。总之,存在着一种缓冲效应。随着青少年同伴交往的深入,友谊对其情绪发展的影响也越来越突出。不过,男孩、女孩的友谊却有不同的表现,女孩看重的是她们人际关系中的亲密性,相互表白、共享秘密、讨论感受等构成了女孩亲密友谊的典型特征;相反,男孩们在其友谊关系中看重的特征是忠诚,并且男孩之间的友谊通常都是稳定的。

　　情绪调节指的是对情绪反应的强度、持续时间和潜伏期的监控、评估及修正,它对于情绪起伏的青少年来说也是非常重要的。研究表明,父母的情绪社会化影响着孩子在特定情景内的情绪表现、情绪调节以及情绪调节能力的获得和对情绪调节过程的理解。父母通常为情绪表现和对情绪体验的讨论定下了基调,并且他们对孩子的情绪表现有着特定的反应方式。而依恋对象的支持和情绪有效性对孩子发展适应性的情绪调节有着很大的影响,安全型依恋的青少年就有着良好的情绪调节能力。

一、情绪的基本特点

情绪作为个体生活中必不可少的一部分,在青少年期呈现出新的特点,青少年在谋求独立的过程中在情绪情感上要逐渐地脱离父母,追求一种情绪自主,这是其情绪的基本特点,并且在日常生活中也会映射出一些基本的情绪反应。

(一) 情绪自主

青少年个体化和自我认同探索的过程要求他们在情绪情感上逐渐独立于父母。很多理论家在考虑青少年情绪生活的时候都认为青少年再次进入了向父母争取自主的阶段。尽管这一时期青少年"分离-个体化"过程中的情绪动力机制与幼儿学步时期的可能有某些相似之处,但是,青少年对独立的要求在很多方面都是不同的了。

青少年期的情绪自主表现为更强的自我依靠、主动性、对同伴压力的抗拒力、对自己的决定和活动的责任感。这种情绪自主是在以父母为中心的人际关系向着以同伴为中心的人际关系转化的过程中产生的。比如,有研究表明,青少年与家庭成员一起度过的时间,在觉醒状态下从35%下降到14%(Larson, Richards, Moneta, Holmbeck, & Duckett, 1996)。回顾关于父母与青少年之间关系的文献可以看到,在父母开始期望青少年更像成人一样具有责任感时,这种亲子关系就逐渐变得越来越平等、更像是同伴之间的关系,这也是青少年所渴望的。随着青少年认知能力的发展,他们会变得对父母的行为吹毛求疵,并努力与父母形成一种平等的关系。

青少年在情绪情感上越来越独立于自己的父母是由于几方面的原因造成的(Steinberg, 1990)。首先,年长一些的青少年在面对自己的情绪需要时,已经不太可能去求助于父母;其次,青少年很可能已经对自己的父母形成了复杂的看法,认为他们也是有欠缺的、不完美的;再次,青少年往往对家庭之外的人际关系投入了更多的情绪情感;最后,青少年越来越可能以一种平等的方式与自己的父母交往。所有这些认知的以及社会性的原因促成了青少年走向同伴文化。

在青少年发展的过程中,其情绪自主和自我依靠在青少年早期是平稳上升的,而对同伴影响的抗拒力则是下降的(Steinberg & Silverberg, 1986)。青少年变得更加自主的过程、同伴影响不断增加的过程,经常可能不是一帆风顺的,不过父母与青少年之间的关系在冲突和变化之中也一般能够保持一定程度的凝聚力。

在青少年早期,孩子们可能难以看到自己的父母在家里的言行举止与在工作中以及和朋友们在一起时是不同的。青少年对自己的父母形成了批评性的态度,他们能够从父母身上挑剔出自己从前看不到的欠缺。这可能是青少年在塑造独立的自我认同的过程中迈出的重要一步。在这一时期,他们可能经常会觉得从"真正理解"自己的同伴那里听取意见,比从父母那里听取意见更好一些。实证研究证明,情绪自主和一定程度上脱离父母的制约对青少年的多方面发展起到推动作用(Chang et al., 2003)。

(二) 日常的情绪体验

为了较好地理解家庭关系转变的实质和青少年日常的情绪体验,心理学家(Larson, 1989)提出了一种"体验取样方法"(experience sampling method, ESM)。在这一方法中,青少年,有时也包括他们的父母,随身携带着寻呼机,寻呼机每天在不完全随机的间隔中对他们进行呼叫。研究中要求被试同时随身携带一本日志,以便在寻呼机鸣响时记下自己当时所处的社会情景以及体验到的情绪状态(比如,和谁在一起、感觉怎么样等)。ESM 的运用使我们能够对青少年每一小时可能发生的情绪变化提供高度描述性的、管中窥豹似的认识。当然,ESM 方法可能的局限包括其独有的自我报告的可信度问题,以及测试样本的代表性问题。

青少年日常生活中的情感特点可以从其平均情绪状态和情绪体验的变化中看到。研究表明,初中生体验到的消极情绪比小学阶段的儿童更为突出。虽然消极情绪在高中阶段又有稍许下降,但是,女孩沉浸在消极情绪状态中的时间似乎比男孩更长。相似的是,在小学阶段,男孩的消极情绪随着年级增长而下降,但是女孩并没有这样的变化。研究并没有在平均的情绪状态中发现青少年的情绪典型特征存在着差异,但是在情绪的变化方面却存在着典型的差异。比如,研究者发现,青少年报告的极端积极情绪和消极情绪都比他们的父母多,但是中立的或者温和的情绪状态则不及他们的父母那么多(Larson & Richards, 1994)。青少年所报告的非常高兴的情况比他们的父母多出六倍,非常不高兴的情况比父母多三倍。除了这些较为普遍的情绪范畴,与父母相比,青少年也更可能报告感到窘迫、神经紧张、厌烦、冷漠。

厌烦在青少年期可能具有独特的意义。比如,研究者发现,厌烦与愤怒、挫折感以及缺乏精力或动机相联系(Larson & Richards, 1991)。尽管厌烦在学校里并不是最常见的,但是,在各种社会情景中都感到厌烦的青少年一般都被教师认为在个性上是较具分裂性的。虽然厌烦常常被作为一种冷漠情绪的表现,有些资料也表明青少年期的厌烦可能与挫折感和愤怒这样的消极情绪体验有密切的联系。

在青少年期的过程中情绪是如何变化的?拉尔森和理查兹在四年后评估了他们原ESM 研究中 5 年级到 8 年级的样本,此时是 9 年级到 12 年级(Larson et al., 2012)。他们发现从 9 年级到 10 年级积极情绪状态持续下降,然后持平。同时也发现,年龄更大的青少年他们的情绪波动较少;即从一个时间段到下一个他们的情绪变化更少极端化。

如果把父母的情绪体验和青少年的情绪体验在几天内的变化过程绘制成图,似乎就可以看到他们所报告的情绪体验是相似的,只是情绪体验的强度方面青少年更为突出一些。比如,在周末时,孩子和自己的朋友们在一起,而父母两个人在一起,双方都报告有积极的情绪体验,并且这种情绪水平在整个周末都得以维持。可见,家中有处于青少年期的孩子,家庭生活未必就是急风暴雨、充满压力的,尽管青少年与父母之间存在着一定程度的冲突,这也是正常的,它甚至可能对青少年的心理社会性发展产生积极的影响。

国内有研究通过时间取样的方式,考察中国青少年日常情绪体验的平均水平和情绪调节策略使用的基线状况,发现中国中学生日常情绪体验分布遵循正态分布,即日常情况下以中性情绪为多,极端正性与负性情绪相对较少;有效调节组(日常情绪体验主要为高水平正性情绪被试)的孤独感评分比无效调节组(日常情绪体验主要为高水平负性情绪被试)低;有效调节组使用的调节策略主要表现为减弱调节策略(桑标,邓欣媚,2010)。而对情感能力的研究发现,我国青少年情感能力(情绪感染、情绪认知、情绪体验、情绪评价、情感调控)的总体趋向是正向积极的;但是,其总体水平并不算高,仍有相当的上升空间(竺培梁,卢家楣,张萍,谢玮,2010)。

二、家庭冲突与情绪支持

青少年寻求情绪自主的过程中,往往容易与父母产生分歧,发生冲突。这些冲突除了有助于训练青少年的社会技能外,对其情绪的发展也有着重要的影响,尤其是父母在这方面给予的情绪支持具有特别的积极意义。

(一)家庭冲突的影响

对家庭冲突频率的研究表明,估计范围是平均每三天一次争吵,每次争吵持续时间大约为11分钟,如果把与同伴的争吵包括进来的话,则每天争吵达到七次。尽管有人认为青少年期冲突增加的发现是研究方法不当造成的人为结果,但是,研究却一致地表明,对诸如争执、插嘴等言语冲突的测量都反映出在青少年早期增加,而到青少年后期则下降(Laursen & Collins,1994)。青少年与父母的冲突很典型地包含了更多的消极情绪,这一点超过青少年同伴之间或者与恋爱对象之间发生冲突时的情形,并且母亲比父亲更经常地卷入冲突之中。

青少年期发生的冲突在以前被认为是脱离依恋的过程,即青少年要打破在发展早期时非常重要的那种亲子依恋。这些冲突在早期的精神分析理论模型中被认为是情绪发展的正常表现,如果家庭中没有出现不和谐的音符,那倒是被认为可能给青少年的发展带来潜在的问题。当代的理论家则认为,亲子关系是非常和谐且稳定的,而高水平的冲突可能意味着家庭功能失调。

研究已经表明,家中有处于青少年期的孩子,在总体冲突水平上存在着很大的差异。研究者就青少年男孩的冲突和危机提出了三种发展模式(转引自 La Freniere,

2000)。大约25％的青少年男孩成长过程是持续稳定的,青少年与父母之间是相互尊重的,他们有一种目的感、有自信。大约35％的青少年成长过程是动荡起伏的,愤怒、蔑视和不成熟经常会打破平静。大约有25％的青少年成长过程是喧嚣骚乱的,充满了压力、紧张和冲突。剩下的15％从这一点来看没有什么明显的特征。在此关键的问题是,这些不同的成长模式从发展心理病理学的角度来看,其起因是什么,它在成人期会带来什么样的后果。

实际上很多家庭冲突并没有严重到使青少年觉得自己在家里无立锥之地的地步。相反,他们总是在为日常生活中的问题斗嘴。青少年在家的时间充满了没完没了的、经常是微不足道的恼怒。尽管家务事只是青少年生活中的一小部分,但是他们却认为这是与父母发生冲突的重要原因。父母经常要求青少年分担一些家务劳动,但是青少年却把这种要求视为折磨。很多青少年,尤其是男孩,都觉得自己不用对家庭的需要承担什么责任,所以父母在向他们提出这种要求时,他们就恼火起来了(Larson & Richards, 1994)。

(二) 家庭冲突的解决

要理解青少年在家庭的冲突,非常重要的是要考虑这些冲突是如何解决的。不幸的是,这些冲突有时候处理不当,使得家庭成员要么被迫顺从,要么回避争论(Laursen & Collins, 1994)。解决家庭冲突的策略具有非常重要的意义,研究已经反复证明它与青少年的情绪功能和心理社会性功能相联系。通常用来评估冲突解决策略的方法是对家庭成员在一起讨论问题的情形进行录音。在一项研究中,研究者发现,得到父母鼓励表达自己意见的青少年,以及对家庭成员仍然有情绪情感上依恋的青少年,他们的心理能力更强,他们具有更高的自尊,有更好的应对策略。在家里缺乏自主的青少年就报告了更多的抑郁感,他们更可能在各种背景中都出现行为问题。

在一项纵向研究中,研究者在8年级和10年级先后对青少年男孩进行观察,这期间关注的焦点是家庭成员围绕着解决两个高冲突的家庭问题的一系列交互作用(Capaldi, Foegatch, & Crosby, 1994)。研究者对情绪情感、问题解决的有效性以及家庭关系的质量进行了等级评定,同时也对自尊进行了评估。研究发现,如果家庭成员对家里出现的问题视而不见、消极情绪的表现水平较高(尤其是愤怒)或者调节紧张的能力比较低,那么这种家庭往往无法解决家庭争端,而处于青少年期的孩子也会感到比较忧伤。在情绪调节水平低的家庭中,亲子关系的质量也是比较低的。随着时间的延续,积极的情绪以及幽默感明显地减少,而诸如焦虑、紧张和蔑视等消极情绪却有风起云涌的架势。最后,经常有积极情绪的家庭中,处于青少年期的男孩自尊的水平更高。由此可见,在家庭中调节消极情绪的能力对青少年的问题解决能力和家庭关系都有影响。

不过,研究发现,尽管青少年与父母的冲突比较多,但是这些冲突并没有明显地破坏亲子关系的质量。这些冲突可能会对青少年的发展产生某些积极的影响,特别是当亲子关系属于安全型的情况下更是如此。青少年期家庭冲突的增加未必就会导致家庭纽带的断裂。

(三) 情绪支持

青少年的应对策略和父母的情绪支持似乎也对青少年在家里所面对的压力有着重要的影响。研究者指出,父母的支持可能会促进青少年积极情绪的发展,因为他们相信在自己需要的时候父母是可以依靠的(Wills,1990)。相信父母会给予支持的孩子也很可能对父母解决问题的能力有信心,并且也很可能会学到更多成熟的应对策略。因此,青少年可能会对消极的生活事件有较为健康的看法,他们很少花时间沉浸在自己的问题中苦思冥想。由此可以看到,青少年期调节消极情绪的能力至少部分地有赖于他们的家庭经历。

青少年在家里的情绪体验以及情绪的表现可能与青少年的性别以及父亲或者母亲有联系。在青少年早期无论男孩、女孩,他们所报告的情绪感受都走向消极,到青少年后期,又再次走向积极,但是,男孩、女孩这些情绪体验的持续时间并不相同。女孩对家庭中情绪体验的消极感受持续的时间往往比男孩更长一些。此外,与年长的青少年相比,年幼的青少年,特别是年幼的女孩,则很少把父母视为朋友。从父母这方面来看,母亲和父亲给予处于青少年期的孩子的情绪支持是不同的。一项考察社会支持的研究表明,在情绪支持方面,母亲和兄弟姐妹处于同等重要的地位,但是父亲在这方面的作用就被认为不太重要(Furman & Buhrmester,1992)。女孩更可能与母亲或者同胞讨论情绪情感问题,寻求帮助和指导,而男孩则报告说主要是父亲告诉他们应该怎么做。这些研究发现表明,在整个青少年期,孩子可能并不认为父亲提供的情绪支持比母亲多。

认为自己与家庭成员之间在情绪情感上非常亲密的青少年,其自尊的水平也是比较高的。成长中的青少年正在家庭中、同伴团体中探索着新的社会角色,应对着这些变化所引发的种种挑战。如果他们感受到充满温情的、支持性的家庭气氛,则有助于缓冲这一过渡时期可能产生的潜在消极影响。实际上,众所周知,自我知觉和同伴关系都明显地受到个体依恋关系质量的影响。

相似地,研究发现依恋的质量与情绪调节和来自父母及同伴的支持相联系。安全型依恋的青少年被同伴认为社会能力强、适应好、不忧伤、更有能力建设性地平复自己的情绪。这些青少年也认为自己的父母是支持性的,觉得父母是爱自己的。当然他们并没有把父母理想化,他们也能够看到父母有欠缺,但能够对过去发生的事欣然释怀。相比之下,不觉得依恋关系重要的那些青少年则被朋友们认为更有敌意,有强迫性的自我依靠。他们感到被父母拒绝,没有得到父母的爱,但是他们又往往把自己与父母之间的关系加以理想化。在谈到这些关系时,他们常常难以记起细节,并且觉得与父母的依恋关系并不重要。这些青少年也不愿意从父母那里寻求支持或者安慰。最后,过分沉浸于依恋关系的那些青少年则被朋友们认为是焦虑的,并且黏在这种关系上也无法解除焦虑。这些青少年认为朋友们是支持性的,但是他们的朋友却认为这些人根本没有从同伴的友谊关系中获得足够的支持。沉浸于依恋关系的青少年也往往颠倒了亲子角色,他们过分警惕地监控着自己的父母。此外,他们也很少表现出自主,因为他们几乎每做一件事都要寻求父母的支持和认可。这些研究发现表明,成功地解决自我认同危机的能力以及自信地面对来自同伴世界的情绪挑战的能力,可能部分地有赖于在支持性的家庭中建立起安全的关系。

三、同伴关系中的情绪表现

在人类生命中的任何时候,同伴团体在社会性和情绪的发展中所起的作用,都没有哪一个时期像青少年期那样重要。青少年与同伴成群结队在一起的时间,以及对同伴压力的敏感性要超过任何其他的发展阶段。青少年在努力转变自己在家庭中的角色时,他们开始依靠同伴,特别是依靠朋友来寻求情绪支持。同伴关系性质上的这些变化可以反映在同性友谊中不断增加的稳定性、共情以及支持上,同时也反映在约会关系中亲密性的发展上。

(一)同伴关系对情绪发展的影响

青少年的同伴关系对其情绪的健康发展有很多方面的影响。第一,同伴关系提供了一种重要的背景,使得青少年能够表达和调节自己的积极情绪和消极情绪,因为他们完全是平等的。第二,同伴能够在新颖的情景中为青少年提供情绪支持和安全感,这一点在家庭关系比较紧张或者是非支持性的时候,可能就尤为重要。第三,同伴之间的友谊提供了一种来自家庭之外的自信源和认可。甚至在那些一直给青少年提供建议和情绪支持的家庭中,同伴也常常被看成是更能够理解青少年的独特情绪需要的人。研究者指出,朋友不仅通过情绪管理来提供帮助,而且也让青少年有机会在没有威胁感的环境中进行自我表白和探索。青少年友谊关系的亲密性源自这样的认识:同伴是平等的,他们会提供一种特别的亲近感和情绪支持。

青少年报告他们最开心的时刻是和朋友在一起,通常他们和朋友在一起要比跟家人在一起快乐得多。拉尔森和理查兹发现有两个关键原因导致了这种情况(Larson & Richards,1994)。第一个原因是,他们发现自己的密友和自己有着相同的情绪。这与他们和父母相处时的情绪形成剧烈的反差。当和父母在一起时青少年经常体验到消极的情绪,这与他们父母的感受之间有巨大的鸿沟,父母享受与青少年在一起的时光,而青少年则觉得心情低落,并希望到别的地方待着。

第二个原因是,青少年觉得面对朋友时感觉更自由,更能真实地表现自己,而他们面对父母时很少这样。也许,这就是友谊的本质,朋友会接纳和喜欢真实的自己。对青少年来说,有时这意味着能否与人探讨自己内心最深处的情感,尤其是正处于萌芽期的恋爱。有时候这也意味着伴随着青少年充沛的活力,做一些疯狂的、愚蠢的或是放纵的事情。

然而，并不是所有的青少年都得到了同伴团体的情绪支持，或者，并不是所有的青少年都有一位亲密的朋友。同伴接受性和友谊上的这种差异是很重要的，因为其每一方面都可能对个体的社会性发展和情绪健康产生不同的影响。同伴接受性或者受欢迎度是同伴团体对其成员的一种知觉，而友谊是两个人之间的相互喜欢程度，这是两种不同的东西。比如，受欢迎的青少年可能会没有什么朋友。然而，同伴团体不喜欢的那些青少年更可能没有什么朋友，甚至一个朋友都没有。研究发现，被同伴喜欢的青少年中，91%的人都会有一个要好的朋友，而同伴接受性低的青少年中，只有54%的人有一个要好的朋友（Parker & Asher, 1993）。研究同时发现，那些同伴接受性低的青少年也报告说感到更加孤独。当然，有要好朋友的那些青少年比没有要好朋友的青少年的孤独感少一些。

（二）同伴友谊与情绪发展

拥有一个朋友而产生的这些缓冲效应可能有赖于同伴关系本身的质量。同伴接受性低的青少年的友谊有更为频繁和持久的冲突，要解决这些冲突也更为困难，并且这些冲突也不是以和平的方式结束的。与普通的同伴或者较受欢迎的同伴相比，这些友谊关系也不太亲密，亲社会性方面也不足。尽管这些青少年因为拥有一个朋友而感到不太孤独，但是其友谊关系的质量并没有让他们因为拥有友谊而从中获得应该获得的好处。此外，同伴接受性低的青少年也认为自己的友谊关系不太具有支持性、不太值得信任、不够忠诚。同伴接受性低与辍学相联系，并且同伴接受性低的攻击型青少年更可能在青少年期犯罪、在成年期犯罪，而同伴接受性低的退缩型青少年则报告孤独感是最强烈的，这表明同伴接受性低的青少年中存在着很大程度的差异（Asher, Parkhurst, Hymel, & Williams, 1990）。综合起来看，友谊以及积极的同伴关注的作用是给予社会性支持和情绪支持，以及提供一种高度的自尊感。

当然，青少年的友谊并不仅是朋友情感上的支持和在一起的娱乐时光。在 ESM 研究中，朋友也是青少年最消极的情绪的来源，如愤怒、沮丧、悲伤、焦虑。青少年对朋友的强烈依赖和依恋也让他们在情感上十分脆弱，他们非常担心朋友是否喜欢自己以及他们是否足够受欢迎。研究发现，从前儿童进入青少年期，诸如焦虑、忧伤和愤怒这样的消极情绪都增加了，并且这些增长主要是与朋友联系在一起的（Larson & Richards, 1991）。男孩、女孩都报告，针对异性朋友的消极情绪增加了，这主要是因为他们和这些朋友在一起度过的时间非常多。女孩也报告针对同性同伴的消极情绪增加了。在青少年早期的女孩中间，要好的朋友成双结对是非常普遍的，这种现象到了青少年后期仍然是很明显的；然而，要好的朋友三天两头就换、背后说坏话、为鸡毛蒜皮的小事儿而斗嘴、阴险使坏等现象则不见了。在青少年后期，女孩在情感方面表现出更为明显的观点采择能力，并且她们已经对朋友们的需要和情绪非常敏感。

青少年社会关系中的其他发展变化可以从青少年对友谊的决定中看到。尽管年幼的儿童把朋友看成是自己喜欢与之一起玩耍的人、愿意与之分享玩具的人,但是青少年则把朋友看成是能够向其表白内心秘密的人,是自己尊重的人(Selman & Schultz, 1990)。研究者指出,亲密感除了作为青少年早期友谊概念体系中的一个问题,也是他们与朋友交谈过程中的一个问题。那些认为自己的要好朋友是支持性的、自己的友谊中消极因素比较少的女孩,也会感到自己的需要与好友的需要是合拍的。难怪这些支持性关系中的女孩更经常地报告说她们的朋友能够很好地满足自己的需要;而友谊关系是非支持性的、充斥着矛盾冲突的那些女孩则不是这样。

(三) 同伴冲突与情绪发展

友谊对青少年情绪发展的影响可能部分地有赖于这些关系中所产生的支持或者冲突的多少。在一项关于同伴关系的纵向研究中,研究者发现,拥有积极的同伴关系、得到亲密友谊支持的那些青少年,进入成年期以后在心理上更为健康(Hightower, 1990)。这些发现可以有两种解释:青少年期积极的同伴关系可能对心理健康具有持久的影响;或者,导致青少年能够发展积极友谊的那些心理特质(包括他们过去的发展历史)在其一生当中都是持续不变的。

当冲突发生时,个体解决冲突的能力也是不同的。因此,他们可能会通过选择而使得他们的朋友在社会技能和情绪能力上是比较相似的,这种结局也可能是因为其他更具有社会能力的同伴拒绝他们的友谊帮助。遭拒绝的青少年的友谊通常缺乏在一般朋友之间可以看到的典型的亲社会行为。比如,在一项对青少年早期友谊质量进行的研究中,研究者发现,青少年社会能力总体上的评估得分与提名的亲密朋友的社会技能之间存在着很强的相关(Dishion, Andrews, & Crosby, 1995)。在这些朋友之间解决问题的情景中,与一般的同伴相比较,反社会的男孩和他们提名的好朋友都喜欢发号施令,相互交往更为消极,很少有彼此的相互帮助和支持。此外,这些友谊关系最初是在不同的背景中形成的。尽管大多数青少年都在学校里碰面,但是反社会的青少年则是在其他地方,并且,他们选择的朋友是和他们自己相似的、有着被捕记录的那些人。在一年以后面谈时,发现反社会青少年的友谊比其他同伴的友谊更为短暂,并且他们的友谊往往是由于冲突导致不欢而散。

针对青少年同伴冲突解决策略与其特质情感和友谊质量的研究发现,青少年的同伴冲突解决策略可以分为积极解决(反省和解、说服建议)和消极解决(消极情绪、忽视回避、攻击伤害)两类,积极情感可以通过积极的同伴冲突解决策略预测积极的友谊质量,而消极情感则可以通过积极的和消极的同伴冲突解决策略,分别地预测积极的友谊质量和消极的友谊质量(张云运,陈会昌,2011)。

四、亲密关系中的情绪表现

尽管约会可能是青少年在家庭之外获取独立的一个重要场合,但是处于青少年中期的青少年却表示父母的赞同对其约会关系而言是很重要的,并且他们也会尝试突出约会对象的积极品质。此外,对青少年彼此之间感受到的亲密度而言,父母的支持似乎是一个重要的因素。比如,在一项探讨一年级大学生约会关系中的支持性的研究中,亲子依恋的质量与约会双方所获得的支持量是联系在一起的(Simpson, Rholes, & Nelligan, 1993)。在容易引发焦虑的情景中,与其他类型的人相比,安全型依恋的女孩更可能向父母寻求情绪支持,并且为得到情绪支持而感到放心。此外,这些女孩越是感到焦虑,需要的安慰就越多,她的父母就越是具有支持性。随着焦虑的增加,约会的青少年双方身体上的接触就越多,亲吻也越多。相比之下,回避型依恋的青少年在高焦虑的情景中寻求和获得的情绪支持以及安慰都比较少。在焦虑增加的时候,他们很少微笑,目光接触也比较少。而且,青少年的约会关系一般都比较短暂,持续时间大约为四个月。这些短暂的罗曼史可能是在同伴团体中获得更高的自尊以及地位的源泉之一,而且也可能是导致更多的混乱的原因之一。

当然,约会关系中的冲突并非总是对这种关系产生消极影响,在某些情况下,甚至会加强这种关系的联系。并且,在儿童进入青少年期以后,他们大部分的愤怒、挫折、担忧都是源自与异性交往有关的方面,这既包括现实中真实的关系,也包括想象的关系(Larson & Asmussen, 1991)。浪漫恋爱的情绪剧变可能是青少年在亲密性方面初出茅庐一试身手的结果,是他们更加开放自己的情绪而无视其脆弱性的结果。根据传统上的一些刻板定型看法,我们可以预料女孩在这些关系中会反映出驾驭约会及恋爱的情绪本质的能力。另外我们则可以预料男孩在性方面的举动更多一些。有研究发现,男孩、女孩的确对自己的约会关系有着不同的描述,女孩更加强调关系的质量,而男孩则看重约会对象的身体魅力。

实际上,男女青少年都可能没有做好充分的准备去处理好约会关系,因为情绪判断中一些更为复杂的方面只是刚刚才出现的。在青少年期以前,儿童还不明白特定的情景或者特定的个人可能会产生多种的、冲突的情绪。在青少年早期,他们明白了自己能够在同一时间感受到两种完全相反的情绪,但是,他们仍然不能够理解在同一个人身上可以体验这样的两种情绪。到11岁左右,青少年开始理解矛盾冲突的情绪可以发生在同一个人身上。他们在第一次约会时感到兴奋,但是又害怕会做错什么事,但对复杂情绪的这种认知评估还没有得以充分发展。与还没有建立恋爱关系的青少年相比,正在约会的青少年反映出更大的情绪不稳定(Larson & Richards, 1994)。另外,青少年在试图确定恋爱对象的意图时往往容易出现归因误差。当这种充满情绪性的社会关系中出现认知误差时,诸如忌妒这样的消极情绪就无法避免了。这些归因误差也可能造成青少年"迷恋"的那种令人混乱的体验。由于无法正确理解一个异性朋友可能持有的是友爱之情,而非恋爱之情,这样一来,青少年就可能很难在异性友谊首次出现的时候有正确的认识。

五、友谊中情绪表现的性别差异

随着青春发育期的开始,生理的、认知的以及社会性的因素使得性别分化达到极致,甚至在青少年期逆转了儿童期性别分离的趋势,他们转而花更多的时间和异性同伴交往的情况下也是如此。在儿童期的同性朋党中已经可以看到大量的性别差异,研究一般都发现,与女孩相比,男孩倾向于在较大的团体中玩耍,通常进行的是表现身体强壮和有竞争力的游戏。他们在身体上更为活跃,参加更有风险的游戏,对同伴表现出更多的愤怒和攻击性。女孩通常参加的是较小的更具有排他性的团体,她们通常以更为亲密的方式进行交往,她们会提出直接的和间接的言语要求,而不是指手画脚、表现身体上的优势。

在青少年期,与男孩相比,女孩看重的是人际关系中的亲密性。相互表白、共享秘密、讨论感受等构成了女孩亲密友谊的典型特征。女孩经常把朋友当成是一种调控引发焦虑的手段,她们能够在电话上把一天内发生的大小事儿捣鼓几个小时。比如,研究发现,女孩在感到受到朋友及约会对象的伤害或者被他们弄得心情沮丧时,她们往往征询朋友对情绪管理的意见(Apter,1990)。她们并不是简单地做一个被动的听者,相反,她们会积极地相互帮助,以应对青少年世界更为复杂的各种情绪。此外,女孩不仅报告自己看重朋友们给予的情绪支持,而且她们也会求助于亲密朋友构成的小团体,或者求助于某一个要好的朋友来得到情绪支持。

男孩看重友谊则是基于完全不同的原因,这当中社会支持可能具有不同的意义。像女孩一样,男孩也由于归属于有着紧密联系的朋党或者朋友团体而从中获得安全感和地位。然而,与女孩不同的是,情绪支持并不是表现为长时间对自己情绪的亲密讨论。相反,提供情绪支持的形式可能是积极的帮助,比如,帮助朋友修车、打架或者与朋友在一起以一种轻松惬意的方式开玩笑,而过程中没有明显的紧张或者冲突。或许是因为青少年男孩团体动力机制的原因,男孩们在友谊关系中看重的特征是忠诚,并且男孩之间的友谊通常都是稳定的。一般而言,被认为是支持性的友谊关系男孩、女孩都是非常看重的。

在青少年期,友谊的亲密性上也形成了性别差异,这时男女两性之间的友谊以及约会关系已经变得越来越普遍。比如,处于青少年早期的女孩报告说,她们与同性之间的友谊比异性友谊更加亲密。到青少年后期,女孩报告说,异性友谊与同性友谊一样地亲密。对处于青少年后期的男孩来说,异性友谊比同性友谊更加亲密,这意味着男孩变得更加健谈,而女孩对男孩则比较谨慎(Maccoby,1998)。大量的证据也表明,男孩、女孩在沟通方式上存在着差异。比如,在异性友谊和约会关系中,男孩往往更加主动,而女孩则有更多试探性的言语。在经历儿童期中期长时间的男女隔阂之后,这时男孩、女孩开始发展异性关系,因而他们必须调整自己的行为,学习与异性的沟通方式。

对情感能力(情绪感染、情绪认知、情绪体验、情绪评价、情感调控)的研究发现,总体上女性高于男性,但差异不显著。而在各因子得分之中,情绪体验上存在性别的显著差异,女性高于男性。其他各项因子除情绪调控一项外,也都是女性得分略高于男性,但差异不显著。男性在情绪调控因子上得分略高于女性,差异也不显著。可以说,男女青少年在情感能力上存在的差异属于结构性差异(竺培梁,卢家楣,张萍,谢玮,2010)。

六、情绪自主与社会适应

在青少年期,个体开始使自己脱离父母,开始发展他们自己的自我认同,开始承担起新的责任。这一过程指的是个体化、独立、自主及分离。精神分析理论家认为自主和脱离父母对发展健康的自我认同感而言是很必要的。而发展心理学家则提出,健康的自主是在与父母保持持续积极关系的背景中才产生的。也就是说,儿童可以在不必疏离自己的家庭成员的情况下发展自我依靠。因此,自主在青少年发展中的作用仍然是一个存在争议的问题。

(一) 青少年的情绪自主与社会适应

在青少年期变得独立的过程也可能既有积极的结果,也有消极的结果。一方面,青少年期要发展更多的自我依靠、自我调节以及决策技能。反过来看,脱离父母也可能反映了一种重要的损失——失去教诲、指导及支持的资源。个体化的这些方面都可能会影响青少年的适应。

自主可以包括从身体上、物质上、情绪上与父母的分离。尤其是,情绪自主的建构被认为是一种发展适应的过程,这一过程中青少年要减少他们那些不成熟的、对父母的依赖。研究者编制了"情绪自主量表"(Emotional Autonomy Scale,EAS)来评估青少年对自我依靠的主观感受(Steinberg & Silverberg, 1986)。EAS的四个分量表的设计目的是要测量青少年四个方面的主观感受——他们的个体化、不依赖、对父母的去理想化和他们对父母作为普通人的知觉。

然而,一些研究者却置疑EAS实际上所测量的到底是什么。研究者指出,EAS评估的不是健康的独立性,相反,它真正评价的是一种不适应的与家庭成员的分离。他们发现,EAS与对父母的依赖、家庭凝聚力以及父母接受性的性质之间呈负相关。EAS实质上是"情绪分离",它反映的是恰当的依恋的丧失。而且,这种分离使得青少年非常容易出现适应不良。

之后的验证研究考察了青少年情绪自主、对家庭支持的知觉以及社会适应之间的关系。研究结果与前人一致,即 EAS 测量的是分离,情绪自主明显而父母支持少的青少年,其社会适应过程更可能出现问题。研究者认为,情绪自主是一种"关系结构",对情绪自主的测量必须放在父母与青少年之间关系的各种背景中来考虑(Lamborn & Steinberg, 1993)。

Fuhrman 和 Holmbeck(1995)的研究同样表明,情绪自主必须放在其发生于其中的更广的家庭背景中来考察。他们发现,情绪自主与青少年适应之间的关系受到家庭环境中支持水平的调节。更高的情绪自主分数是情绪分离的一种指标,它与非支持性家庭中的良好适应相联系,但是与支持性家庭中的不良适应相联系。尽管这些发现与 Lamborn 和 Steinberg(1993)的相反,不过它们提供了进一步的证据表明,情绪自主与青少年适应之间的关系会受到家庭背景的影响。

(二) 父母的情绪问题与青少年的情绪自主

一个对儿童发展有着影响的重要背景因素是父母的心理病理学问题。特别是研究已经发现,抑郁父母的孩子与非抑郁父母的孩子相比,他们出现心理病理学问题的比率更高(Cummings & Davies, 1994)。而且,父母抑郁的家庭明显地存在着家庭功能失调。因此,在父母中有一人抑郁的家庭中成长的青少年,可能会与那些父母不抑郁的青少年在个体化和自主的发展上不同。也就是说,在适应脱离抑郁的或者不抑郁的父母的过程中,情绪自主很可能对青少年有着不同的意义和影响。

而研究已经表明,母亲抑郁明显地对情绪自主与青少年的适应之间的关系有着调节作用(Garber & Little, 2001)。在母亲抑郁的孩子中,高水平的情绪自主(分离)显著地预测了内化问题和外化问题的增长,而在非抑郁母亲的孩子中,高水平的情绪自主显著地预测了青少年问题的减少。

破坏性的家庭环境是父母中有一人抑郁的家庭的特征,这种环境可能是一种会导致年幼青少年情绪疏远及相应的适应不良的背景因素。与母亲不抑郁的家庭相比,母亲抑郁的家庭往往缺乏凝聚力和情绪表达,冲突更多。此外,抑郁的母亲往往也不是支持性的,她们易怒、有敌意,对自己的孩子百般挑剔、吹毛求疵(Garber, Braafladt, & Zeman, 1991)。这种消极的家庭模式被认为导致了孩子情绪问题和行为问题的发展。这种行为问题之所以发生,其机制是青少年在父母的支持和接受还很必要的时候就从情绪情感上脱离了父母。研究表明,在母亲抑郁的家庭中,家庭功能失调明显地预测了青少年的问题,较高的功能失调水平导致了青少年的行为问题和情绪问题,并且这种关系部分地受到情绪自主的调节(Garber & Little, 2001)。因为青少年正在出现的自我感和能力知觉还需要积极的亲子关系来支持(Harter, 1999),而这时他们却从情绪上脱离了父母。

七、情绪调节

情绪调节对于情绪起伏的青少年来说是非常重要的,而父母影响着特定情景内的情绪表现、情绪调节以及情绪调节能力的获得和对情绪调节过程的理解。父母作为青少年重要的依恋对象,其支持和情绪有效性对孩子具适应性的情绪调节的发展有着很大影响。

(一) 情绪调节的个体差异

情绪可以定义为个体对自己所处的环境的一种反应,要么维持与环境之间的关系,要么改变这种关系。这种观点关注的是情绪的动力本质、个体内部的差异、与情绪有关的行为范式,并且关注情绪调节的适应目标。

情绪调节包括了对情绪反应的强度、持续时间和潜伏期的监控、评估及修正,这将有助于目标的实现。

研究者在区分以前提为焦点的情绪调节和以反应为焦点的情绪调节时,研究了成人的个性特点过程。在这一概念中,情绪系统的输入或者输出都是可以调节的。另一些研究者在把情绪调节区分为内部过程的调节和与这些内部状态相联系的行为反应的调节时,强调的是其适应性(Eisenberg et al.,2003)。这种适应观所关注的是与情绪相联系的行为调节,它能够调整情绪表现、沟通和习惯,或者激活与情绪有关的行为或者应对策略,其目的在于改变该情景的情绪适宜性。适宜性要求把情绪的可塑性作为有效情绪调节的一个重要前提。对激发情绪的情景进行重新评估,把情绪作为一种信息来看待,再加上各种有目标取向的行为来处理情绪体验,都是有效的情绪调节的重要特征,有时候,这些东西被认为是情绪智力的标志。

情绪调节有效性上的个体差异至少可见于三个基本的过程中,即情绪产生的前提(比如,评估)、情绪的反应模式(比如,应对方式),以及情绪的监控(比如,情绪的自我意识)(Zimmermann,1999)。

第一,在具有适应性的评估上,以及由相同的感觉输入所引发的情绪体验上可能存在着个体差异。之所以有这些差异,是因为通过大脑皮层下信息加工而诱发情绪的神经通路是不同的。从经验上看,这一点表现在攻击性个体的敌对性归因偏好上(Lemerise & Arsenio,2000),或者反映在神经解剖对情绪体验的特定水平和反应模式的影响上(Gross, Sutton, & Ketelaar, 1998)。第二,应对策略的运用及其有效性上也可能会存在着个体差异,甚至是对同一性质或强度的情绪也是如此(Lazarus,1996)。第三,情绪调节应该使得个体能够实现自己的目标,这是情绪能力的一种标志(Saarni et al., 1998)。然而,一个人却可能在没有明确意识到这一事实的情况下体验到一种情绪状态。所以,有效的、目标正确的自我调节可能就要求对自身情绪状态的意识,以及对与这些情绪状态相联系的行为反应的意识。尽管情绪调节常常是一种自动化的或者无意识的过程,但是,当遇到当前的情绪调节方式不合适,或者无法实现自己的目标时,情绪自我意识就是采取更为有效的策略或者行为的一个前提了(Dorner & Wearing,1995)。

总而言之,在引发特定的情绪及其强度的情景或者事件上,在对自己的情绪的自我意识上,以及在适应和调节情绪的有关行为上,个体之间存在着差异(Chang,1997)。

考察青少年日常情绪状态与情绪自我调节方式的研究发现,高心理韧性高中生的日常消极情绪水平显著低于中、低心理韧性同伴;并且高心理韧性组情绪平衡大于中、低心理韧性,中心理韧性组大于低心理韧性组。究其原因,研究者认为与青少年的情绪调节策略有关,即高心理韧性高中生在情绪的两端均对其进行调节。相比于低心理韧性高中生,面对积极情绪,高心理韧性高中生在输入端通过更多评价重视诱发积极情绪刺激以增强积极情绪,在输出端通过相对更多的宣泄及更少的抑制把积极情绪表达出来,从而导致积极情绪体验的增强或维持。面对消极情绪,高心理韧性高中生在输入端采用相对更少的重视、在输出端采用相对更少的抑制,这些调节方式显然有利于降低消极情绪的水平和作用(席居哲,左志宏,Wu,2013)。

研究表明,父母的情绪社会化影响着特定情景内的情绪表现、情绪调节,以及情绪调节能力的获得和对情绪调节过程的理解。父母通常为情绪表现和对情绪体验的讨论定下了基调,并且他们对孩子的情绪表现有着特定的反应方式(Eisenberg, et al., 2003)。

(二) 亲子依恋与情绪调节

依恋系统是一种安全的行为调节系统,如果它被消极情绪诱因激活,它会引导一个人去寻求或者维持与那些能够帮助他应付这一情景的知己朋友的亲密联系。依恋行为的主要目的是重建心理安全感,这一点既可以通过消极情绪的沟通交流来达到,也可以通过寻求亲密朋友的支持来达到。所以,依恋行为对消极情绪的调节来说,已经成了一种社会性策略(Grossmann, Grossmann, & Zimmermann, 1999)。

在青少年期和成年期,依恋模式并不是像婴儿期那样可以直接观察的情绪表现和调节模式。所以,研究者会使用"成人依恋访谈"(adult attachment interview, AAI)这样的测量工具,通过表白模式来揭示依恋的组织结构。

在访谈中,具有安全依恋的个体很典型地对自己所报告的依恋经验的评估采取开放沟通的态度。相比之下,被认为过分依恋的那些人则事无巨细地、且不连贯地讨论他们的依恋历史,并且在积极的评估和消极的评估之间摇摆不定,完全没有一个最终的整合评估。在访谈中,他们未必意识到自己的情绪反应模式,因为他们对自己的愤怒表白几乎没有进行元监控。被认为缺乏依恋的那些被试试图对依恋方面的话题尽量避而不谈,他们的表白也不连贯,对依恋历史经常记不起来或者表现出矛盾的记忆,相应的评估也是如此(Main,1991)。

尽管在评价方式上存在着差异,但是依恋与情绪过程之间的关系同儿童期却有着相似的地方。通过AAI对情绪过程的研究表明,尤其是那些被认为缺乏依恋的个体很少在依恋经验的背景下触及情绪。研究发现,那些经常在言语上抑制与依恋有关的记忆和感受的人(即,缺乏依恋的被试),在AAI过程中其皮电活动——唤醒状态的一种生理指标——也有相应的增加(Dozier & Kobak,1992)。另一项研究中,研究者对AAI中言语和面部的情绪表现进行了探讨。缺乏依恋的被试在AAI中几乎没有言语水平上的情绪表现,但是反而表现出很频繁的、离散的消极面部表情(即,愤怒、悲伤、消极的惊讶)。与安全型依恋的被试相比,过分依恋的人在AAI中言语上很少有清楚的感情表现,但是消极面部表情的频率却很高,尤其是悲伤。因此,与婴儿在陌生情景中的情绪沟通相比,在AAI中情绪调节的策略上是存在差异的。

进一步的研究发现,情绪表现和情绪体验一致性上的差异也可见于实验情景中,这一情景中不考虑个人依恋的记忆或者与依恋对象的社会交互作用(Spangler & Zimmermann,1999)。与非安全型依恋的青少年相比,在观看情绪性的电影(比如,母子交往、恋人的分离)时,安全型依恋的青少年在其情绪自我评定和通过EMG(即,肌电图,在颧骨等部位进行测量)评定的消极的或者积极的面部表情反应之间,存在着很高的一致性。但是非安全型依恋的青少年往往会在其对情绪效价的言语表达与其面部表情或者特定的肌肉活动之间存在着差异。由于被试是单独待着,因此这些结果不能归因为对情绪表现的有意识掩饰。研究表明,情绪表现与情绪体验的自我评定之间的相关,可能会因为情绪表现性上的个体差异(即,过度表现与表现不足)而变得很低。这样的差异能够与依恋的表现联系在一起。

婴儿期的依恋模式可能不会直接地发展为青少年期依恋表现的补充模式。这种不一致可能是由于AAI评估的是对过去经验的当前评价,而"陌生情景"评估的是生命头一年末期的交互情绪调节策略。尽管青少年期的依恋模式可能并不是婴儿期依恋模式的直接结果,但是仍然可以预期青少年的情绪调节和其当前依恋组织结构功能之间的关系与婴儿是相似的(Cassidy & Kobak,1988)。此外,从早期依恋模式到青少年期,情绪调节策略可能也会具有连续性,而与AAI是无关的。

研究已经表明,与非安全型依恋的青少年相比,安全型依恋的青少年对同伴很少有敌意、不太焦虑、很少有无助感;很少对母亲表现无济于事的愤怒;他们更富有社会能力,会运用更为积极的而不是逃避的策略(Zimmermann & Grossmann,1997)。研究表明,在检验青少年对一项社会拒绝任务的反应时,安全型依恋的青少年有着较有弹性的评估,较灵活的行为策略,对自己的情绪状态有更为直接的语言描述;而缺乏依恋的青少年则不是这样(Zimmermann,1999)。然而,过分依恋的青少年与情绪有关的行为模式则比较僵硬,也很少触及自己的情绪。由此可见,依恋与有效的情绪调节之间是存在着联系的。

此外,纵向研究的结果表明,除了母婴依恋对情绪调节(应对)会产生影响之外,父婴依恋对青少年的应对策略尤其具有预测效应(Zimmermann & Grossmann, 1997)。具有安全型父婴依恋的青少年,在16岁时报告了更为主动的、运用社会资源的应对策略,而父婴依恋不安全的青少年则显示了更多回避型的应对策略。由于父婴依恋与青少年的依恋表现并没有明显的联系,因此与父亲的关系应该视为一种独立的纵向效应。尤其是,应对方式可能会受到父亲与孩子之间的交互作用的影响,这种交互作用通常包含了游戏或者具有挑战性的情景。

近期研究发现,积极情绪调节策略(包括认知重评、积极设想、求助他人和行为转移)、情绪调节能力与亲子依恋中的父子信任、父子沟通、母子信任和母子沟通呈显著正相关,与父子疏离、母子疏离呈显著负相关;而消极情绪调节策略(攻击他人、自我责备、沉思默想、发泄不满和自我压抑)、情绪调节能力与父子信任、父子沟通、母子信任和母子沟通呈显著负相关,与父子疏离、母子疏离呈显著正相关(刘启刚,周立秋,2013)。亲子依恋不只对情绪调节能力发挥直接影响作用,而且通过积极情绪调节策略和消极情绪调节策略对情绪调节能力发挥部分中介效应。

(三) 与父母情绪调节的关系

父母的情绪社会化会影响孩子在特定情景内的情绪调节,因此父母必须对情绪有足够的认识,有能力有效、恰当地调节自己的情绪。

父母情绪调节异常会导致不适当的情绪表达或体验,这反过来会使孩子情绪发展不良并导致亲子冲突(Dix, 1991)。父母对孩子情绪表现不适当的不一致回应,以及父母从家庭冲突中回到积极情绪状态的困难度,都被认为是情绪调节异常的象征,这种交互作用与孩子贫乏的社交、行为、情绪能力有关(Compton et al., 2003)。但至今没有研究调查父母情绪调节与孩子情绪或行为结果之间的直接关系。

研究表明,父母情绪社会化因素对儿童的情绪调节能力发展有部分影响。情绪调节理论家假设孩子通过建模和社会参照途径模仿父母的情绪调节模式。Morris等人(2007)提出观察学习范式,认为父母给孩子提供了可以模仿的情绪表现模型(包括调节策略)。父母的情绪调节创设了情绪环境,孩子可以根据环境中情绪的效价、持续性和强度来学习恰当的情绪表达。Thompson(1994)的研究让孩子恒定暴露在照看者的抑制情绪下来解释建模假设。他认为恒定暴露在一种情绪调节类型下会导致孩子模仿父母调节情绪的方法,最终当自己面对类似的情绪诱发情境时,他们会使用与父母相同的策略。

Cole等人(1994)提出儿童通过内化方式来发展与父母相同的情绪调节策略。他们认为,有心理病理学问题的父母可能存在情绪调节异常,他们缺乏成为合适榜样的能力。父母的情感表现反映了自己的情绪调节,即频繁表现积极情感是使用适当有效的情绪调节策略的反映,频繁表现消极情感则是因为使用无效的情绪调节策略而导致情绪调节异常的反映。

目前有两项研究调查了情绪调节能力的模仿或内化模型。其一，Silk等人(2006)选取有抑郁症状和没有抑郁症状的母亲，通过实验操作诱发她们的孩子(4～7岁)产生悲痛情感，调查孩子对悲痛情绪的调节风格。结果发现：母亲抑郁的孩子更多地使用被动等待的调节策略(适应不良的情绪调节策略)，母亲没有抑郁的孩子则更加积极地分散自己的注意(适应性情绪调节策略)。Silk等人认为，有抑郁症状的母亲使用的适应不良的情绪调节策略给孩子造成一种消极或惩罚性情绪氛围，孩子也因此发展为适应不良策略。然而，在此研究中，母亲的调节风格没有真正被评估，只是简单假定抑郁者利用的是适应不良策略。其二，Garber(1991)对母亲的策略使用进行了评估，得到一致性的结论。实验将抑郁和非抑郁母亲以及她们的孩子(8～13岁)置于悲伤诱发情境中，要求他们报告在该情境中使用的情绪调节策略，评分者对被试报告的情绪调节策略数量和质量进行独立评估。结果发现，抑郁母亲和她们孩子报告的情绪调节策略显著更少、质量更低。

关于父母情绪调节和孩子情绪调节之间关系的研究很少，父母和孩子情绪调节之间关系的机制没有也被直接调查。建模假设(Morris et al., 2007)提出，孩子可能以父母情绪表达的频率、强度和效价为机制，来模仿父母的情绪调节；暴露在不同的社会诱发情绪中，可以让孩子学会利用恰当有效的方法来调节自己的情绪。对于父母情绪调节、情绪表达和孩子情绪调节之间的内部联系需要更多的研究来阐明。

4

青少年的自我

很久以来,青少年期一直被认为是个体开始探索并检验自我的心理特征的时期,青少年这样做的目的是为了发现真正的自己,是为了弄清自己与生活于其中的世界是否相容。特别是自从埃里克森关于青少年"自我认同"(identity)危机的理论提出来之后,学者们就一直把青少年期看成是一个自我探索的时期。通常情况下,研究支持了埃里克森的理论模型,但是有一个重要的例外:那就是时间表。现在看来,至少是在当代社会中,自我认同主要是发生在青少年期的后期,甚至是直到成年初期才发生。因此,关于青少年自我认同发展的研究所关注的焦点不再是埃里克森所指的自我认同的发展,而更多的是关注"自我概念"(self-conceptions)的发展。

在从儿童期向青少年期转化的过程中,个体开始发展关于自我的更为抽象的特征,并且自我概念变得更加分化且得以更好地组织。青少年开始根据个人的信仰和标准来看待自身,而不是根据社会比较。青少年中期的典型特征是,个体以有时候相互矛盾的方式来描述自身(比如,和朋友在一起时感到羞怯,可是又喜欢外出),但是这种矛盾在几年之后就会减少,因为青少年形成了更为一致的关于自我的看法。青少年既从总体上对自身进行评价,也从一些具体的方面进行评价——学业、运动、外表、社会关系以及道德行为。自我概念的具体方面与总体自我价值之间的关系在不同领域是不同的。例如,外表对总体自尊而言就非常重要,特别对女性而言更是如此。也有证据表明,青少年的自我概念在不同背景中有不同的表现,并且青少年与同伴在一起时和与父母、教师在一起时,对自己的看法是不同的。研究已经表明,青少年常常会做出虚假的自我行为(其行为方式不是真实的自我表现),特别在同学之间以及在恋爱关系中更是如此。虚假自我行为对青少年心理健康产生的影响有赖于这种行为的动因:出于贬低真实的自我而做出虚假的自我行为的青少年,他们会受到抑郁及绝望的困扰;而目的在于取悦他人或者只是试一试的青少年,其做出虚假的自我行为并不会遇到这些问题。

一般而言,在青少年期总体自尊是稳定的,并且会稍有增长。与年龄更小或者更大的个体相比,处于青少年早期的个体,自尊更为波动起伏,但是随着年龄增长,自尊会变得稳定。研究也表明,有些青少年的自尊比较稳定,有的则不是。在不同的种族和性别之间,自尊的状况也是不同的。然而,在所有群体中,高水平的自尊是与父母的赞同、同伴支持、社会适应以及在学校获得成功等因素联系在一起的。

在 20 世纪 90 年代，很多研究者研究了种族自我认同的发展。一般而言，在少数族裔青少年中，强烈的种族自我认同是和较高的自尊以及自我效能感联系在一起的。尽管最近有不少研究考察了拉丁裔、北美洲原住民以及亚裔青少年，但是大多数关于种族自我认同的研究关注的都是非裔青少年。鉴于移民时间的长短、父母的种族自我认同和种族社会化的差异以及青少年所上学校种族的构成等因素，种族自我认同的发展过程可能会有一些不同的路线。

有研究者提出，少数族裔青少年与主流文化的联系可能有很多种形式。青少年可能会通过拒绝他们自己的文化而同化融入主流文化；他们可能会生活于主流文化之中，但有陌生感；他们也可能会拒绝主流文化；或者同时维持与主流文化以及自己的种族文化的联系。研究表明，维持与两种文化的联系与较好的心理适应是联系在一起的。

在青少年探索各种亲密关系中所包含的情绪体验时，同时也在转变和加深对自身的理解。大量研究表明，青少年的情绪与其自我认同的地位有着密切的联系，不同的自我认同地位与心理和情绪发展之间有稳定的个体差异模式相联系。自我认同完成者在广泛的领域都表现出积极的适应模式。相对于自我认同完成者的自信，自我认同延迟的青少年表现出的焦虑是各种自我认同水平中最高的，其在内化问题和外化问题上的得分也很高。相比之下，自我认同扩散的青少年所面对的发展困难则反映在很多的领域。

一、青少年自我的表现

青少年期对自我的理解是复杂的，包含了自我的诸多方面。从儿童期向成年期过渡的过程中发生的快速变化导致了高度的自我关注和意识，这种高度的自我关注引发了对自我的思考，其中产生的变化又会产生对"我是谁"以及"自我的哪些方面是真实的"的怀疑。

研究者指出，在青少年期自我所发生的变化能够把它分解为早期（"解构"，deconstruction）、中期（"重建"，reconstruction）和后期（"巩固"，consolidation）。即，青少年起初会面对矛盾的自我描述，继而试图解决这些矛盾，接下去会发展形成一个整合的自我理论，即形成自我认同（identity）。

在青少年期，个体的自我发展是复杂的，有很多方面的表现（Harter，1999）。我们大致可以从以下几个主要的方面来看：

（一）抽象的自我与分化的自我

我们知道，按照皮亚杰的观点，很多青少年开始具备了抽象思维能力，反映在其对自我的看法上，就表现为青少年在描述自我时比儿童更加喜欢使用抽象的、唯心的词语。比如，他们会说："我是一个人。我很犹豫。我不知道自己是谁。"或"我生来是一个敏感的人，我真的很关心别人的感受。我觉得自己长相不错。"尽管并非所有的青少年均以唯心的方式来描述自己,但是大多数青少年是能够区分真实的自我和理想的自我的。

青少年自我的发展是越来越分化的。和儿童比较,他们更可能根据具体环境或者情境来描述自我(Harter, Waters, & Whitesell, 1998)。比如,他们在描述自我时可能会使用一组和家庭有关的特征,或者使用一组和同伴、朋友有关的特征,而在谈到和异性之间的关系时,有可能是使用另外的一组描述特征。总之,青少年比儿童更能够理解因个人角色的不同或者环境的不同,每个人都会有不同的自我。

(二) 波动的自我与矛盾的自我

由于青少年的自我具有矛盾的特性,其自我就自然会随着情境和时间的不同而波动。比如,他们可能会无法理解自己怎么会变得那么快——刚才还心情愉快,继而就会感到忧心忡忡,再过一会儿,又变得对人讥讽有加。有研究者戏称青少年的这种波动的自我为"温度计自我"(Rosenberg, 1986)。青少年自我的这种不稳定性一直会持续到其建立起更为统一的自我理论为止,这大概是在青少年期的后期,或者直到成年初期。

在青少年进行自我分化,使之成为不同情境中的多重角色之后,这些分化后的自我之间潜在的矛盾也就自然地出现了。研究表明,青少年自我描述中所表现出的矛盾(喜怒无常与善解人意、丑陋与有魅力、无聊与好奇、关怀与忽视、内向与好开玩笑等)的数量在7到9年级之间有很大增长(Harter, 1986)。到11年级时,自我描述中的矛盾有所下降,但是仍然比7年级时高。青少年在试图建构关于自我或者个性的一般理论的过程中,逐渐发展和形成了探测自我中的这些差异的能力。

(三) 现实的与理想的自我、真实的与虚假的自我

青少年逐渐出现的、建构现实自我及理想自我(个体想成为的那种人)的能力,对青少年来说可能是令人困惑的。这种能够认识到现实自我与理想自我之间差异的能力反映了其认知能力的发展(Oyserman & Fryberg, 2006),但是,人本主义心理学家罗杰斯却认为,当现实自我与理想自我差异太大的时候,它就成了适应不良的标志。抑郁就可能源于个体现实自我与理想自我之间的巨大差异,因为对这种差异的意识能够产生一种失败感和自我批评(Rogers, 1950)。

尽管一些理论家认为现实自我与理想自我之间的强烈差异是适应不良的,但是另外一些人却不这么看,尤其是在青少年期更不是那样。比如,有人认为,理想自我或想像的自我的一个重要方面是"可能的自我"(possible self),即个体所希望成为的那种人、愿意成为的那种人以及其害怕成为的那种人。以这种观点看,所希望的自我及所害怕的自我的出现,在心理上是健康的,它提供了积极的、期望的自我与消极的、担忧的自我之间的一种平衡。未来积极自我的特征(上好大学、令人敬重、事业成功)能够指出未来积极的状态是什么,而未来消极自我的特征(失业、孤独、没有进入好大学)则能标明个人在未来要回避的东西。

现实自我和可能的自我的意识为一些青少年提供了努力朝着自己的理想型自我和避免成为恐惧型自我的动机。一项干预研究旨在鼓励青少年发展学术的可能自我,发现与控制组相比,干预中的青少年学术主动性和分数提高,而抑郁症状和学校的不当行为下降(Oyserman, Bybee, & Terry, 2006)。

那么,青少年能够区分他们的真实自我和虚假自我吗?当青少年展示"虚假型自我"的时候他们能够意识到,虚假型自我是一种他们呈现给其他人的自我,但是他们知道它并不代表他们真正的想法和感受(Weir & Jose, 2010)。青少年最有可能向他们的约会对象呈现虚假型自我,而最不可能的是与亲密朋友和父母(Sippola et al., 2007)。青少年表现其虚假自我是为了给他人留下深刻印象、尝试新的行为或角色。这是因为其他人迫使他们以虚假的方式来表现自我,或者是因为其他人并不理解他们的真实自我。一些青少年表示,他们并不喜欢自己的虚假自我行为,但是有些人却说这种行为不会给自己带来困扰。研究表明,获得父母支持的那些青少年,表现更多的是真实的自我(Harter et al., 1996)。

(四) 社会比较中的自我与自我意识中的自我

一些发展心理学家认为,与儿童相比,青少年更可能通过社会比较来进行自我评价(Chang, Stewart, McBride-Chang, & Au, 2003)。然而,随着年龄的增长,愿意承认在社会比较中来对自我进行评价的青少年在减少,因为他们把社会比较看成是窝囊的做法。他们认为承认自己的社会比较动机就可能会危及自己的受欢迎度。在青少年期,依靠社会比较信息可能会引起混乱,因为这一时期的参照群体太多。比如,青少年通常是把自己和同学相比较吗?是和同性别的人比较吗?是和受欢迎的人比较吗?是和长相好的比较吗?是和运动员比较吗?同时考虑所有这些社会比较群体对青少年来说可能是令人困惑的。

与儿童相比较,青少年更可能意识到并专注于他们的自我。青少年变得更加内省,这是其自我意识和专注自我探索的表现之一(Chang, Hau, & Guo, 2001)。然而,内省并不总是在社会性孤立中完成的。有时,青少年会寻求朋友的支持来澄清自我,获取朋友们对其日渐形成的自我界定的意见。青少年得自他人的关于自我的评价中,朋友往往是主要的来源,这是青少年焦急地盯着的"社会镜子"。

(五) 自我保护中的自我与无意识中的自我

在青少年期,对自我的理解包含了多种保护自我的机制。尽管青少年通过努力地内省以理解自我时常常会感到混乱和冲突,但是他们也会通过一些机制来保护和提升自我。在保护自我的过程中,青少年倾向于否认自己的消极特征。比如,积极的自我描述(有魅力、会开玩笑、敏感、感情真挚以及好奇)就可能被青少年归为自我的核心,表明其重要性;而消极的自我描述(丑陋、平凡、忧郁、自私以及神经质)就可能被放到自我的外围,表明其不重要(Harter,1986)。青少年保护自我的倾向与其用理想化的方式来描述自我的倾向是一致的。

在青少年期,对自我的理解包含了内容更为丰富的认识,即自我包含着无意识成分和意识成分,这种认识在青少年后期才会出现(Selman,1980)。也就是说,和年龄较小的青少年比较,年龄较大的青少年更可能相信自己心理经验的某些方面是无法意识到的或无法控制的。

(六) 自我的整合

在青少年期,对自我的理解会变得越来越整合,特别是在青少年后期,自我的各个分离的部分会更为系统地结合在一起。年龄较大的青少年在试图建构关于自我的一般理论、形成整合的自我认同感时,更可能会检测到自己早先的自我描述中的不一致性。

因为青少年创建了多种自我概念,所以,要整合这些不同的自我概念并不是轻而易举的。青少年在必须把自我分化为多种角色的同时,形式运算思维的出现也迫使其整合并形成一个一致的、连贯的自我理论。这些刚刚绽露的形式运算思维技能首先使得青少年能够检测到自我在不同角色之间的不一致,之后就提供了对这种明显的矛盾进行整合的认知能力。研究表明,14~15岁的青少年不仅发现了自己不同角色(比如,与父母、朋友或恋人在一起时的角色)之间的不一致,而且与年龄较小(11~12岁)及年龄较大(17~18岁)的青少年相比较,他们对这些矛盾更感到困扰(Damon & Hart,1988)。

二、自我概念和自尊的变化

青少年除了对自我有其理解,即对自我的特征加以界定和描述之外,也会对这些特征进行评价,这就是"自尊"(self-esteem)和"自我概念"(self-concept)。

自尊是对自我的总体评价。它也可以指"自我价值"(self-worth)或"自我映像"(self-image)。比如,某一青少年可能不仅仅会看到自己是一个人,而且是一个好人。自我概念包含的是对自我的具体方面的评价。青少年会对生活中的很多方面进行自我评价——学业、运动、长相等(Santrock,2001)。不过,研究者们通常并不深入追究两者的区别,有时甚至交替使用这两个概念。

在从儿童期向青少年期转化的过程中,个体开始发展关于自我的更为抽象的特质(Yip,2008),青少年会把儿童期使用的孤立的特质("聪明""有天赋"),统一为更为抽象的描述("智力"),并且自我概念变得更加分化且得以更好地组织。青少年开始根据个人的信仰和标准来看待自我,而不是根据社会比较(Harter,1998,2006)。对我国青少年"我是谁"反映的内容分析也指出,青少年的自我概念随年龄的增长,逐步由外在的、具体的描述转向内在的、抽象的描述(易艳等,2013)。

青少年期自我概念的典型特征是,他们常常以相互矛盾的方式来描述自我,比如,他们可能会提到一些相反的特质——"害羞"和"闹腾","聪明"和"脑残"。这是因为其社会世界扩展之后,产生了新的人际压力,在不同的人际关系中表现不同的自我。即他们的自我概念在不同背景中有不同的表现,青少年与同伴在一起时和与父母、老师在一起时,对自己的看法是不同的(Harter et al.,1998)。

并且,如前所述,青少年常常会做出"虚假的自我行为"(其行为方式不是真实的自我表现),特别在同学之间以及在恋爱关系中更是如此。不过,虚假自我行为对青少年心理健康产生的影响有赖于这种行为的动因:出于贬低真实的自我而做出虚假的自我行为的青少年,他们会受到抑郁及绝望的困扰;而目的在于取悦他人或者只是试一试的青少年,其做出虚假的自我行为并不会遇到这些问题(Harter et al.,1996)。

青少年自我概念的不一致会使他们痛问"真我是谁"。但是这种矛盾在几年之后就会减少,因为青少年形成了更为一致的关于自我的看法。

此外,青少年既从总体上对自身进行评价,也从一些具体的方面进行评价——学业、运动、外表、社会关系以及道德行为。并且,自我概念的具体方面与总体自我价值之间的关系在不同领域是不同的。例如,外表对总体自尊而言就非常重要,对女性而言更是如此(Usmiani & Daniluk,1997)。与学龄儿童相比,青少年尤其重视社会性品质,比如,互助友好、细心周到、慷慨仁慈、乐于合作等;年龄大一些的青少年对自我进行描述时,个人价值观和道德价值观都是关键。

青少年的自尊与其对各种活动的价值评估,以及在这些活动中获得的成功之间的联系变得更强。比如,青少年的学业自尊就可以很清晰地预测他们对学习科目的有用性及其重要性的判断,预测他们会付出努力的程度,以及最后的职业选择(Whitesell et al.,2009)。

一般而言,总体自尊在青少年期是稳定的,并且在这一时期会稍有增长(Harter,1998)。与年龄更小或者更大的人相比,处于青少年早期的个体其自尊更为波动起伏,但是随着年龄的增长,自尊会变得稳定。到青少年后期,十几岁的孩子们会发现自己更容易接受行为和感受会随着情境而变化(Hitlin,Brown,& Elder,2006)。

当然,有些青少年的自尊比较稳定,有些则不是。在不同的种族和性别之间,自尊的状况也是不同的(Gray-Little & Hafdahl,2000)。然而,高水平的自尊是与父母的赞同、同伴支持、社会适应以及在学校获得成功等因素联系在一起的。

非裔美国人往往比其他族裔群体有更高的自尊,从儿童期到青少年期,差异会随着年龄而增大(Gaylord-Harden et al.,2007)。白人青少年往往比拉美裔、亚裔和美国原住民有更高的自尊(Twenge & Crocker,2002)。在研究中比较不同种族群体的青少年的自尊,亚裔美国人的自尊常常是最低的。这些种族差异的原因根源于文化的差异,在非裔美国人的文化中自尊提升的最多,在亚裔美国人文化中最少(Greene & Way,2005)。亚洲文化所青睐的互依自我往往阻止高自我评价,鼓励关注别人的需求和关切(Nishikawa et al.,2007)。

三、自我概念和自尊的影响

自尊给人的生存以尊严,它产生于人际交往中,在这种交往中自我对某些人来说被看得很重要。自我的成长是通过一点点的成就、表扬和成功来实现的。

(一) 心理健康

一种积极的自我知觉,或者说较高的自尊,是人发展过程中应该形成的。它已经和长远的心理健康以及情绪幸福感联系在一起了(Klein, 1995)。自尊未得以充分发展的人会表现出大量的、不健康的情绪症状。这种人可能会出现焦虑的心身症状。研究还发现低自尊是与吸毒及未婚怀孕联系在一起的一个因素(Blinn, 1987)。事实上,未婚怀孕常常是年轻女性为提升自尊而做出的一部分努力(Streetman, 1987)。低自尊也和神经性厌食症、贪食症等进食障碍有关,并且是影响青少年抑郁、焦虑及自杀的一个因素(Sharpes & Wang, 1997)。

有时,低自尊的青少年会试图以一种虚假的态度来面对外部世界。这是一种补偿机制,他要使别人相信自己是有价值的,目的是克服自己的无价值感。青少年会试图通过假装出某种行为举止来给人留下深刻影响。然而,假装做出一种行为是令人神经紧张的。在一个人并没有感到自信、友善和欣喜而又要假装出这样的感受时,那将是持续的内心挣扎。这种挣扎会产生严重的紧张状态。

低自尊的人所表现的另外一种焦虑是其自我的飘浮不定。低自尊的青少年对批评或者拒绝的自我意识太强、太脆弱,这证明了他们发展不良、无能或无价值(Rosenthal & Simeonsson, 1989)。他们在受到嘲笑、受到责备时,或别人对他们提出不好的意见时,他们可能会深感不安。他们越是感到自己脆弱,其焦虑水平就越高。这种青少年会说"他们的批评深深地伤害了我"或"在我做错事的时候,我无法承受别人的嘲笑或责备"。因此,他们在社交场合会感到笨拙、不自在,并可能会尽量地逃避这样的窘迫。

(二) 社会适应

低自尊的青少年会出现社会适应的困难。自我概念差的人常常会遭到他人的拒绝。接受他人,被他人所接受,尤其是被最好的朋友所接受,这些都与自我概念有密切的联系。对自我的接受与接受他人及被他人所接受之间,有正向的、显著的相关。因此,在自我接受与社会适应之间就存在着密切的联系。在青少年期可能出现困扰的信号之一就是他们无法建立友谊或无法与新人进行交往。

与低自我概念和低自尊联系在一起的社会适应不良,可以有多个方面的表现。低自尊的青少年在社交场合极少露面。他们很少受到别人的注意,也很少被选为领导,并且他们也常常不参加班级活动、俱乐部活动或社交活动。他们在事关自己利益的事情上并不维护自己的权利或表达自己的意见。这些青少年往往形成了孤立感和孤独感。

害羞的人在社交场合常常感到笨拙、不自在,这又使得他们更加难以和他人沟通。由于他们想讨人喜欢,所以他们更容易受他人的影响和支配,并且因为缺乏自信而常常让他人做决定。

(三) 在校表现

越来越多的证据表明,自我概念和学校成绩之间是相关的。成功的学生有更高的自我价值感,自我评价更好,尤其是对亚裔美国青少年而言(Rivas-Drake et al., 2008)。然而这是一种交互关系。那些高自尊的青少年往往学业成绩也很好,而学业成绩较好的那些青少年自尊也比较高。一般情况下,学生的平均成绩越高,越是可能有高水平的同伴接受性。原因之一是对自己有自信的学生有勇气去尝试,实现他们对自己的期望。对自己持消极态度的学生则会给自己的成绩设置限制。他们觉得自己"怎么也做不好",或者自己"不够聪明"。

研究者比较关注学生对自己在学校不能取得成功做出解释时所使用的策略,发现他们认为成绩不好是环境造成的(比如,耽误了、没有认真努力、因为其他人的事而没有学习以及其他的自我欺骗策略),而不是由于自己缺乏能力。并且男孩比女孩更多地使用这种策略,而与成绩好的学生相比,成绩不好的学生更是如此(Midgley & Urdan, 1995)。

其他的研究强调参加课外活动也和较高的自尊有关。当然现在尚不清楚是由于高自尊而参加活动,还是由于参加活动而提高了自尊。同时,参加课外活动也与较高的平均成绩和较低的缺勤率联系在一起(Fertman & Chubb, 1992)。其他类似的研究发现,参加学校的活动,特别是体育活动,与男孩、女孩的高自尊是联系在一起的。

此外,个体所属同伴团体的背景也会通过影响学业成就进而对个体的自我概念产生影响。同伴对学业成就的影响既可能是正面的,也可能是负面的,这有赖于同伴团体中占主导地位的价值观。看重学业成就的同伴会互相影响,以取得优秀的学校成绩(Roberts & Peterson, 1992)。

重要他人(父母、祖父母、哥哥姐姐、特别的朋友、老师或咨询师)的正面态度和支持,可能会对学生的学业自我概念产生重要的影响。感受到别人对自己的学业能力有信心的学生,对自己也会很有信心。如果父母提供了爱和鼓励,青少年的自尊会被提升,如果父母污蔑或冷漠,青少年会用更低的自尊回应。来自家庭之外成人的支持,尤其是老师,也有利于自尊的提升(Dusek & McIntyre, 2003)。

(四) 职业期望

对一些人来说,职业选择就是实现自我的一种尝试。想在职业上获得成功的愿望和期望,也是有赖于自尊的。已经为自己确定了事业目标的青少年与没有确定的相比较,他们的自尊更高。期望事业成功的男孩会表现出强烈的自尊感,而没有这种想法的男孩常常想的是全面地改变自我,这反映了他们的自我拒绝。高自尊和低自尊的人都认为事业成功是重要的,但是,低自尊的人则很少认为自己能够获得成功。他们更可能会说:"我希望事业有成,但是我觉得自己的想法实现不了。"他们不相信自己具备获得成功所应该具备的素质。研究表明,青少年的学业自尊是其最终的职业选择的有力预测因素(Whitesell et al., 2009)。

低自尊和高自尊的青少年所期望的职位有区别吗?一般情况下,低自尊的人会回避自己被迫行使领导权的职位,也回避被别人指挥的职位;他们既不想指挥别人,也不想被别人指挥。逃避领导权或者被别人监督,实际上是在逃避评价或批评。

教育及职业期望部分地受到自我映像的影响,而它又是家庭背景的衍生。研究表明,在贫穷的地区,青少年的教育计划与自我映像都比中上层社会经济地位地区的青少年低(Sarigiani, Wilson, Peterson, & Vicary, 1990)。在乡村地区,青少年的自我映像和教育计划与父母所受的教育程度呈正相关,低期望的青少年其自我映像也低。

(五)青少年犯罪

多年以来,心理学家和社会学家都相信低自尊和犯罪之间有密切的联系。即,人们认为犯罪是试图对消极自我感受的补偿。成绩不好、与正常的同伴难以相处、似乎什么事都做不好的那些青少年,会对自己形成消极的自我感受,受到低自尊的困扰。为了对自己感觉好一点,他们就可能会和行为出轨的青少年在一起,而后者可能会强化和赞扬他们的犯罪行为。这会形成恶性循环,低自尊的青少年会变成罪犯,但他们的自尊会得到提升。

然而,有很多研究却未能发现这种联系。事实上,研究结果很不同。罪犯的自尊可能上升、可能下降、可能不变。一项纵向研究表明,低自尊并不能预测青少年与从事犯罪行为的同伴的交往;然而,以犯罪者为友的青少年,尽管自己的犯罪行为并没有增加,但是其自尊却上升了。如果犯罪和低自尊联系在一起的话,那常常是发生在女孩身上。

四、自我概念的影响因素

那么,青少年形形色色的自我概念是如何形成的呢?概括来看,青少年自我概念的发展主要受到以下因素的影响:

(一)重要他人与亲子关系

自我概念部分地决定于他人对我们的看法,或我们认为他人是怎么看待我们的。然而,不是所有人都有同样的影响。"重要他人"就是那些能够产生重要影响的人,他们有影响力,他们的意见有价值。不过,他们的影响也有赖于他们卷入的程度、亲密度,他们提供的社会支持以及他们所享有的权力和权威(Blain, Thompson, & Whiffen, 1993)。

大量研究表明,家庭关系的情感质量与青少年的高自尊是联系在一起的。自尊较高的青少年与父母都比较亲密;换言之,他们觉得和父母亲近,相处融洽。与青少年的自尊有关的因素包括:父母给孩子自主的意愿、父母的接受性和灵活性、沟通、分享快乐,以及父母的支持、参与及控制(Klein, 1992)。

(1) 母子关系及对母亲的认同。亲子关系的质量是影响青少年自尊的一个重要因素。认为与母亲比较亲密的年龄较大的青少年女孩,会认为自己自信、聪明、理性、有自控力。认为与母亲比较疏远的女孩对自己的看法则是负面的:反叛、冲动、暴躁、幼稚。所以,对母亲的认同程度影响着青少年的自我概念。

对父母榜样非常认同的男孩、女孩都会通过自我与榜样品质的融合,来形成对榜样的真正喜爱,而不是形成过分认同。对父母的过分认同被认为会抑制自我,而掐掉了"含苞待放的自我认同"(Erikson, 1968)。然而,对父母的不适当认同,也会使孩子形成不良的自我认同。女孩对母亲的认同不足以及过分认同,都会使她形成不良的自我认同。所以,中等程度的认同似乎才是健康的。

(2) 父子关系及对父亲的认同。父亲在青少年的发展中也是重要的。温情而有益的父女关系在帮助女孩认识自己的女性品质的价值、逐渐对自己作为女人有正面认可、适应异性交往的过程中,起着关键的作用。对于青少年男孩来说也是如此。他们如果认同父亲,但与母亲能够共享温情,那么他们与女性的关系更可能是舒畅愉快的。

(3) 父母的兴趣、关注和管教。决定父母在帮助青少年建立健康的自我认同的过程中是否起积极作用的一个重要因素,是他们对孩子所表现出的温情、关注及兴趣。关心孩子、并表现出对孩子感兴趣的父母,子女更可能具有较高的自尊。而且,高自尊的青少年与低自尊的青少年比较,父母是民主的,但是并不纵容(Bartle, Anderson, & Sabatelli, 1989);父母是严格的、前后一致的,他们要求高标准,不过在特定的情况下也会有足够的灵活性,允许孩子偏离规则。

(二) 社会经济地位

社会经济地位对自尊可能会产生各种影响。一般而言,低社会经济地位的青少年比高社会经济地位的自尊低。然而,有研究却表明,高社会经济地位的女孩其自尊不及中低等社会经济地位的女孩(Richman, Clark, & Brown, 1985)。高社会经济地位的女孩承受着巨大的压力,她们必须在学业、身体魅力、社会活动等方面出类拔萃。一旦在其中某一方面失败,就会导致自尊的降低和不适感。低社会经济地位的男孩、女孩更加习惯于失败,所以这不会给他们带来与高社会经济地位女孩一样的伤害。

父母的社会经济地位本身并不会导致孩子的低自尊。如果父母的自尊较高,低收入家庭的孩子也会具有高自尊。父母的这种自尊又有赖于父母的种族或宗教团体的威信,有赖于团体中成员的自我接受性。最好的例子就是犹太青少年,尽管他们来自少数派的宗教团体,但他们的自尊往往很高。这可能是由于犹太父母的自尊较高,其亲子关系恰当。父母的支持会减少剧烈的或慢性的压力的影响,有助于维护青少年的自尊。

然而,经济困难与青少年的自尊之间有一定的关系。经济困难对青少年的自尊会产生负面的影响,而这种影响主要会受到亲子关系的调节。经济困难可能会减少父母对子女的情感支持,继而传达出一种对青少年的负面评价,因而会降低他们的自尊(Ho, Lempers, & Clark-Lempers, 1995)。

(三) 种族与性别

在多种族混合的群体中,我们很容易感受到自尊的不一致。一般而言,非裔青少年上白人学校之后,他们的自尊比上主要是非裔学生的学校时低(Dreyer, Jennings, Johnson, & Evans, 1994)。不过,如果在不遭受白人歧视时,非裔青少年的自尊总体上比较高。周围围绕着的是长相、社会地位、家庭背景及学校成绩相似的人时,非裔青少年对自尊的评价高于被白人围绕着的时候。

对青少年后期进行的研究已经表明,多种因素决定着学生的自尊和自我映像。一项研究表明,无论什么种族,只要是中学毕业了,学校生活愉快,正在走向经济独立,觉得家庭支持自己及自己所做的事,这样的青少年都有较高的自尊。换言之,如果青少年在对他们而言比较重要的领域获得了成功,如果他们认为重要的他人,特别是家庭成员,很看重他们,那他们就更可能有较高的自尊。少数族裔青少年如果具有积极的种族认同,其自尊就可能得以提升,而对自己的种族感到不快的青少年,其自尊则较低(Phinney, 1992)。

大多数关于性别对自尊的影响的研究都发现,在青少年期,女孩的自尊比男孩的自尊低一些。一项包括数百个研究的元分析更进一步证实了这一点(Kling, Hyde, Showers, & Bushwell, 1999)。该研究发现,男孩的自尊总体上比女孩稍高一些,且这种差异在青少年后期最大。这种特点在其他国家也有相似的表现,比如,瑞士的青少年女孩的自尊就比男孩的低(Bolognini, Plancherel, Bellschart, & Halfon, 1996)。

女孩自尊形成的基础也与男孩不同。女孩的自尊主要是与其知觉到的身体魅力联系在一起的;是与她们和他人交往(她们的社会网络)时的感受紧紧联系在一起的。男孩的自尊主要是与其对成就和能力的感受联系在一起的。

为什么青少年女孩的自尊比男孩的低?一些研究者认为,是由于美国社会对男性特质的评价高于女性特质。其他研究者则指出了媒体对女孩身体形象的负面影响,还有一些人认为,在主要依赖他人对你的影响来建立自尊时,要保持较高的自尊是很难的。

(四) 压力

一项针对 14~19 岁青少年的研究表明，随着消极生活事件的增加，青少年的自尊水平是下降的(Youngs, Rathge, Mullis, & Mullis, 1990)。消极生活事件包括亲密家庭成员死亡、考试失败、转学或搬家、生病、人际关系出问题、家庭变化(比如增加新成员或父母离婚)等。压力对自尊会产生负面影响，进一步，又会影响青少年生活的方方面面，因此，就不难理解青少年早期适应与自尊的降低之间的负相关了。

五、自我概念的稳定性与改善

自我概念在青少年期会发生多大的变化呢？总体上看，自我概念是渐趋稳定的。然而青少年对其生活中发生的重要事件和变化也是非常敏感的。一项研究就发现，初中阶段的青少年和家人搬家到另一个很远的城镇之后，其自我概念就下降了。搬迁的时间越近、越频繁，对自我概念的消极影响就越大。

有研究发现自我概念在 12 岁左右最低，但是导致这种积极自我映像锐变的，不是青春期本身，也不是种族、社会经济地位、学校成绩及年龄本身，而是学生是否进入了初中。从小学进入初中以后，教师、同学，甚至教室都常常发生变化，这会对自我映像造成干扰。并且，在初中更可能受欺负。所以，从小学向初中或中学的转变，对于较小的青少年来说可能是一件有压力的事件。这也意味着可以通过有益的事件来促进青少年的自我映像和自尊。

总之，自我概念在青少年期并没有完全巩固，并且会因为一些有影响力的事件而改变。帮助形成了消极自我认同的青少年找到一个成熟的、积极的自我映像是可行的，并且这种改善在青少年期比在成人期容易做到。

要改善青少年的自尊可以通过四个途径：一是确定低自尊的起因，以及对自我而言极重要的能力领域；二是情绪情感支持和社会赞许；三是体会成就感；四是直面问题。

第一，确定自尊的由来——即对自我而言极重要的能力领域——对改善自尊来说是很关键的。研究者指出，旨在提升自尊的项目以自尊本身为目标，仅仅是鼓励个体对自己形成好感，这种做法实际上是无效的。相反，如果要使个体的自尊得以显著改变的话，干预措施必须从自尊的起因入手。青少年在对自我而言极为重要的领域表现得有能力时，他们就会有非常高的自尊。因此，应该鼓励青少年弄清楚他们所看重的那些能力领域。

第二，来自他人的情绪情感支持和社会赞许会产生有力的影响。有一些低自尊的青少年是来自充满矛盾冲突的家庭，或者他们曾经受过虐待或被忽视——在这样的情境中他们是得不到支持的。某些情况下，可以给予青少年其他形式的支持：一方面——非正式地——可以是教师、教练或另一重要成人给予鼓励；另一方面——正式地——可以是来自一些专门的干预计划。尽管同伴赞许在青少年期变得越来越重要,但是,同时成人的支持也对青少年的自尊都有着重要的影响。

第三,成就感也能够促进青少年的自尊。比如,直接地教给青少年真正的技能,往往能提高他们获得成功的机会,体会成就感,继而提升其自尊。形成了较高自尊的那些青少年是因为他们知道什么任务对实现目标来说是重要的,并且他们已经有过相似的成功经验。强调成就感在促进自尊的过程中的重要性,与班杜拉的社会认知概念——自我效能感——是相通的,它指的是个人对自己能够把握情境并获得成功的信念。

第四,在青少年面对一个问题并试图解决它而不是逃避的时候,其自尊也常常会得以提升。如果青少年主要是直面问题,而不是逃避,他们在面对问题时常常有一种现实的、诚实的态度。这样做会产生支持性的自我评价,继而带来自我赞许,最终提升自尊。相反,则导致低自尊。非支持性的自我评价会促发否认、欺骗以及逃避,以否认他们实际上已经看到的真实的东西。就个人适当感而言,这一过程会导致自我否定的反馈。

六、自我认同的形成与状态

(一)自我认同的形成

迄今为止,关于自我认同发展的最全面的理论是埃里克森提出来的。一些研究青少年问题的专家认为埃里克森的理论是唯一最有影响的青少年发展理论。不过,关于自我认同的发展,当代研究者又提出了一些重要的观点。

第一,自我认同的发展是一个较长的过程,在很多情况下,它并不是像埃里克森的"危机"概念那样隐含巨变的过程,而是一个非常渐缓的过渡。第二,自我认同的发展是极其复杂的。自我认同的形成既不是始于青少年期,也不是止于青少年期。它开始于婴儿期依恋的出现、自我感的发展、独立倾向的出现,在老年时通过对人生的回顾和整合而达到其最终阶段。在青少年期,尤其是青少年期的后期,对自我认同的发展而言,重要的是生理、认知及社会性的发展首次到了一个关键点,这时个体能够对儿童期的自我认同及对父母的认同进行梳理和综合,为走向成年人的成熟铺就可行的道路。在青少年期自我认同问题的解决并不意味着自我认同在未来的人生就是稳定的。形成了健康的自我认同的个体是具有灵活性和适应性的,他们开放地面对社会、人际关系以及职业中所发生的变化。这种开放性使完成了自我认同的个体在其生活中能够对自我认同的内容进行多次的重组。

正如人们越来越多地用多元自我来描述青少年的自我系统一样,研究者们也开始用多元自我认同来界定青少年的自我认同系统。尽管青少年期的自我认同始于儿童期的自我认同,但是核心问题,比如"我是谁?""我的自我认同的哪些方面是来自不同的背景?"等,在青少年期更经常被提到。在青少年期,自我认同很重要的特征是探索自主的需要与亲近感(connectedness)需要之间的平衡。

自我认同的形成不是单纯地发生的,并且通常也不是一蹴而就的。至少它包含了对职业方向、意识形态立场及性倾向的承诺。对自我认同的各个成分进行综合是一个漫长的过程,期间个体会对各种角色进行否定或确认。自我认同的发展是一点点推进的。青少年做决定时不能一劳永逸,但是又必须一次又一次地面对这一问题。并且他们要做决定的事是各种各样的:和谁约会、是否分手、是否发生性关系、是否吸毒、是上大学还是中学毕业就找工作、选什么专业、是学习还是玩儿、要不要参加政治活动等(Rice & Dolgin,2002)。

(二) 自我认同状态

青少年自我概念和自尊的发展为其自我认同的形成奠定了基础。詹姆斯·马希耳(1991)根据埃里克森的理论衍生出两个关键的标准("探索"和"承诺")来评估自我认同的发展,提出了四种自我认同的状态:"自我认同完成"(identity achievement),指的是经过探索之后,对价值观、信念、目标有所承诺;"自我认同延迟"(identity moratorium),指的是只有探索,尚无承诺;"自我认同早闭"(identity foreclosure),指的是未经探索,就有承诺;"自我认同扩散"(identity diffusion),指的是既无探索也无承诺的无动于衷。这就是所谓的"自我认同状态模型"(identity status model)(表4-1)。

表4-1 马希耳的四种自我认同状态

自我认同状态	特征	举例
自我认同完成	个体经过对各种选择的探索后,对一个清晰的、自我选择的价值观和目标有了承诺。他们会感受到一种幸福感,知道自己该往何处去。	在整个中学阶段,小付都想去打篮球。9、10年级时,她觉得做物理学家很棒。11年级时,她选修了计算机课程,一拍即合——她找到了适合自己的方向,她知道自己以后应该学的是计算机科学。
自我认同延迟	这些个体仍未做出明确的承诺,他们还在探索着,在收集信息、尝试各种活动,希望能够找到指导自己生活的价值观和目标。	小白几乎喜欢中学的所有课程,有时候他会觉得当化学家很有意思,有时候又想当作家,有时候又想当老师。虽然总是见异思迁他也觉得有点奇怪,但是却乐在其中。
自我认同早闭	这些个体已经有了承诺,但其价值观和目标并非自己探索后确定的。他们接受权威人物(通常是父母,有时是老师或恋人)为他们选择的现成的自我认同。	自从能够记事起,小苏的父母就告诉她,她以后应该做律师,所以她没有多想就去学法律了。
自我认同扩散	这些个体缺乏明确的方向。他们既没有对价值观和目标做出承诺,也没有积极地进行探索。他们可能永远都不会去尝试,或已经被困难吓倒。	小李讨厌思考自己未来应该做什么,所以他把自己的自由时间都用来玩电子游戏。

每个人自我认同的发展有不同的道路。有些人会逗留在某一种状态;有些人则会经历多种状态。并且,在不同的自我认同领域内,比如,性取向、职业、政治价值观等,其模式也是各不相同,通常见不到在各个领域内同时获得自我认同的人(Kroger & Green, 1996)。

当然,这四种状态并不是恒久不变的,它们随着个体的发展也会改变(Marcia, 2002)。很多人会从"较低"的状态(早闭、扩散)走向"高级"的状态(延迟、完成),但是有些人也会走回头路。从青少年后期开始,越来越多的人处于延迟或完成状态,但是也有一些人,甚至是年轻的成人,仍然处于早闭或扩散状态。在 21 岁以前,大多数人都没有达到自我认同完成的状态(Kroger et al., 2010)。早闭者到中年时,回顾自己的生活历程,往往会由早闭状态转为延迟或完成。实际上,成人在面对个人和家庭的危机时,可能会数次经历"延迟-完成-延迟-完成"(MAMA)的循环(Marcia, 1991)。

(三) 自我认同状态的相关方面

青少年的自我认同状态往往与他们其他的发展方面有关(Schwartz & Pantin, 2006)。自我认同完成和延迟状态与发展的各种有利方面有显著相关。在这些自我认同发展范畴中的青少年比在早闭或扩散范畴中的青少年更可能是自主、合作和擅长解决问题的。在自我认同完成类型中的青少年比在延迟类型中的青少年在某些方面被评为更良好。而延迟的青少年可能比完成的青少年对他们的意见更犹豫不决和不确定。

相反,在自我认同发展的扩散和早闭类型中的青少年往往在其他领域也很少会有良好的发展(Waterman, 2007)。扩散被认为是最不好的自我认同状态,被视为可以预测以后的心理问题。与处于完成或延迟状态的青少年相比,扩散状态中的青少年自尊和自我控制更低。扩散状态也与高焦虑、冷漠和断开与父母的关系有关。

早闭状态与发展的其他方面的关系更复杂。早闭状态的青少年往往在对习俗和权威的遵从上比其他状态的青少年更高。这些特点来自西方主流文化的研究者普遍认为是消极结果,但是在很多非西方文化中它们是美德(Shweder et al., 2006)。有着早闭状态的青少年往往也会与他们的父母有着特殊的亲密关系,这可能导致他们接受父母的价值观和指导而不用经历探索时期,就像完成状态的青少年所经历的那样(Phinney, 2000)。再次,这有时被有些心理学家描绘成是负面的,因为这些心理学家相信为了发展一个成熟的自我认同必须经历一个探索时期,但是,这种观点在一定程度上依赖于个人主义和独立思考的社会文化。

七、自我认同的发展过程

埃里克森和马希耳都把自我认同看成是一种状态或结果。他们并不关注青少年形成其自我认同的过程。而实际上,关于青少年自我认同的形成的研究,大多数关注的是这一过程。

Grotevant(1992)是最早也是最有影响的从过程来探讨自我认同的研究者之一。他强调，探索是寻找自我认同的关键，个体需要综合关于自我及环境的信息来为生活做决定；这一点与埃里克森的观点并不矛盾。

有研究者提出了一个"自我认同控制系统"(Burke，1991)，它由两个人际成分和三个个体成分组成。人际成分包括个体的"社会行为"和个体从他人那里得到的"人际反馈"。个体成分是"自我概念"、个体的"自我认同标准"以及评价两者之间相似性的"参照仪"。当个体做出某种行为并得到反馈时，他的自我概念就会受到影响。"参照仪"会对比个体的自我知觉与其所期望的标准之间的吻合度。如果两者之间有差异，那么个体的行为、标准或自我概念就必须进行修正，以增加一致性。

近期一项对国内高中生及大学生自我认同发展的研究发现，青少年自我认同发展的年级差异显著，自我认同完成表现出随年级而递增的趋势；自我认同延迟在各年级间无显著差异；大二、大三年级的自我认同早闭水平显著高于其他年级，高三的自我认同早闭得分显著低于其他年级；在自我认同扩散上表现为高一年级得分显著高于其他年级。同时，自我认同完成、自我认同早闭存在显著的性别差异，男生显著高于女生；自我认同完成、自我认同早闭也存在显著的城乡差异，城市学生的得分显著高于农村学生；不过自我认同发展的各个状态在独生子女与非独生子女间未见显著差异。总之，青少年自我认同随年龄的发展是不平衡的，各个维度发展表现出不同的特点，同时表现出一定的性别和城乡差异(张建人，杨喜英，熊恋，凌辉，2010)。

处于不同自我认同状态的青少年处理这些差异的方式是不同的。自我认同扩散的人尚未形成自我认同的标准。自我认同早闭的人会过分强调来自父母和重要的他人的反馈，并过早地由此形成自我认同标准；如果不协调的反馈与其已经建立的自我认同标准不匹配，他们就会对其打折扣。自我认同延迟的人积极地寻求反馈，并愿意调整其自我认同标准。自我认同完成者与自我认同早闭者一样有其稳定的自我认同标准，但是他们形成这些标准的过程要慢一些，并且是基于更加广泛的反馈(Kerpelman，Pittman，& Lamke，1997)。

有研究者提出了三种探索自我认同的方式(Berzonsky，1997)。一是"情报式"，这种青少年会搜寻具有诊断价值的信息，并且在必要时调整自己的计划和行为。这种方式是自我认同延迟和自我认同完成者的特征。二是"标准式"，这种青少年抗拒变化，拒绝有差异的信息。这是自我认同早闭者的特征。自我认同扩散者最可能在探索自我认同的过程中表现出"逃避式"，这是第三种。他们推迟做决定，逃避反馈；即使他们有了一些变化，这些变化也是表面化的、短期的。

自我认同的形成是一个终生动态的过程，这当中个人或环境的变化都可能为自我认同的重新塑造带来可能。综合来看，对自我认同可能产生影响的因素包括以下几方面(参见，Berk，2009)：

一是个人的人格特征。这既是自我认同的原因,也是其结果。那些认为绝对真理可期可求的青少年往往会早闭,而对此满腹疑虑的青少年更可能是自我认同扩散。那些认为自己能够依据合理可行的标准对各种可能性做出选择的青少年,则可能处于延迟或完成状态。

二是个人的家庭特征。当家庭作为"安全基地"让青少年满怀信心地进入更为广阔的世界时,其自我认同可以得到提升。那些觉得自己对父母有依恋同时又可以自由表达意见的青少年常常处于自我认同延迟或完成状态。早闭的青少年通常与父母联系紧密,但是缺乏健康的分离机会。扩散的青少年自认为未得到父母的支持,没有温情而开放的沟通。

三是个人的同伴交往。在社区和学校里与各种同伴的交往可以鼓励青少年展开对各种价值观及角色的探索,而亲密的朋友也可以像父母一样提供安全基地,为他们提供情绪支持、协助和自我认同发展的榜样。

四是学校及社区特征。那些提供丰富多彩的探索机会的学校和社区能够促进自我认同的发展,比如,促进高水平思考的班级、让青少年承担责任的课外活动、鼓励处境不利的青少年上大学的老师和辅导员、让青少年融入真实的成人工作世界的职业训练等。

此外,文化的价值取向,以及社会的变化都可能对自我认同的发展带来影响。

八、家庭对自我认同的影响

父母是青少年自我认同发展过程中的重要人物。探讨自我认同发展与父母教养方式之间关系的研究发现,民主型的父母由于鼓励青少年参与家庭决策,从而促进了自我认同的发展。专制型的父母由于对青少年的行为进行控制,不给他们机会表达意见,从而促成了自我认同早闭。纵容型的父母对青少年的指导极少,并且让他们自行其是,结果促成了自我认同扩散。

除了关于教养方式的研究,研究者也考察了自我认同发展过程中个体化与亲近感的作用。研究者(Grotevant & Cooper,1998)认为,对个体化与亲近感均有促进作用的家庭气氛,对青少年自我认同的发展来说是重要的。个体化包含两个维度:一是"自我张扬"(self-assertion),即具有并表达一种观点的能力;二是"分离性"(separateness),即对表现自己与别人如何不同的沟通方式的使用。亲近感也包含两个维度:一是"共鸣性"(mutuality),即对他人观点的敏感和尊重;二是"渗透性"(permeability),即对他人观点的开放性。研究表明,既具有个体化又有亲近感的家庭关系会促进自我认同的形成,这种家庭关系一方面鼓励青少年发展自己的观点,同时也为青少年探索更为广阔的社会世界提供了安全感。然而,当亲近感较强,个体化较弱时,青少年自我认同常常是早闭的;相比之下,当亲近感较弱时,青少年往往可能会呈现自我认同混乱。

国内一项研究考察中学生自我认同的发展与父母教养方式、亲子沟通的关系,发现中学生自我认同状态的人数分布中,延迟状态占66.4%,完成状态人数最少,占7%,扩散状态占15.6%,早闭状态占11.0%(王树青,张文新,陈会昌,2006)。自我认同状态从初中到高中呈现前进的发展趋势,与初中生相比,高二和高三学生更多地处于完成状态,更少处于早闭和扩散状态。除高一男生比女生更多处于完成状态外,其他年级各自我认同状态上均不存在显著性别差异。溺爱型、权威型和忽视型教养方式在完成状态上得分均较高,权威型还有最高的早闭状态得分,专制型教养方式有最高的扩散状态得分和最低的获得状态分数。亲子沟通可正向预测自我认同完成和早闭状态,反向预测自我认同扩散状态。与专制型和忽视型教养方式相比,溺爱型和权威型教养方式有更好的亲子沟通。

国内近期的研究发现,父母教养权威性(父母接受/参与、行为上的严厉/监督、心理自主)以信息风格(个体通过积极地加工、评价和利用与自我相关的信息来解决自我认同问题)和扩散风格(个体以拖延或防御性的逃避为特征,有策略地逃避解决个人问题、冲突和做出决定)为中介,正向预测自我认同完成状态,反向预测自我认同扩散状态;父母教养权威性对自我认同延迟状态既有一定的直接预测作用,也以信息风格和扩散风格为中介产生间接影响(王树青,陈会昌,石猛,2008)。父母教养权威性的三个成分中,接受/参与是指青少年感知到他们父母的爱、温暖、反应性以及情感的投入;严厉/监督指父母的监控和所设定的限制、要求等;心理自主指父母使用非强制的和民主的教养,鼓励青少年在家庭内表达他们的个性。

其他研究者也阐明了促进青少年自我认同发展的家庭过程。研究发现,使用解释、接受、同情等行为的父母会促进青少年自我认同的发展,而使用武断及贬低等限制性行为的父母则不然。总之,在一种支持和有情感共鸣的环境中给予青少年提问的权力、允许他们有不同观点的家庭模式,将促成健康的自我认同发展模式。

九、性别与自我认同的发展

在埃里克森(1968)提出其自我认同发展理论的时候,他认为劳动分工使男性的期望主要指向职业和意识形态的选择,而女性则关注婚姻和生儿育女。并且20世纪六七十年代的研究都支持埃里克森这一关于自我认同的性别差异的论断。现在女性有了更为强烈的职业兴趣,某些性别差异正在消失。

一些研究者认为,男性、女性是以不同的次序走过埃里克森所描述的阶段的。其中一种观点认为,对男性而言,自我认同的形成在亲密阶段之前,而女性则是亲密阶段在自我认同之前。这些看法与下面的认识是一致的,即女性更为关注的是人际关系和情感联系,而男性更为注重的是自主和成就。在一项研究中,青少年女孩所形成的清晰的自我感是与其对人际关系中的关怀和反应相联系的(Rogers，1987)。在另一项研究中，与女性强烈的自我感相关的是她们解决人际关系中与自我和他人联系在一起的关怀问题的能力(Skoe & Marcia，1988)。因此，研究者提出，对女性自我认同发展的概念建构和测量都应该包含人际关系的成分(Patterson, Sochting, & Marcia，1992)。

女性对自我认同的探索可能比男性更为复杂，因为她们可能需要在比男性更多的领域来建立自我认同。在今天的世界，提供给女性的选择增加了，因而也就常常可能让人迷茫和感到冲突，特别是对那些希望好好处理家庭和职业角色关系的女性就更是如此(Archer，2000)。

不过，最近的研究发现在自我认同和亲密模式中没有性别差异。这一发现已经被美国、荷兰、澳大利亚和以色列的样本所报告。这个变化可能是由于在西方国家增加的性别平等。

十、文化与种族对自我认同的影响

埃里克森对文化在自我认同发展过程中的作用尤为敏感。他指出，就全世界来看，在少数族裔融入主流文化时，都会为维持其文化认同而抗争。对少数族裔青少年来说，他们常常是发展过程中一个特殊的结合点。尽管儿童会意识到一些种族和文化的差异，但大多数少数族裔个体只是在青少年期才第一次意识到自己的种族。与儿童相比，青少年有了解读种族及文化信息含义的能力，有了反省过去的能力，有了遥想未来的能力。

研究者界定了种族自我认同，它是指自我的一种持久的、基本的方面，包括认可自己是某一种族团体的成员，以及相应的态度和感情。所以，对来自少数族裔团体的青少年来说，自我认同的形成过程由于受到自己的种族团体和主流文化的影响，而增加了一个维度(Phinney，2000)。研究者发现，种族自我认同随年龄而增长，并且较高的种族自我认同水平与对自己种族团体的正面态度，以及对其他种族团体成员的正面态度相联系。很多少数族裔青少年具有双文化的自我认同——在某些方面认同自己的少数族裔团体，在另外一些方面则认同主流文化(Sidhu，2000)。

Jean Phinney 在她研究的基础上，总结了少数族裔群体成员的青少年对他们的种族意识有四种不同的反应。"同化"(assimilation)是选项，包括留下种族群体的方式，采纳主流文化的生活方式和价值观。这是体现在美国社会的想法，作为一个"大熔炉"，融合不同起源的人到一个国家文化的路径。"边缘化"(marginality)包括拒绝某人的文化起源，但是也感觉被主流文化所拒绝。有些青少年感到很少认同他们的父母和祖父母的文化，他们也没感到接受和融入美国社会。"分离"(separation)是方法，包括只和自己种族群体成员联系，拒绝主流文化的方式。"双文化"(biculturalism)包括发展一个双重的自我认同，一个基于起源的种族群体，一个基于主流文化。双文化的意思是在种族文化和主流文化之间来回移动，交替适当的自我认同。

少数族裔青少年获得健康的自我认同的难易，受到多个因素的影响。很多少数族裔青少年必须面对偏见和歧视，以及制约其人生目标和期望的障碍。

在一项研究中，少数族裔成员对种族自我认同的探索高于白人美国人（Phinney & Alipuria，1990）。而且，对有关自己的种族的问题进行思考并加以解决的少数族裔成员，比不这样做的人自尊要高。另一项研究考察了亚裔、非裔、拉丁裔及白人的种族自我认同发展（Phinney，1989），发现来自三个少数族裔的青少年都面对相似的问题，即在白人主流文化中进行种族团体认同。在一些情况下，三个少数族裔青少年在解决种族自我认同时，对其中的重要问题有不同的评价。对亚裔来说，突出的是获取学业成功的压力，以及对名牌大学的入学配额的关注。非裔女孩探讨她们对白人美女标准（尤其是头发和肤色）并不适用于自己的看法；男孩则关注可能的就业歧视，以及怎么把自己和非裔男孩的负面社会形象区分开。对拉丁裔来说，偏见是周而复始的主题。

少数族裔青少年生活的环境影响着他们的自我认同发展（Spencer，2000）。美国很多少数族裔青少年生活在下层，这种地方没有自我认同发展所需要的支持。这些青少年很多生活在贫民窟，受到毒品、帮会及犯罪活动的熏染，并且他们交往的人往往是辍学的青少年或失业的成年人。在这种环境中，针对青少年的有效组织可能会为发展积极的自我认同做出重要贡献。

一项对青少年组织追踪五年的考察研究发现，这些组织对建立种族自豪感特别有益（Heath & McLaughlin，1993）。研究者认为，这些青少年自己可以支配的时间太多，可以做的事情太少，可以去的地方也太少。他们希望参加一些有教益的、符合其需要和兴趣的组织活动。如果活动的组织者立足于认为青少年害怕、脆弱和孤独，但他们又是有能力、有价值和有热情去过一种健康生活的，那么，这种活动就能够积极推动少数族裔青少年自我认同的发展。

十一、自我认同状态与情绪及行为

在青少年探索各种亲密关系中所包含的情绪体验时，他们同时也在转变和加深对自身的理解。大量研究已经表明，青少年的情绪与其自我认同的地位有着密切的联系，不同的自我认同地位与心理发展和情绪发展中稳定的个体差异模式相联系（Grotevant，1998；Marcia，1993）（表4-2）。

第一，从表4-2中可以看到，自我认同完成者在广泛的领域都表现出积极的适应模式。与其他的青少年相比，自我认同完成者较突出的共情能力反映在他们较高水平的同情心和道德判断上。在学业上，这些青少年希望挑战自我，经常选择较困难的科目，他们具有良好的学习习惯，在考试上也获取了高分。尽管如此，自我认同完成者不仅仅是学得多或者学得好，这些青少年在其他领域也很有创造性，自我驱动也很强。与同伴在一起时,他们比较受欢迎,不太可能受到同伴压力的影响。自我认同完成者不太可能因为他们已经做出了承诺就屈服于社会压力。在各种社会背景中,这些青少年都很少有敌对性,他们能够找到有效的方法来调节情绪和释放紧张。他们与其他人之间获得了一种个人的亲密感,以及归属感,所以他们在自己需要帮助的时候能够去征询他人的意见。自我认同完成者能够以内部控制点的方式,并满怀信心地去迎接青少年期的各种挑战,在各种有压力的情景中,他们能够应对自如。

表 4-2 不同自我认同地位的情绪与行为相关变量[*]

自我认同地位	情绪与行为相关变量
自我认同完成	内部控制点[b] 道德的、共情的、富于同情心的[b] 受同伴欢迎、不太服从[b] 较有创造性,深思熟虑[b] 学习习惯良好,考试分数高,选修较困难的科目[b] 有能力释放紧张,不敌对[a] 团结人,会向他人征询意见[a]
自我认同延迟	更为深思熟虑,较开放[b] 更多探索,至少暂时是稳定的[a] 焦虑水平高[b] 性活动方面探索性强,容易染上吸服大麻的习惯[a] 内化问题及外化问题都突出[a] 道德推理水平高[b]
自我认同早闭	认知上具有灵活性,相信社会刻板定型,服从权威[b] 社会期望高[b] 女孩使用控制性的策略[a] 男孩更多敌对性[a]
自我认同扩散	外部控制点[b] 最不受同伴们喜欢,可能会服从同伴压力[b] 经常服用药物[a] 服用药物程度中等[a] 焦虑水平中等[a] 逃避困难的认知任务[a] 选修不太困难的科目[b]

[*] 来源:a. Grotevant, 1998; b. Marcia, 1993.

第二,相对于自我认同完成者的自信,自我认同延迟的青少年表现出的焦虑是各种自我认同地位的团体中水平最高的,其内化问题和外化问题上的得分也很高。研究者认为,自我认同延迟的青少年更难调节紧张的情绪体验,因为他们已经处于一种慢性的高压力状态中(Marcia, 1993)。自我认同延迟的典型特征是一种探索状态,这一点既反映在他们的思维上,也反映在他们的行为中。自我认同延迟者的自我认同地位是最不稳定的,因为处于这种危机状态中的青少年正在积极探索中,以便能够做出某种承诺。这些青少年愿意接受各种体验,他们在积极地探索着,其道德推理的水平很高。自我认同的这种危机可能反映在他们对性的探索中,以及中等程度的尝试服用药物。尽管他们表明自己服用了大麻,但是他们似乎并没有明显的药物滥用或者成瘾行为,因为他们服用药物可能反映的是他们的好奇心。此外,处于自我认同延迟中的青少年和同伴们相比,他们很少与权威人物合作,但是他们又往往会遵从权威。这些研究发现表明,处于自我认同延迟中的青少年正在渐渐地游离于权威人物,但是他们又完全不清楚自己应该何去何从。

  第三,根据马希尔的看法,自我认同早闭的青少年尚未探索任何可能的选择就已经做出了承诺,比较典型的是他们采用自己父母的价值观。这些青少年的家庭往往都是以孩子为中心的、墨守成规的,并且这种家庭的孩子往往与父母比较亲密,被父母视为掌上明珠。自我认同早闭的青少年也往往是独裁型的人,他们以刻板的方式来看世界。他们有严格的是非观,并且很少会质疑自己立场的正确性。这些青少年所报告的焦虑水平是各种自我认同地位的团体中最低的。其原因可能是这样的:服从于父母所提出的角色和价值观的青少年,不太可能会体验到那些怀疑权威的青少年所遇到的焦虑和冲突。他们有按照他们认为别人希望他们做的那种方式去做出反应的需要,这种需要反映在他们所得到的社会期望度的高分上,以及他们遵从权威人物指导的意愿上。尽管自我认同早闭的青少年表现出明显的服从权威的模式,但是他们也会尝试以一种更为不易觉察的方式来张扬自己。最后,自我认同早闭的青少年,尤其是女孩,常常显得有很好的适应和很高的自尊水平。

  第四,相比之下,自我认同扩散的青少年所面对的发展困难则反映在很多领域。他们的家庭情景是与自我认同早闭的青少年完全相反的:他们与父母的关系通常是苛刻的、消极的;他们很少表现出对父母价值观的认同。他们的学业目标一般都比较低,因为他们都选择不太困难的科目,逃避认知挑战。自我认同扩散的青少年可能并不会把这些结果归因于个人的失败;相反,他们责备环境,或者是做出其他类型的外部控制点归因。自我认同扩散的青少年也难以好好地处理自己的社会关系,其原因可能也是相同的。比如,他们往往不太受同伴欢迎,尤其是不受自我认同完成者的欢迎。他们确实很容易屈从于同伴压力,比如,他们服用药物的水平就很高。他们经常会表现出一种偶然性的生活方式,这实际上只是在掩饰他们高水平的焦虑。一般而言,他们可能会显得厌烦、悲伤、缺乏动机,这可能反映了他们缺乏对任何连贯一致的价值观的承诺。一般情况下,这些青少年似乎很容易在成年期出现心理病理学方面的问题。

5

青少年的心理性别

我们在本书中将个体作为男性或女性的社会文化维度的内容称为"心理性别"(gender)。在青少年的发展过程中,对其自我认同和社会关系而言,心理性别比其他任何方面都更为重要。与心理性别联系在一起的一个重要方面是"性别角色"(gender role),指的是对男性、女性言行举止、所思所想的期望。

心理性别的发展涉及三个方面,一是性别认同的发展,即知道一个人要么是男的、要么是女的,并且性别是稳定的;二是性别角色刻板印象的发展,即关于男性女性应该是什么样子的看法;三是行为的性别定型模式的发展,即儿童喜欢相同性别的活动、而不是通常与另一性别相联系的活动的倾向。

心理性别的形成可能受到多方面因素的影响,综合起来大概可以归纳为三大方面,一是生物学因素的影响,二是社会因素的影响,三是认知因素的影响。

研究者把青春期发生的性方面的变化与心理性别行为联系在一起,并指出这种联系主要反映为青春期男孩的性行为与激素变化之间存在联系,对青少年女孩来说,则不是受她们的激素水平影响。而青春期的激素水平与心理性别行为之间却无显著的相关。生物学因素对心理性别的影响,在早期被弗洛伊德和埃里克森以"解剖就是命运"来定论。近期的进化心理学(evolutionary psychology)则强调进化适应促成了心理性别的差异。不过进化心理学的观点也受到了一些质疑。

从社会影响来看,研究者认为心理性别不是生物进化的潜质决定的,而父母、同伴、学校及教师、媒体等对个体社会角色的塑造有着重要的影响。父母的教养方式、儿童青少年对榜样的模仿学习、母亲女性角色的演变等,都是对心理性别可能产生影响的家庭过程。从儿童中后期开始,青少年同伴交往的日益密切,又是一种重要的相互强化。此外,学校的教育体系和大众传媒也无时无刻不在传递着关于心理性别的信息。

但是,一些研究者却从认知理论的角度出发,认为青少年是在主动地构建自己的心理性别世界,是社会决定了什么图式才重要、是社会决定了相关的联系。青少年在日常生活中的种种言行举止都受到心理性别图式的指导。

心理性别定型(gender stereotypes)是我们对男性、女性的印象和信念。在比较发达的国家,心理性别上男性、女性之间更多的是相似性,这是男女之间日益平等带来的结果。实际上,目前关于心理性别的研究越来越取得共识的看法认为两性之间的差异经常被夸大了。

随着社会的发展,男性、女性都对严格的性别定型角色强加给自己的负担感到不满,开始摸索"男性化"及"女性化"特征的替代特征。于是,"双性化"(androgyny)的概念就被提出来了。尽管双性化的概念对排他性的男性化和女性化概念是一个重要的改进,但是它也不是可以解决一切问题的灵丹妙药。虽然大多数青少年形成了与主流文化期望一致的性别定型,但是少数人还是走上了另外一条路,他们在性别认同的过程中出了问题。

近期的研究者特别探讨了青少年早期对女孩心理性别的强化所具有的意义,发现女孩们对人际关系有很清楚的认识,这是她们通过倾听和观察人与人之间所发生的种种关系而获得的,女孩对生活的体验与男孩不同,她们有"不同的声音"。但是,女孩是否会沉寂自己的声音,则受到背景的影响。

一些研究已经表明,心理性别与个体的自我认同发展有着密切的联系,女性自我认同的发展道路可能是与男性自我认同的发展道路不同的。女性往往是通过与他人之间的关系来界定自我,而男性则主要是遵循"传统的男性化"路线,通过自己的职业自我来进行自我界定。

一、性别认同的发展

每当一个孩子出生的时候,家人和亲朋好友最关心的问题可能就是"生的是男孩还是女孩?"这实际上不完全是一个生物学上的差异,更关乎的是其社会角色。与性别相联系的社会角色是个体从婴儿期就开始学习的,在幼儿期,儿童快速地学习其文化指定给男孩女孩的行为,同时,他们也开始确定自己是男孩还是女孩。这就是"心理性别定型"(gender typing)过程的开始。

心理性别定型涉及三个方面:一是性别认同的发展,即知道一个人要么是男的、要么是女的,并且性别是不变的;二是性别角色刻板印象的发展,即关于男性女性应该是什么样子的看法;三是行为的性别定型模式的发展,即儿童喜欢相同性别的活动、而不是通常与另一性别相联系的活动的倾向(表5-1)。

表5-1 心理性别的定型过程

年龄(岁)	性别认同	性别刻板印象	性别类型化行为
0~3	出现区分男性女性的能力,并不断提高。 儿童能够准确地标定自己是男孩还是女孩。	出现一些性别刻板印象。	出现对性别类型化玩具和活动的偏好。 出现对同性玩伴的偏好(性别隔离)。

(续表)

年龄(岁)	性别认同	性别刻板印象	性别类型化行为
3~7	性别恒常性出现(认识到性别不会改变)。	在兴趣、活动和职业上的性别刻板印象变得非常僵硬。	对性别类型化玩具和活动的偏好变得更强了,尤其是对男孩而言。 性别隔离进一步强化。
8~11		出现人格特征和成就领域的性别刻板印象。 性别刻板印象变得不太僵硬。	性别隔离继续强化。 男孩对性别类型化玩具和活动的偏好继续加强;女孩表现出对男性化活动的兴趣。
≥12	性别认同更加明显,反映了心理性别强化的压力。	在青少年早期,对跨性别的言行举止越来越难以容忍。 在青少年后期,大多数方面的性别刻板印象变得更有灵活性。	在青少年早期,对性别类型化行为的遵从增加,反映了心理性别的强化。 性别隔离变得不再那么明显。

劳伦斯·柯尔伯格(Lawrence Kohlberg)认为,儿童对自己是男性还是女性的基本理解是逐渐发展的,整个过程经历三个阶段(Kohlberg & Ullian,1974):

第一,"性别自认"(gender labeling),在两三岁时,儿童理解了自己要么是男性,要么是女性,并对自己有相应的标志。第二,"性别稳定性"(gender stability),在幼儿期,幼儿开始理解性别是稳定的:男孩会变成男人,女孩会变成女人。然而,此时幼儿认为,女孩如果把发型变成男孩一样,那么她就变成了男孩;男孩如果玩洋娃娃就会变成女孩。第三,"性别恒常性"(gender constancy),在4~7岁时,大多数幼儿理解了性别并不会随着情境或者个人的愿望而改变。他们明白,儿童的性别不受他们所穿的衣服、所玩的玩具以及发型的影响。

研究也表明,中国幼儿性别认同发展特点与柯尔伯格的观点是一致的(范珍桃,2004)。

不过,虽然柯尔伯格的理论指出了儿童在什么时候开始学习与性别适宜的行为和活动(理解了性别恒常性之后),但是并未指出这一学习过程是如何发生的。"性别图式理论"(gender-schema theory)对此进行了分析(Martin & Ruble,2004)。根据性别图式理论,儿童很早就开始根据性别来对事件、对人进行分类,把自己的经验整合到性别图式中。在他们形成性别自认之后,他们会选择与自己性别一致的性别图式,用以加工信息、指导自己的行为。所以,儿童首先会确定物体、活动或行为是否与性别有关,然后再利用这一信息来决定他们是否应该对该物体、活动或行为有更多了解,比如,是否玩洋娃娃(图5-1)。也就是说,在儿童对性别有所理解之后,他们就好像戴着有色眼镜来看世界,只有与性别吻合的活动才会进入他们的视野(Liben & Bigler,2002)。

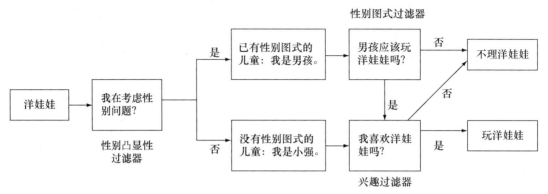

图 5-1 性别图式作用原理

（来源：Martin & Halverson，1981）

一旦幼儿具有了性别图式，他们就会努力保持自己的图式与行为之间的一致性，这一过程被称为"自我社会化"（self-socialization）。男孩会始终如一地做他们认为是男孩该做的事儿，并避免做女孩的事儿；另一方面，女孩有意地回避男孩做的事儿，而去做她们认为适合于女孩的事儿（Tobin，2010）。到幼儿期结束时，性别角色不仅仅是得到来自他人的社会化的强化，而且也得到自我社会化的强化，儿童会努力迎合他们生活于其中的文化的性别期望。

二、性别刻板印象的发展

（一）性别刻板印象

虽然儿童在形成性别认同的同时，其关于性别刻板印象的认识就已经开始，但是，只有他们完成了性别自认、认识到性别的稳定性和性别的恒常性之后，对性别刻板印象的认同才是真正有意义的，才真正进入心理性别定型的核心阶段。

性别刻板印象在各种文化中都存在，它是社会文化根据社会成员的生物性别（sex）而赋予男性或女性的相应行为、价值观或动机等，也就是说，人们对于男性或女性所期望的言行举止是不同的。社会鼓励女孩要友善、文雅、合作、对他人的需要应该敏感；对男孩则是希望他们变得有支配性、张扬、独立、有竞争性。一项对 110 个非工业化社会中心理性别定型的研究发现五个重要的性别差异：文雅、服从、责任感被认为是女性应该具有的品质，而成就和独立则是男性应该具有的品质（Barry，Bacon，& Child，1957）。在现代工业化社会中，心理性别定型的压力同样很强，人们仍然尊崇传统的针对男性女性的性别刻板印象。

总体上看，男性化的角色在当今世界范围内都处于主导地位，于是乎很多研究者就提出，传统的男性化特征可能也有其消极面，尤其是在青少年期会有负面的影响。研究者指出,在很多的西方文化中传统男性特征所界定的东西包含了参与某些能够展示男性化的行为,尽管这些行为可能是社会所不容的、不赞成的。也就是说,在男性青少年的文化中,男性青少年认识到,如果他们发生婚前性行为、喝酒、吃违禁药物、干违法犯罪的勾当,那么他们就显得更有男子汉气概,并且其他人也会认为他们更有男子汉气概。一项研究对 1680 名 15~19 岁男性青少年的性别角色取向和问题行为进行了调查(Pleck, Sonnenstein, & Ku, 1994),结果表明,青少年男性的问题行为明显地与他们对男性化的态度相联系。对男性化抱有传统信念的青少年男性(比如,认可"男人即使不够高大,也要够强硬""对小伙子来说,赢得他人的尊重很重要"),也很可能报告自己在学校有麻烦、酗酒、参与违法犯罪等。因此,通过制订计划来对青少年男性关于男性化的传统信念提出挑战,可能会有助于减少他们的问题行为。

另一方面,随着社会的发展,男性、女性都对严格的性别定型角色强加给自己的负担感到不满,开始摸索"男性化"及"女性化"特征的替代特征。于是,"双性化"的概念就被提出来了,它指的是同一个人表现出很高程度的、合乎需要的男性化特征和女性化特征。双性化的个体既可以是一个张扬的(男性化)、有爱心的(女性化)的男性,也可以是一个富有支配性的(男性化)、对他人的感受很敏感的(女性化)的女性。双性化的个体被认为比完全男性化或者完全女性化的个体更有灵活性、心理更加健康。在亲密关系中,女性化或者双性化的特征可能是更合乎需要的;而在学业和工作中,男性化或者双性化特征可能是更合乎需要的。当然,就此而言,个体生活于其中的文化对什么样的特征具有适应性有着重要的影响。

尽管双性化的概念对排他性的男性化和女性化概念是一个重要的改进,但是它也不是灵丹妙药可以解决一切问题。所以,一些研究者提出应该超越性别角色,而不是强调双性化的观念,也就是说,当个体的能力并不确定、还在争议中时,不应该从男性化、女性化或者双性化的基础上去进行界定,而应该是在个人自身的基础上去进行界定。所以,研究者认为不要去把性别角色合并为"男性化"或者"女性化",而应该就人本身去进行思考。不过,双性化的概念和超越性别角色的概念都把注意从女性独特的需要上引开了,也忽视了男性、女性在大多数文化中的权力失衡(Hare-Muston & Maracek, 1988)。

(二) 性别角色刻板印象的发展

性别角色刻板印象的发展实际上在儿童开始认识到自己是男是女时就已经开始,大约 2~3 岁的儿童就有了一些关于性别角色的知识,能够正确指认照片上的儿童是男孩还是女孩(Fagot, Leinbach, & O'Boyle, 1992)。

在学前和学龄阶段,儿童越来越清楚玩具、活动、成就等领域适合男孩女孩的分别是什么。最后,学龄儿童能够非常清楚地从心理上区分两性之间的差异,他们会了解到与自己的性别相联系的积极特质,以及与另一性别相联系的消极特质。比如,儿童会认为"坚忍不拔""敢作敢为""明智理性""有支配性"等是男性特质,而"温柔贤淑""有同情心""依赖"等是女性特质。到10~11岁时,儿童人格特质的心理性别定型开始能够媲美成人,这在多种文化中都是一致的(Heyman & Legare,2004)。

对于性别角色刻板印象,3~7岁的儿童非常认真,他们把性别角色标准看成是不可违反的基本准则(Ruble & Martin,1998),比如,他们认为男孩不可以玩女孩的洋娃娃,否则会被取笑。

到8~9岁时,他们对性别的思考多了一些灵活性,不再那么僵化。不过,虽然他们认为儿童可以去追求跨性别的兴趣和活动,但是这并不意味着赞成其他人这么做。比如,他们表示不会和涂口红的男孩交朋友,但是可以容忍女孩踢足球(McHale et al.,2001)。

到青少年早期,这种灵活性仍有增长,但是,很快男孩女孩都表现出对跨性别行为方式的水火不容。这是因为,随着青春期的到来,心理性别的强化过程更加突出,男孩开始把自己看得更加男性化,女孩相应地会把自己看得更加女性化。

三、性别类型行为的发展

儿童性别类型行为的发展最早可见于其对玩伴和玩具的选择。14~22个月的男孩通常偏好卡车,而女孩则更喜欢玩洋娃娃和其他软的玩具。18~24个月的儿童常常拒绝玩异性的玩具,甚至是没有其他玩具可玩的时候也是如此(Caldera, Huston, & O'Brien,1989)。性别类型行为的发展可以从以下三个方面来看:

首先,性别类型行为的发展中存在着"性别隔离"(gender segregation)。儿童对同性同伴的偏好在很早就开始了,2岁的女孩就已经更喜欢和女孩玩,到3岁时,男孩基本上选择男孩为伙伴。这种性别隔离在各种文化中都可以看到,并且随着年龄增长日益明显。

6岁半的儿童与同性伙伴在一起的时间是与异性伙伴在一起的10倍。学龄儿童一般觉得与异性的交往并不愉快,更可能对异性有消极反应。10~11岁明确坚持男女有别的儿童、避免和"敌人"搅在一起的儿童,通常被认为更具有社会能力、更受欢迎,而违反性别隔离原则的儿童就不太受欢迎、也有适应问题。实际上,偏好异性友谊的儿童更可能被同伴拒绝(Kovacs, Parker, & Hoffman,1996)。

不过,性别界线和对异性同伴的偏见在青少年期会减退,这时候青春期带来的影响会激发对异性的兴趣(Bukowski et al.,2000)。

其次,性别类型行为的发展存在着性别差异。在多种文化中,在坚持性别类型行为方面,男孩面对着更大压力,男孩也比女孩更快地采纳性别类型化的玩具偏好。比如,2岁时,男孩就明显地喜欢"男孩的玩具",而女孩则不一定。到3~5岁时,男孩更可能说他们不喜欢异性的玩具,他们甚至更可能喜欢玩男孩玩具的女孩,而不喜欢玩女孩玩具的男孩(Alexander & Hines,1994)。

在4~10岁时,男孩女孩都越来越清楚文化的期望,并服从它。但是,与男孩相比,女孩更可能保留一些对跨性别玩具、游戏和活动的兴趣(Ruble & Martin,1998)。在学龄儿童期,女孩之所以会有男性化的行为,一方面是因为她们意识到人们对男性化行为有较高的评价,而且,在参与跨性别活动上女孩得到的回旋余地多于男孩,女孩可以是一个"假小子",但是男孩的"娘娘腔"必遭嘲笑和拒绝(Martin,1990)。

不过,到青少年早期,女孩最终还是偏好(或服从)大体上的女性角色。一方面,青春期的身体发育使她们更有女人味;另一方面,认知的发展使她们对此有了更好的理解,她们也变得更关心他人的评价,更倾向于服从相应的社会期望。

最后,学龄儿童的性别认同会进一步扩展,包含三方面的自我评价:

其一,性别的典型性。即儿童认为自己与同性别的其他人相似的程度。尽管儿童不一定需要以非常典型的性别化观点来看自己,但是,是否与同性别的同伴吻合的感觉对其幸福感会有影响。

其二,性别的满意度。即儿童对自己的性别的满意程度,这也会促进幸福感的提升。

其三,服从性别角色的压力。即儿童感受到的来自父母和同伴对其与性别相关的特质的不满。因为这种压力会抑制儿童去探索与自己的兴趣和天赋相关的选择,所以,强烈感受到心理性别定型压力的儿童常常会感到悲痛。

心理性别典型的、对自己的性别满意的儿童,会获得更高的自尊;而心理性别不典型的、对自己的性别不满意的儿童,自我价值感会下滑。而且,感受到强烈的服从性别角色的压力的儿童,会遇到严重的困难,比如,退缩、悲伤、失望、焦虑(Yunger, Carver, & Perry,2004)。

四、心理性别的相似性和差异

心理性别定型是我们对男性、女性的印象和信念;实际上,很多性别定型都是很泛泛的,比较模糊的,它会因为文化的不同而改变,也会因为时间的延续而改变。通常,男性被普遍认为富有支配性、独立、有攻击性、有成就取向、有毅力;而女性被普遍认为有爱心、从属、不太受尊重、在人伤心悲痛时更能够助人。研究表明这种性别定型是普遍广泛的。不过,较发达国家比欠发达国家的人更认为男性、女性彼此之间比较相似。在较发达的国家,女性更可能有机会上大学,去工作并获得收入。这样,随着性别平等意识的提高,男性、女性的性别定型,以及实际的行为差异都可能会减少。

性别定型往往是消极的,有时甚至带有偏见和歧视。性别歧视可能是明显的,也可能是微乎其微的,并且老式的性别歧视与现代的性别歧视又有所不同。老式的性别歧视主要是认可传统的性别角色,对待男性、女性的方式有所不同,认为女性不及男性那么有能力等(Chang, 1999)。而现代的性别歧视则主要是否认存在针对女性的歧视、敌对,否认缺乏支持女性的政策(比如,在教育和工作方面)(Santrock, 2001)。

实际上,目前关于心理性别的研究越来越取得共识的看法认为两性之间的差异经常被夸大了。很多研究所报告的性别差异实际上可能是非常小的,有些甚至在统计上都没有达到显著的水平,要么就是不能够由其他的研究来重复证实(Denmark & Paludi, 1993)。两性之间的差异是指平均而言的差异,并不是所有的女性与所有的男性之间的差异;即使存在差异,两性之间也有很大一部分是重合交叠的。两性之间的差异既可能是由于生物学因素造成的,也可能是社会文化因素造成的,或者是两者共同作用的结果。

(一) 生理差异和认知差异

从怀孕伊始,女性死亡的可能性就比男性低,并且她们出现生理障碍或者心理障碍的可能性也比男性低。总体上看,男女在生理上的差异性表现在很多方面,不过研究发现,男女大脑中的新陈代谢活动更主要是表现为相似性,而不是相反(Gur et al., 1995)。例外的是大脑中与情绪表达和身体表达有关的部位,即女性大脑的这些部位更为活跃。

关于男女认知方面的差异,早先研究者认为男性在数学技能和视觉空间能力方面比女性强,而女性更好的是言语能力;后来研究者对这些结论进行了修订,指出不断积累的研究证据表明男女在言语能力方面的差异实际上已经消失,但是数学和视觉空间能力方面的差异仍然存在。但是研究表明,青少年男女学生(8年级和12年级)平均的数学成绩并没有差异,只是在小学4年级时男孩比女孩在数学上表现好一些。

一些研究者认为,男女之间在认知方面的差异是被夸大了。比如,在数学和视觉空间任务方面的得分分布上,实际上男女生之间有很大的重叠。尽管男生比女生在视觉空间任务方面表现出色,但是他们的分数与女生的分数大部分是重叠的。所以,尽管在平均分数上男生占优,但是很多的女生在视觉空间任务上的得分比大多数男生的高。

(二) 社会性情绪方面的差异

关于心理性别在社会性情绪发展的特点,研究者们主要探讨了四个方面,即关系、攻击性、情绪、成就。研究者指出,与男孩相比,女孩的关系取向更为突出,并且这种关系取向在主流文化中应该赋予更高的价值(Tannen, 1990)。

关于心理性别的差异中,最为一致的是男孩身体上的攻击性比女孩强,这种身体上的攻击性在青少年受到挑衅时尤其容易被激发起来。这种差异在不同的文化中都具有普遍性,并且在儿童发展的早期就已经出现。然而,研究者发现,在言语攻击性方面很少存在着心理性别上的差异,甚至在某些情况下根本就没有差异。

对自己的情绪和行为进行调节和控制是一项非常重要的技能。研究表明,男性在这方面的自我调节不如女性(Eisenberg, Martin, & Fabes, 1996),并且这种低水平的自我控制可能会转化为行为问题。

对某些获取成就的领域而言,心理性别的差异很大,甚至可能是完全不重叠的。比如,棒球队员几乎没有女性,而96%的注册护士是女性。相比之下,很多与成就有关的行为中并没有看到什么性别差异。比如,女性在完成任务时也会表现出同样的毅力。遗留的问题是,男女在对不同成就任务上获取成功的期望是否有差异,人们现在还不清楚。

(三) 争论

并不是所有的心理学家都同意男女之间的差异很小或者微不足道。有研究者指出,这种看法是来自于女权主义认为男女平等并把它作为获得政治平等的途径的做法,是来自于对相关实验研究的断章取义和不当的解释(Eagly, 1995)。很多女权主义者害怕男女差异被解释为女性的缺陷及生物学决定的,这将进一步强化传统的性别定型,认定女性劣于男性。可是当代心理学的大量研究成果已经表明男女之间的行为在不同程度上都有着差异。

进化心理学的研究提出,男女心理上的差异主要表现在进化过程中他们面对不同的适应问题的那些方面(Buss, 2000)。在其他方面,两性之间在心理上是相似的。比如,男性在空间旋转的认知方面比较强,这种能力对狩猎来说是很关键的,这一过程中投出去的标枪在穿越时空时,其运动轨迹必须能够预见到猎物的运动轨迹。再比如,在萍水相逢的性关系上,男性做这种事的比女性多,男性一生中所期望的性伴侣数量也比女性所期望的多(Buss & Schmitt, 1993)。

五、心理性别的强化

(一) 心理性别强化假说

在青少年早期,在男孩、女孩经历很多身体的和社会性的变化的时候,他们也必须对自己的性别角色进行重新界定。随着青春期的开始,男孩、女孩与心理性别相联系的期望也会变得日益深化。也就是说,男孩、女孩之间的心理及行为差异在青少年早期会变得越来越大,因为这时迫使他们服从传统的男性化及女性化性别角色的社会化压力增加了。

心理学家 John Hill 和 Mary Ellen Lynch 提出,青少年期是性别社会化特别重要的一个时期,特别对女孩来说。他们提出的"心理性别强化假说"(gender intensification hypothesis)认为,在从童年期向青少年期过渡的时候,男性和女性的心理和行为差异尤其明显,因为会有很大的社会压力要求他们遵从社会要求的性别角色内容。研究者相信,男孩和女孩在青少年期发展过程中发生的诸多变化,更多的是由这种强大的社会压力引起的,而不是由于青春期的生理变化。而且他们认为青少年期女性的性别社会化强度比男性要高很多,体现在成长过程中的各个方面。

女孩这时候尝试异性活动的自由与儿童期相比已经不可同日而语。父母,尤其是那些持传统性别角色信念的父母,可能会比过去更加明确地鼓励孩子"与性别相适宜的"活动和行为。青少年期的女孩会比男孩更加有对外表的自我意识,因为外表吸引力已经变成女性性别角色非常重要的一个部分。另外,女孩比男孩更喜欢并擅长于建立亲密的友谊。研究者认为,这是因为对青少年来说,建立亲密友谊是符合女性性别角色的,而不符合男性的性别角色。

青春期在心理性别强化的过程中所起的作用可能在于它向社会化代理人(比如,父母、同伴以及教师)发出了一个信号:青少年正在开始走向成人期,因此,青少年的言行举止应该像典型的成年男性或者女性那样。

自从 Hill 和 Lynch 提出了这个假设,渐渐涌现了许多支持性的研究。其中一个研究要求男孩和女孩在自己 6、7、8 年级时分别填写一份性别认同问卷,在这两年当中,女孩的自我描述越来越"女性化"(例如,温柔、深情),而男孩的自我描述也越来越"男性化"(例如,坚强、进取)。但与希尔和林奇得出女孩性别强化更高的结论相反,这项研究发现性别强化的现象在男孩和"男性化"方面更加突出。最近的一项研究发现,青少年期的男孩和女孩受到性别刻板印象的影响都比童年期时要多(Rowley et al., 2007)。另一项研究发现,青少年早期发生性别角色服从的最重要的原因几乎都是受其父母要求的影响。这项研究表明,性别强化并不是对所有的青少年都有相同的影响,但对那些受到家庭社会化压力的影响、要求他们遵循传统社会角色的青少年来说,性别强化的效应尤其明显。

(二) 女孩与心理性别强化

有研究者特别探讨了青少年早期对女孩心理性别的强化所具有的意义。研究者对 6~18 岁的女孩进行了广泛的访谈(Gilligan, 1996),结果一致地显示出女孩对人际关系有很清楚的认识,这是她们通过倾听和观察人与人之间所发生的种种关系而获得的。女孩能够很敏感地把握到人际关系中的不同脉搏,并且常常能够追随自己的感情走向。女孩对生活的体验与男孩不同,她们有"不同的声音"。女孩发展到青少年期,对她们来说是一个关键点。在青少年早期,女孩会意识到自己对亲密感非常感兴趣,而这在男性主导的文化中是没有什么价值的,虽然社会也推崇关心他人的、利他的男性。所以,女孩面对着一个两难问题:要么让自己显得自私(如果她们变得独立,追求自我满足),要么使自己显得无私(如果她们对他人有求必应)。Gilligan 认为,处于青少年早期的女孩面对这一两难问题时,她们会越来越"沉默",不再发出"不同的声音"。她们会变得更加不自信,在发表自己的意见时更具有试探性,这种状况往往会一直持续到成年期。一些研究者认为,这种自我怀疑和矛盾的心理非常容易转化为抑郁,并且导致青少年女孩的进食障碍。

背景的不同对青少年女孩是否沉寂自己的"声音"会有影响。一项更为深入细致的研究发现,即女性化的女孩在公共场合(在学校与教师和同学在一起)时,很少发表意见,但是在更为私人的人际关系中(与亲密的朋友和父母在一起时)则不是这样(Harter, Waters, & Whitesell, 1998)。然而,双性化的女孩则在各种场合都有很多的声音。研究还发现,如果女孩所了解的信息是"女性是让人看的,不要说话",这种女孩在其发展过程中是最容易出事的,那些不仅不出声而且还强调外貌的重要性的女孩经常就是这样。

一些人批评 Gilligan 及其同事过分强调了性别差异,认为其夸大了男性、女性在亲密感和亲近感方面的差异。还有研究者挑剔地指出 Gilligan 的研究策略存在问题,他没有包含男孩的对照组,或者几乎没有使用统计分析。相反,他对女孩进行广泛的访谈,并引用女孩的叙述来支持自己的观点。还有人指出 Gilligan 的发现会进一步强化性别定型——女性应该关心人、应该做出牺牲,这可能会损害女性为争取平等而付出的努力。针对这些批评,Gilligan 观点的支持者回应说,女性对人际关系的敏感是我们文化中的一份特别礼物,是值得珍视的心理品质。

不过,无论怎样,越来越多的证据表明,青少年期对女孩的心理发展来说是一个关键的时刻。调查表明,女孩的自尊在青少年期明显的比男孩下降了许多,在8~9岁时,60%的女孩是自信的、张扬的,对自己的感受是积极的,相比之下,男孩为67%。然而,8年以后,女孩的自尊下降了31个百分点——只有29%的中学女孩对自己的感受是积极的。同样经过这么长的时间,男孩的自我价值感下降了21个百分点——还有46%的中学男孩保持较高的自尊,这时候两性之间的差距达到了17个百分点。

六、生物学因素的影响

在青少年期,生物学因素对心理性别产生影响的一个重要方面是青春期的变化。青春期的变化促成青少年的性与其心理性别态度和行为的整合,随着体内激素的增加,很多女孩渴望成为尽可能完美的女性,而很多男孩则努力变得尽可能具有男子汉气概。这种整合意味着青少年女孩常常会表现出更多女性化的行为,而青少年男孩则表现出更多男性化的行为。

对青春期性的变化与心理性别行为之间的关系进行的研究发现了在青春期性行为与激素变化之间存在联系,至少对男孩来说是这样,即雄性激素水平的上升与男孩性活动的增加相联系(Udry, 1990)。对青少年女孩来说,雄性激素的水平与其性活动之间也是相联系的,但是女孩的性活动更多地会受到她们交往的朋友的影响,而不是受她们的激素水平影响。同一项研究调查青春期的激素水平与心理性别行为之间是否有关,比如,青少年是否会变得更加温柔、迷人、张扬、愤世嫉俗等,结果没有发现显著的联系。

尽管青春期的生物因素变化奠定了基础,促使性与心理性别行为之间的整合,但是性怎么能够成为心理性别的一部分,则决定于一些社会文化因素的影响,比如,文化对性的基本看法、同伴团体对约会的评价等。心理性别行为差异的加大,一方面,是由于社会化过程中对传统的男女角色的服从;另一方面,青春期在心理性别的强化过程中也起着作用,因为它向社会化主体(比如,父母、同伴、教师)发出了信号:青少年正在迈向成人期,所以他们的举手投足都应该是典型的成年人方式。

在研究早期,弗洛伊德和埃里克森认为个体的生殖器(生理性特征)影响着其心理性别行为,所以,"解剖就是命运"。进化心理学则强调进化适应促成了心理性别的差异(Buss,2000)。进化心理学家认为,在原始社会,男性、女性面对着不同的进化压力,但是人类正在进化中,与生殖相联系的性别差异是造成男女不同的适应问题的主要因素。

进化心理学家最常讨论、并用来支持其观点的行为是性别选择。根据这种观点,性别类型化的特征是通过男性的竞争而得以进化的,它使得强势的男性获得生殖优势。男性寻求的是短期的配偶策略,因为这使得他们通过养育更多的孩子而增加自己的生殖优势。相比之下,女性则花更多的精力抚育孩子,她们选择的配偶是能够为自己的子女提供资源或者保护的人。

在当代进化心理学的观点中,因为男性要和他人竞争以获得女性,所以男性得以进化的潜质是喜欢暴力、竞争、冒险。反之,女性喜好的是能够支持家庭的长期配偶。因此,男性为了获取女性的欢心,就要努力得到比其他男性更多的资源,而女性喜欢的是成功的、有雄心的、能够提供更多资源的男性。

对进化心理学观点进行的批判认为,人类具有改变自己心理性别行为的决策能力,因此,人并不是被禁锢在进化的历史中的。他们同时也强调,性别差异中广泛的跨文化差异以及男性优先的状况,都有力地表明心理性别的差异更主要是受到社会因素的影响,而不是进化的影响。

七、社会因素的影响

很多研究者把心理性别差异的因由定位在男性、女性的社会角色上,而不是生物进化的潜质上。在当今的主流社会中,女性的权力和地位都不及男性,她们控制的资源也比较少。从社会影响观点来看,心理性别的差异以及劳动中的性别分工都是性别差异行为的原因。

(一) 父母的影响

父母通过言传身教对儿童青少年心理性别的发展产生影响。很多研究都证明父母会鼓励自己的子女去做符合特定性别的活动,阻碍他们做不符合孩子性别的活动。由于青少年期的性别强化,于是有差异的性别社会化变得更加明显。在从儿童期向青少年期转化的过程中,父母给予男孩的独立多于女孩,而对女孩性方面的关注可能使父母对她们的行为监控得更加细致,保证她们总是身边有伴。在子女去哪儿、和谁一起玩的问题上,父母对青少年女孩的管教和限制比对男孩要严格得多(McHale et al.,2003)。与有年幼的青少年男孩的家庭相比,有年幼的青少年女孩的家庭在性、朋友的选择、宵禁等方面的冲突更加激烈。另一方面,如果父母对青少年期的儿子进行严格限制,则不利于他们的成长。

父母常常对青少年期的儿子和女儿有不同的期望,特别是在数学和科学这样的学业方面。很多父母认为数学对儿子的未来比对女儿更重要,并且他们的这种信念还影响了青少年对数学成就的价值评估。

社会认知理论对社会因素影响心理性别的形成有极为重要的解释。这一理论强调儿童青少年心理性别的发展是通过观察和模仿心理性别行为而形成的,是通过自己适宜的及不适宜的心理性别行为所得到的奖励和惩罚而形成的。通过在家里、学校、街区和媒体中观察父母、其他成人以及同伴,青少年接触了各种表现男性化和女性化行为的模仿榜样。同时,父母会通过奖励和惩罚对女儿的女性化行为以及儿子的男性化行为进行教导。

近年来,青少年所接触的性别角色榜样中,最主要的变化之一是工作母亲的数量越来越大。今天大多数青少年的母亲至少是在做兼职工作。尽管母亲就业在青少年期并不是什么特别的事,但是它对性别角色的确会有影响,并且这种影响可能会由于儿童青少年的年龄不同而不同。年幼的青少年特别容易使自己与成年人的角色协调一致,所以母亲的角色选择可能对他们关于女性角色的概念和态度有着重要影响。参加工作的母亲所做出的表率,综合了传统女性家庭角色和不太传统的家外活动。

(二) 同伴的影响

父母提供了最早的心理性别行为的区别,但是不久之后同伴就加入了塑造男性化行为和女性化行为的社会化过程中。在儿童中后期,儿童明显地更喜欢和同性同伴在一起。在学校里,操场就好像是"心理性别学校",在这里男孩们彼此教给对方男性化的行为,并进行强化,女孩们也是相似。在青少年期,青少年和同伴在一起的时间越来越多,同伴的赞同或者驳斥,都对心理性别态度和行为产生有力的影响。偏离性别类型标准常常会导致较低的同伴接受性,同伴会嘲笑和疏远那些不按照性别角色期待生活的青少年们,比如,选择吹长笛的男孩,或者身着不时髦的衣服且不化妆的女孩(Pascoe,2007)。但是在一个广泛的正常行为范围内,人们还不清楚对性别类型个性特质的遵从是否就可以很好地预测同伴的接受性。

(三) 学校和教师的影响

在学校方面,研究发现无论是男老师还是女老师,跟学生强调的大多还是传统的性别角色信息。具体来说,老师通常会假设男孩和女孩生来不同,兴趣和能力也不同,所以男孩会更好斗、更喜欢支配,而女孩更安静、更顺从。研究者指出,学校里存在着心理性别歧视,很多教育者并没有意识到心理性别以某些细微的方式渗透到了学校的环境中(Sadker & Sadker, 1986),男孩、女孩可能会由于某些方式而受到不公平的教育。男生与教师的交流比女生多,男生得到教师的注意也比女生多。男生会得到更多的辅导、批评以及赞扬;数学能力强的女生所得到的指导也不及男生多。

有一点值得特别注意的是,有研究者指出,大多数的中学都包含一种独立的、男性化的学习环境,这似乎更适合一般青少年男孩的学习方式,而对青少年女孩则未必。与小学相比,中学提供的是更为非个人化的环境,它更加切合青少年男生的自主取向,而不是青少年女生的关系取向、亲近取向。

(四) 大众传媒的影响

大众传媒所承载的性别角色的信息也对青少年性别角色的发展有着重要影响,对于青少年而言,媒体使用尤其可以促进性别角色认同,这也正是自我认同形成的一个重要方面(Chan et al., 2011)。青少年早期是对电视中的性别角色信息非常敏感的时期。此时青少年会观看越来越多的为成人制作的节目,其中包含了与心理性别相适宜的行为,尤其是异性关系中的行为。电视的世界是高度性别类型化的,它清晰地传达了关于男性、女性的相对权力和相对重要性的信息。青少年观看这类带有性别角色区分的电视节目越多,他们越可能会尊崇传统的性别角色。

在杂志这一媒体平台上,性别角色是一个普遍存在的主题,尤其是那些以青少年女孩为消费主体的杂志。青少年女孩群体中最为流行的杂志几乎总是把所有的页面空间都提供给涉及外表、两性关系、性主题的广告和文章(Joshi et al., 2011)。相比之下,那些在青少年男孩群体中最流行的杂志则更多地关注于体育、电脑游戏、幽默和汽车——很少或几乎不提及改善外表、与女孩交往或其他与性有关的主题。

借助于媒体使用,青少年在一定程度上能够获得并形成"什么是男人""什么是女人"的理念。同时,一些媒体信息还可以帮助青少年学习性爱和浪漫脚本(Eggermont, 2006)——例如,第一次怎么接近潜在的浪漫伴侣,约会时应该做些什么,甚至包括如何接吻等内容。一项针对互联网聊天室中青少年留言的研究发现,尽管聊天室参与者都是非实体的,自我认同信息的交换也能够使他们与自己所选择的对象联袂成双(Subrahmanyam, Greenfield, & Tynes, 2004)。对于所有青少年男孩和女孩来说,性别、性、两性关系是性别认同探索与形成的核心,而这个过程可以通过媒体使用展开。

八、认知因素的影响

认知理论强调青少年是在主动地构建自己的心理性别世界。相关的理论主要有两种:一是认知发展理论,二是心理性别图式理论。

认知发展理论认为,儿童的心理性别类型的形成是在他们发展了性别概念之后开始的,一旦他们开始把自己看成是男性或者女性,他们就会以此为基础来组织自己的世界。青少年期认知发展的标志性特点是形式运算,包括自我反省和理想化。因此,达到青少年期意味着青少年会开始问自己成为一个男人或女人意味着什么,也会开始评判一个人是否符合其文化下的性别期待。一旦青少年能够熟练地反思这些议题,他们便越来越在意自己或者他人是否顺从性别规范。性成熟是促进青少年期性别角色明确的另一个重要原因,因为性成熟会让青少年在社会交往时更加注意到自己和别人的性别。另外,父母和同伴都为遵循性别规范添加了更多的压力。

心理性别图式理论认为,个体的注意和行为由其内部服从于以性别为基础的社会文化标准及定型的动机的指导(Martin & Ruble,2004)。这一理论认为,当个体已经能够依据什么对男性是合适的、什么对女性是合适的来对信息进行编码和组织时,心理性别类型的深化才真正开始。心理性别的图式理论强调对心理性别的主动建构,而且认可是社会决定了什么图式才重要、是社会决定了相关的联系(Rodgers,2000)。在大多数文化中,这些界定包含了一个盘根错节的、与心理性别相联系的网络,它不仅包括直接与男性、女性相关的特征(比如,解剖结构、生殖功能、劳动分工、个性特质),而且还包括相距遥远或者只是在隐喻上相关的特征(比如,形状的棱角或者圆润、月亮的盈亏)。这么多的特征与男性、女性的区分联系在一起可能真是独一无二的。

比如,青少年在准备尝试某种爱好时,除了要弄清楚多种可供选择的可能性中每一种的花费、会不会干扰学习、是放假可以做还是上学时也可以等问题之外,他们也可能会从心理性别的角度来问:"这种爱好是男性的还是女性的?""它和我的性别相配吗?"如果相配,就可能进一步考虑;如果不相配,就拒绝。这一过程中也许青少年并没有在意识上意识到自己的心理性别图式对其爱好选择的决定产生了影响,实际上,在我们日常生活中遇到的很多事情上,我们都没有意识到心理性别图式是如何对自己的行为产生影响的。

九、心理性别与自我认同

如前所述,男孩、女孩的成长受到生物学因素、社会信息以及强化、认知发展等因素的影响,女孩因此被按照性别定型塑造成了具有女性化特质的人,或者使得她们相信自己应该具有女性化的特质,接着,她们就会把自己的自我认同选择限定在遵从这些特质的范围内。所以,她们可能会羞怯地避开需要自我张扬和竞争的那些职业,并且觉得她们必须好好地相夫教子。如果男孩相信自己只有具有男性化定型的特质时才是有价值的,那么他们就会全身心地投入工作,并且贬低社会中人际关系的价值。很显然,我们做出的选择与心理性别的背景是抵触的。

现在越来越多的女性都是通过自己的职业和工作来寻求自我认同的完成,而这些职业传统上看是只能够由男性做的。即使如此,在建立职业自我认同的过程中,比男性更多的女性在这方面遇到了麻烦。原因之一可能是大学对男性的自我发展来说比对女性更为有利,特别是从职业选择和为工作做准备的角度来看更是如此。并且,在女性角色处于变迁的时期,女性在获得自信感和作为女性所特有的价值感方面充满着冲突。然而,鼓励孩子独立的母亲所培养的女儿更可能在家庭之外找到她们的自我认同。父母离婚的中学女生明显比父母未离婚的中学女生更可能形成确定的自我认同。在青少年女孩走向成熟的自我认同的过程中,传统家庭所提供的安全感可能并没有为此提供最佳的环境。

站在传统心理性别定型的角度看,形成成熟自我认同的女性与男性相比很少表现出积极的特质,这主要是由于社会偏见造成的。比如,她们的自尊是四种处于不同自我认同状态的女性中最低的。她们也表现出很高的焦虑,这表明虽然她们通过某一种职业获得了成熟的自我认同,但是这与性别定型的文化期望是对立的,所以她们认识到这一社会教条之后相应地就会出现焦虑感和低自尊。不过随着社会的发展,这一状况已经慢慢地改变了,获得成熟的自我认同的女性已经变得很有自尊了,其表现出的焦虑也减少了(Rice & Dolgin, 2002)。

一些研究表明,男女在自我认同发展的过程、领域和时间表方面所表现出的性别差异减少了,个体之间的差异可能比两性之间的差异还大一些。研究表明,与不进行自我反省的人相比,自我反省能力较强的女性自我认同发展的水平更高(Shain & Farber, 1989);这表明自我认同发展的过程越来越分化的模式与认知发展的相应变化是一致的,反映了思维过程越来越成熟。

一些研究已经表明,女性自我认同的发展道路可能是与男性自我认同的发展道路不同的。女性往往是通过与他人之间的关系来界定自我,而男性则主要是遵循"传统的男性化"路线,通过自己的职业自我来进行自我界定。所以,女性自我认同的发展与男性是不同的,亲密感对女性来说是重要的问题,而对男性则是另外一回事。

十、性别认同障碍

虽然大多数青少年在心理性别的社会化过程中形成和发展了与主流文化所期望的性别定型相符的特征,但是,仍然有少数人走入了另外一条路,他们被认为存在着性别认同障碍。

(一) 性别认同障碍的评估

对性别认同障碍的诊断,标准主要有两方面。对青少年来说,一方面包含了一些特别的愿望和行为,比如像异性那样大小便,或者内心中深信一个人可以拥有异性那样的典型感受或行为反应。另一方面指的是能够使人对自己的生理性别或者性别角色深感不安的特定行为,比如生理结构带来的烦躁不安,或者明显地厌恶同性的活动或服饰。这一标准可以从青少年个体所表现出来的行为或者信念中看到。此外,有性别认同障碍的青少年也必然会有明显的悲伤或者受伤害的表现,他们通常对自我感到不安,因为他们希望成为异性。有性别认同障碍的青少年还会在同性交往技能以及同伴交往方面有缺陷。

在对性别认同障碍进行评估时,研究者们通常采用的方法包括父母报告、行为测量、投射测量等,以便确定个体对心理性别的烦躁不安以及跨性别行为的严重程度(Zucker & Bradley, 1995)。对青少年性别认同障碍的评估至今并没有得到系统地研究,其原因是到临床接受治疗的这类青少年数目相对比较少。这方面比较接近的工作主要是集中于对性别认同障碍与易装癖、恋物癖的区分方面。

(二) 性别认同障碍的表现特点

对性别认同障碍的发病率并没有正式的流行病学的研究,这可能是由于成人性别认同障碍(易性症)的发病率比较低,结果导致人们低估了儿童青少年性别认同障碍的发病率。研究表明,6%的4~5岁男孩和11.8%的4~5岁女孩的言行举止有时候或者经常会像异性一样,并且这当中1.3%的男孩和5.0%女孩有时候或者经常会希望自己变成异性(Sandberg et al., 1993)。然而,从6岁到13岁期间,男孩在这些方面的表现都下降了;对女孩而言,要么是行为方面的表现下降了,要么是愿望方面的表现下降了。

虽然在正常样本中女孩显得比男孩更希望变成异性,但是临床样本却表明男孩与女孩的比率是7∶1。当然这并不能够解释为人口学变量上的性别差异,因为研究中所使用的测量工具可能反映了同伴和成人对男孩、女孩所表现出的异性行为的社会容忍度不同,所以男孩表现出女性化的行为时更容易被认为是不正常的。针对青少年的临床统计表明,青少年男女在这方面的差异并不是太大,其男女比率为1.4∶1。

从与性别认同障碍相联系的心理病理学方面的问题来看,6~11岁的男孩受到的困扰比4~5岁的男孩多;从父母的报告和教师的报告来看,主要是表现为内化的心理病理学问题,而不是外化的心理病理学问题。有性别认同障碍的女孩也表现出相同水平的行为困扰,但是她们的内化心理病理学问题比外化心理病理学问题更为突出。从母亲报告的结果来看,接受临床治疗的性别认同障碍青少年也表现出显著的行为困难,这些问题既包括内化问题,也包括外化问题。

一项对综述文献的元分析表明,儿童期的跨性别行为与男女成年以后的同性恋取向有着非常密切的联系。尽管如此,研究同时也表明,并不是所有成年以后自认为是同性恋的人都回忆自己小时候有过跨性别的行为。这表明性别认同障碍与同性恋之间的关系并不是必然的,并且性别认同障碍也不简单地是同性恋的早期表现。对青少年的追踪研究表明,最初被认为是性别认同障碍的儿童中,到青少年期时,20%的人仍然表现出心理性别方面的烦躁不安(Zucker & Bradley,1995),也就是说,跨性别的行为具有一定的持久性。研究者认为,其原因可能在于父母的容忍,从临床观察中可以看到,与孩子比较小的时候相比,有性别认同障碍的青少年的父母对他们的跨性别行为容忍度更高。

(三) 性别认同障碍的动力模型

研究者提出了理解性别认同障碍的动力模型。研究者首先提出了会导致儿童对自我的不安全感或者焦虑的一般性因素,以及促使儿童想办法解除焦虑的因素。这些有着相互关系的一般性因素包括:先天决定的对压力的反应性,那些会加剧儿童的不安全感的早期依恋困难,以及会增加儿童焦虑的家庭因素或者情景因素。让儿童可能发展出性别认同障碍而不是其他障碍的特定因素是一些动力因素,这些因素在父母方面就是对孩子的跨性别行为的容忍,并且可能在儿童方面也有这种因素(比如,活动水平或者敏感性),它们能够使得跨性别行为更加突出。一旦儿童开始表现出明显的跨性别行为,尤其是如果在儿童的性别认同还没有巩固的时候出现跨性别行为,儿童就可能会形成跨性别认同的自我,它将会起到重要的防御机制的作用,并且很难以放弃,在导致这种情况出现的因素没有改变的情况下,更是如此。显然,这一动力模型还需要实验的检验,只不过它可以作为干预的指导框架(Zucker & Bradley,1995)。

6

青少年的亲子关系

在青少年成长的众多环境中,对于家庭环境的研究最多。多年来,研究者对家庭关系的研究主要集中在父母与青少年之间的亲子关系上,当然,研究青少年与其兄弟姐妹之间关系的文献也在增加。

对青少年期家庭关系变化的研究一直聚焦在亲子冲突上,不过也有大量的研究考察了亲近感和友谊的变化。这些研究大多以 20 世纪 80 年代中前期所提出的理论模型为基础,这些理论是根据青少年在亲近而和谐的亲子关系中寻求个人的个体化的需要来阐述家庭关系的变化的。

这些研究得出了一些普遍的结论。第一,在青少年早期,父母与孩子之间争吵斗嘴的情况确实是增加了,只是关于这种情况发生的原因和时间还没有一致的看法;对此,精神分析学派、认知学派、社会心理学派及进化心理学派都提出了自己的解释。第二,这种温和的冲突的增加伴随着亲近感的下降,特别是父母和青少年在一起共度的时间减少了。第三,发生在亲子关系中的这些变化对父母的心理健康及青少年的心理发展是都有影响的。很多父母都说他们难以适应孩子的个体化表现及谋求自主的努力。第四,青少年早期这种打破平衡的过程过去之后,很典型地伴随着一种新的亲子关系的建立,即争吵减少了、更加平等了、渐趋稳定了。

对家庭背景下青少年社会化的研究是过去十几年极为热门的课题。这一领域的大多数研究都是以这种或那种形式衍生于 Baumrind(1978)最初关于父母对儿童期能力发展影响的研究。这些研究证明,权威型的养育方式与青少年期广泛的心理及社会性优势联系在一起,这与儿童早期及中期的情形一样。

然而,权威型养育方式会对青少年的适应产生影响的观念,在 20 世纪 90 年代受到了几方面的挑战。一些行为遗传学的学者认为,权威型养育方式与青少年适应之间的联系是由于父母的某些基因特质遗传给了孩子。其他人则认为父母对青少年行为和发展的影响并不显著,远不及同伴和媒体的影响那么重要。这些言论遭到了研究者的驳斥,他们指出,行为遗传学的分析存在着概念上的问题,它导致过高估计了共享的基因变异;过高估计了旨在提高父母养育方式有效性及儿童适应能力的实验干预的效果;过高估计了那些表明在儿童期父母所发挥的影响能够影响青少年同伴选择的纵向研究。

看来稳妥的说法是,青少年的发展受到基因、家庭及家庭以外因素的交互作用的影响,并且,想要把青少年适应过程中的各种影响分解为基因和各种环境成分的做法,并不能够解决社会化过程的复杂性的问题。

很多研究者提出的,探讨父母养育方式与青少年适应之间关系的比较一致的研究模式,是考察亲子关系之外的因素如何调节权威型养育方式与青少年的适应。这些研究检验了种族、父亲和母亲之间的一致性、社会网络、街区影响、家庭结构以及同伴团体的调节作用。尽管权威型养育方式与适应之间的普遍联系在各种环境条件中都有发现,但是,权威型养育方式与青少年适应之间关系的强度,却因样本、环境以及所测定的具体内容的不同而不同。

一、亲子之间的交互社会化

很多年以来,青少年的社会化都被看成是一种简单的单向教化的过程。其基本的理念是,儿童和青少年必须接受训练以适应社会,进而,他们必须形成相应的行为。然而,社会化并不仅仅是塑造儿童和青少年使之成为成熟的成人。儿童和青少年并不像是黏土上没有生命的斑点,可以由雕塑家把它磨光。"交互社会化"的过程是儿童和青少年使父母社会化的过程,就像父母使他们社会化一样,或称作亲子间的"相互影响"或"双向影响"。

在发展心理学家探索交互社会化的本质的时候,他们印象最为深刻的是亲子关系中的同步性的重要性(Santrock,2001)。"同步性"是指父母与儿童和青少年之间极为协调的交互作用,在其中,他们常常没有意识到,但实际上是在相互配合对方的行为。在父母与青少年之间的谈判中所出现的转折反映了父母与青少年之间关系的交互性和同步性的本质。在同步性的关系中,父母与青少年之间的交互作用就像跳舞或对话一样,彼此一系列的行动都是协调的。这种协调的舞蹈或对话可能会是完全同步的形式(每一个人的行为都有赖于对方的上一个行为),也可能在更为准确的意义上表现出交互性:彼此的行动可能是一致的,比如模仿对方或一起微笑。

总之,对家庭成员间相互交往的复杂方式的理解,可以通过"家庭系统观"(family systems approach),即要理解家庭的功能,就必须理解家庭内部的每种关系如何影响整个家庭。家庭系统由许多子系统组成。例如,在一个由父母双亲和处于青少年期的孩子组成的家庭中,子系统就是母亲和青少年、父亲和青少年以及父亲和母亲组成的子系统。在非独生子女家庭或家庭关系密切的几代同堂的大家庭中,家庭系统有更为复杂的子系统网络,包括"二元关系"(指两个人之间的关系),也包括三人或三人以上各种可能的组合。

家庭系统观基于两个重要原则:第一,每个子系统都会影响家庭的其他子系统。例如,父母之间冲突水平高,不仅影响他们之间的关系,也会影响他们各自与青少年之间的关系(Bradford et al.,2004;Kan et al.,2008)。

第二,与家庭系统观相关的原则是任何家庭成员或家庭子系统的变化都会造成一段时间的"失衡"(或不平衡),直到家庭系统适应这种变化。当儿童进入青少年期,伴随青少年的发展变化出现大量失衡是正常的,不可避免的。他们经历的重要变化是青春期来临和性成熟,一般会使他们与父母的关系出现失衡。青少年的认知发展也会带来变化,导致失衡,因为青少年认知变化的方式会影响他们对父母的看法。当青少年逐渐成年,由于离家造成的失衡通常会使他们与父母的关系好转(Aquilino, 2006)。他们的父母也在变化,会影响他们与孩子的关系,使之出现失衡(Steinberg & Silk, 2002)。此外,其他在青少年期或初显成人期可能发生的非正常变化也可能是引起失衡的根源,比如,父母离异、青少年自己或父母的心理问题。

在家庭系统中,婚姻关系、养育方式及青少年的行为都可能会对彼此产生直接的和间接的影响。比如,父母的行为对青少年产生的影响是直接的影响,夫妻关系对父母中的一方会采用什么样的方式对待青少年所产生的影响则是间接影响。婚姻冲突可能会减弱养育方式的效能,在这种情况下,婚姻冲突会对青少年的行为产生间接的影响。

在家庭中,个体之间的交互作用是可能变化的,这有赖于是谁在场。在一项调查中,研究者对44名青少年分别与母亲、父亲在一起时(二元系统),以及父母都在场时(三元系统)的情形进行了观察(Gjerde, 1986)。结果发现,父亲在场会改善母子关系,但是母亲在场却会削减父子关系的质量。这可能是父亲通过控制青少年而减轻了母亲的紧张、母亲在场可能减少了父子之间的交互作用,不过这在很多情况下可能并不严重。一项调查发现,儿子在二元情境中针对母亲的负面行为比针对父亲的多。然而,三元关系中,父亲可能会通过对儿子负面行为的控制而"拯救"母亲。

二、亲子关系的建构

发展心理学家对我们在成长过程中如何建构人际关系有浓厚的兴趣。"发展建构观"(developmental construction views)认为,随着个体的成长,他们获得了与他人交往的模式。这种观点有两点最主要的不同:一是强调生命全程中关系的连续性和稳定性,二是强调生命全程中关系的不连续性和变化。

(一) 连续观

连续观强调早期的亲子关系在生命全程中建构与他人的关系的基本方式时所起的作用。这些早期的亲子关系会在发展的后期一直起作用,影响以后的所有关系(比如,与同伴的、朋友的、教师的、恋人的关系)。从极端来看,这种观点强调,社会关系的基本成分在婴儿生命的头一两年就由父母与婴儿的依恋关系的安全感或不安全感决定和形成了。

与父母的亲密关系在青少年的发展中也是很重要的,因为这些关系会起到一种模板作用，随着时间的迁移，一直对新关系的建构产生影响。显然，在儿童和青少年发展过程中，亲密关系不是自己以各种各样的方式在重复。任何关系的质量在一定程度上都会受到与之形成关系的特定个体的影响。然而，在早期已经形成多年的关系的本质，可以从日后与相同的人的关系中、从与其他人形成的关系中看到。因此，父母与青少年的关系的本质并不只是由在青少年期关系中发生的事所决定的。在儿童期与父母的长期关系至少在一定程度上会一直对父母与青少年的关系的本质产生影响。并且，也可以预想到在儿童期与父母的长期关系同样至少在一定程度上会影响青少年同伴关系、友谊及恋爱关系的建立。

有研究支持了这种连续性的观点（Sroufe，Egeland，& Carson，1999）。在对婴儿进行评价之后 15 年，研究发现，过去的依恋关系及早期照料与青少年期的同伴交往能力有关。在对青少年的访谈中发现，在露营活动中形成了配对关系的人，在婴儿期的依恋关系是安全型的。并且，对录像行为的分析发现，有安全依恋史的青少年社会能力更强，这包括了在社会情境中充满信心、能够展示领导能力。对大多数青少年来说，存在着交叠效应，即早期的家庭关系为有效的同伴交往提供了必要的支持，继而又为更为广泛而复杂的同伴关系打下基础。

儿童期与父母交往的经验是如何延续下来并对青少年的发展产生影响的，这一点虽然重要，但是，代际关系也是重要的。由于发展心理学家已经比较接受生命全程观，所以，研究者对几代人之间亲密关系的传递也越来越感兴趣。

处于三代之间的中间一代在社会化过程中尤其重要。比如，对青少年的父母可以从他们与自己的父母的关系的角度进行研究，这种情况下，他们过去和现在都是孩子，也可以从他们与自己处于青少年期的孩子的关系角度进行研究，这种情况下青少年过去和现在都是孩子。生命全程观的理论家指出，青少年的中年父母可能付出多于回报。青少年期的孩子可能到了在教育上需要很大经济支持的时候，而父母由于寿命比过去更长，也可能需要经济支持，以及安慰和亲情。

（二）不连续观

不连续观强调人际关系随时间迁移的发展变化。随着成长，人们形成了很多不同类型的关系，比如，与父母的、与同伴的、与教师的以及与恋人的。这些关系彼此在结构上都是不同的。对于每一种新型的关系，个人都会遇到新的交往模式（Piaget，1932）。比如，皮亚杰认为父母与儿童的关系就完全不同于儿童的同伴关系。亲子关系中更可能是父母对孩子拥有单向的权威。相比之下，同伴关系中每个人更可能是在平等的基础上进行交往。在亲子关系中，由于父母知识多、权威大，因此孩子常常必须学会服从父母定下的规矩。从这一点来看，我们在和权威人物（比如父母及专家）交往时，以及在我们成为权威人物（我们变成父母、教师和专家）时，我们会使用亲子模式。

相比之下，与同伴的关系就有不同的结构，需要不同的交往模式。这种更为平等的模式在日后与恋人、朋友及同事的关系中都是需要的。因为两个同伴知识水平和权威性差不多是一样的(他们的关系是交互性的、对称的),所以儿童会学到一种基于相互影响而形成的交往模式。和同伴一起时,儿童会提出并表达自己的意见,欣赏同伴的观点,合作地协商解决分歧的办法,形成彼此都能够接受的行为标准。因为同伴关系是自发的(而不是像家庭关系那样是无选择的),所以在对称的、共同的、平等的、交互的交往模式中不能驾轻就熟的儿童和青少年,就难以得到同伴的接受。

尽管不连续观并不否认先前的亲密关系(比如,与父母的关系)会延续下来并影响日后的关系,但它强调的是儿童和青少年所遇到的每一种新型的关系(比如,与同伴、朋友及恋人)都需要有不同的结构,以及更为复杂的交往模式。而且,从发展变化的角度看,每一个发展时期对人际关系知识的建构都有独特的影响;生命全程的发展并不只是由婴儿期的关键期或敏感期所决定的。

有纵向研究支持了关于人际关系的不连续观。研究通过观察相互协调的行为,考察儿童中期同伴交往的质量(比如,轮流、分享、目光接触、抚摸,以及它们的持续时间),发现它与16岁时约会的安全感、对恋人的表白及亲密感有关。

三、亲子关系中的亲近感

青少年希望有什么样的父母?研究发现,他们希望父母能够表现出以下三方面的品质(Rice & Dolgin,2002):一是"亲近感"(connection),即在父母和孩子之间有温情的、稳定的、充满爱意的、关注的联系。二是"心理自主"(psychological autonomy),即提出自己的意见的自由、隐私自由、为自己做决定的自由。如果缺乏自主,青少年就容易出现问题行为,难以成长为独立的成人。三是"监控"(regulation),成功的父母会监控和督导孩子的行为,制定约束行为的规矩。监控能够让孩子学会自我控制,帮助他们避开反社会行为。

青少年期望在亲子关系中能够体会到一种亲近感,这可以从以下几方面表现出来:

第一,父母的关怀及帮助。青少年对父母是否关怀他们的判断,是以父母和他们一起度过的时间多少、支持他们的想法及在需要时给予帮助等为依据的。父母给予的积极支持是和与父母及兄弟姐妹关系亲密、高自尊、学业成功以及道德发展水平高联系在一起的。缺乏父母的支持则完全导致负面的影响:低自尊、成绩差、行为异常、反社会行为或犯罪(Herman, Dornbusch, Herron, & Herting, 1997)。

青少年希望得到父母的注意和陪伴。他们特别怨恨只知道叫他们没完没了地写作业的父母,或者是经常不在家的父母。

不过有些父母在陪伴方面做得又太过了。青少年希望有时间和自己的朋友在一起,不希望和父母成为朋友。他们需要成年人的关怀和帮助,而不是成年人像青少年一样的行为举止。研究表明,青少年和他们的父母都认为母亲比父亲更多地参与了对孩子的管教。而且,母亲和父亲都认为自己在管教孩子方面比孩子所认为的做得要好。另一项纵向研究中,青少年和父母都认为在9~12年级间,父母的管教水平下降了——唯一的例外是对成绩的要求没有变化(Paulson & Sputa,1996)。

第二,倾听和共情理解。有些父母对自己处于青少年期的孩子的感受和情绪完全不敏感。他们不清楚孩子在想什么、有什么感受,所以,他们在言行之中就不会把孩子的感受和想法考虑进去。当青少年感到心烦意乱时,他们不知道是怎么回事。这种不敏感导致的一个可能结果:孩子长大的过程中也向父母一样不敏感。孩子自己的感受没有被顾及,所以他们也没有学会考虑别人的感受。不过,年长些的青少年比年幼些的青少年认为父母更有共情(Drevets, Benton, & Bradley, 1996)。

在青少年期,与父母的沟通在一定程度上恶化了。青少年报告说,和以前相比,他们与父母在一起的交流时间减少了。他们很少向父母表露心迹,和父母的沟通常常很困难。缺乏沟通的一个原因也许是很多父母并不倾听孩子的想法、接受他们的意见或试图去理解他们的感受和观点。青少年希望父母以共情的方式和他们交谈,而不是对他们发号施令。研究表明,父母尊重青少年的意见非常有利于家庭气氛和快乐。

当青少年不同意、不接受父母的观念或试图争辩时,有些父母感受到了威胁。以说"我不想讨论这件事"来拒绝对话、中止争辩的父母,也慢慢关闭了感情沟通的大门,会看到愤怒的孩子冲出房间,拒绝理性地讨论,把自己关在房间里生气。

沟通是父母与青少年保持和谐关系的一把钥匙。有些家庭里,家人在一起的时间很少。如果家人想谈话,他们会花足够长的时间在一起;他们也在彼此之间形成了一种开放性。

因此父母和青少年之间的沟通有限,并且他们常常对相同的问题有不同的看法,所以,即使是共情的、关怀的父母也常常意识不到孩子正在经受着的压力。一些研究表明,母亲往往低估了处于青少年期的孩子所经受的压力。因为父母并不能够帮助孩子处理父母并不知道其存在的问题,所以就难怪意识上的差异越大,青少年出的问题就越多。

第三,爱和积极情感。大多数青少年想要父母给予很多的爱和明显的关怀。然而,有时候父母自己就是在不善于表达爱的家庭中长大的,因此,父母很少拥抱他们的孩子,搂住他们或亲吻他们。他们根本不表现自己的温情。这可能会导致两种结果:要么青少年非常渴望爱和关怀,以至于他们成人以后这种需要会变得非常强烈;要么他们自己保持冷冷淡淡,难以对自己的配偶或孩子表现出关怀。青少年强调,他们既需要内在的支持(鼓励、赞赏、和孩子在一起感到高兴、信任及爱),也需要外在的支持(支持的外在表现,比如,拥抱和亲吻、带孩子去吃饭或看电影,以及给孩子买特别的东西)。青少年对父母给予自己的支持的知觉,特别是对内在支持和亲密感的知觉,与青少年的生活满意度呈正相关(Young, Miller, Norton, & Hill, 1995)。

青少年会使用各种策略来吸引他们所渴望的爱。他们会证明彼此信任(通过表现诚实,通过讨论自己做错事的次数)、他们会表现得有礼貌(他们听着,并且不回嘴)、他们会表示关注和关怀(他们恭维父母,帮他们的忙)、他们会表示关爱。年龄稍长的青少年比年龄较小的青少年更多地使用促进相互信任的行为,他们表现更多的关注和关怀。青少年典型地对父亲比较礼貌,而对母亲则示威更多。

第四,接受和赞许。爱的一个重要成分就是无条件接受。表示爱的一种方式就是了解并实实在在地接受青少年的一切。青少年想要知道在父母眼里他们是有价值的、被接受的、受喜欢的。他们也想要父母容忍他们的与众不同和隐私。

父母必须做出努力来表现对孩子的赞许,并充分客观地把孩子看成是一个具备各种品质的人。青少年不希望换取父母的爱的前提是他们自己必须变得完美无缺,他们也不希望在充满限制和不快的气氛中成长。父母与青少年之间的消极感受可能是多种原因造成的。有些孩子一出生就遭到父母的怨恨、拒绝;父母不爱他们,因为父母并不想要生他们。另外一些父母则可能是由于孩子所做的事让他们感到非常困扰,比如,孩子的爱好或穿衣打扮的方式等。

第五,信任。青少年往往会抱怨父母对自己不够信任,他们可能会说:"为什么父母总是害怕我们去干坏事?他们就不能对我们多一点信任吗?"不信任的表现中,最令人恼火的是父母私看孩子的邮件、看他们的日记、偷听他们打电话。比如,父母借口打扫房间、收拾桌子等,想看看孩子们到底在干些什么。

一些父母似乎比别人更加难以信任自己处于青少年期的孩子。这些父母往往把自己的恐惧、焦虑和内疚感投射到青少年身上。最感到恐惧的父母是那些最没有安全感的人,或者自己在成长过程中有困难的人。自身未婚怀孕或生育的母亲最关心的是她们女儿的约会和性行为。大多数青少年都认为父母应该完全信任他们,除非他们做过什么让成年人不信任的事。

研究表明,父母的信任主要是基于他们对青少年的了解的多少,及了解哪些方面。清楚自己孩子每天的活动,会使他们对孩子有更多的信任,而知道孩子过去曾经干过坏事则是另外一回事。青少年每天都自动地向父母讲述他们的日常活动,则使他们在各方面都会得到信任(Kerr, Stattin, & Trost, 1999)。

四、亲子关系中的自主

每个青少年都有一个目标,就是希望他人把自己看作一个自主的成年人。要实现这一目标,青少年就要渐渐地脱离父母,成为一个独立的个体,这一过程中,父母与青少年之间的联系改变了,但是它仍然维持着。青少年在确立个体化的同时,也在和父母建立亲近感。因此,青少年在寻求一种不同的与父母的关系的同时,沟通、关怀及信任仍然保持着。比如,他们形成了新的兴趣爱好、价值观和目标,并且可能形成与父母不同的观点。不过,青少年仍然是家庭的一分子,青少年和父母仍然期望从对方那里得到情感上的关怀。

(一) 行为自主与情感自主

个体化是个体成长过程中的一个基本的组织原则,它包含了个体在与他人的交往关系中建立自我理解和自我认同的不懈努力。在从儿童期向成年期转化的过程中,青少年需要建立一定程度的自主和自我认同,以表现成年人的角色和责任。而对父母仍然太过依赖的青少年不易和同伴建立起令人满意的关系。

自主通常有两个方面的表现:其一是"行为自主",它包括获得足够的独立和自由,在不过于依赖其他人的指导的情况下自行其是。其二是"情感自主",它指的是抛弃儿童期那种在情绪情感上对父母的依赖。研究表明,行为自主这种自己做决策的能力在青少年期有很大的增长(Feldman & Wood, 1994)。青少年期望获得行为自主的方面包括衣着的选择或朋友的选择,但是在另外一些方面,比如规划教育计划,他们会听从父母的指导。青少年希望并且也需要在学会把握自主的同时,父母能慢慢地、一点一点地给予他们相应的行为自主,而不是一股脑儿地抛给他们。如果给予的自由太多、太快,则可能被解释为拒绝。青少年希望获得做选择的权力、发挥自己的独立性、与成年人辩论及承担责任,但是,他们并不想要完全的自由。拥有完全自由的那些青少年之所以担心,是因为他们知道自己不清楚如何去利用这种自由。

青少年期情感自主的转化并不如行为自主那么大,这往往有赖于父母的行为。有些父母一直鼓励过度的依赖。婚姻不愉快的父母有时会转向孩子以获得情感上的满足感,并且变得对孩子过分依赖。如果鼓励孩子依赖性的父母变得要求过分、过多,甚至直到孩子成年期,那么他们会干扰孩子作为成年人的能力。而一些一直受到父母支配的青少年开始接受并且喜欢上这种依赖,结果是青少年期被拖延了。比如,有些青年人在结婚以后更喜欢和父母住在一起,他们可能永远无法建立成熟的社会关系,建立自己选择的职业认同,或形成一个作为独立个体的积极的自我映像。

过度依赖走向相反的极端是离开父母,这样青少年则完全不会依赖父母以得到指导或建议。所以,看来中庸一些比较好。

(二) 亲近感与自主

亲近感与自主乍一看似乎是相互排斥的。你怎么能够既觉得和父母很亲密,又独立于他们呢?然而,大多数的研究者把这两种特质看成是互补的,并且认为最健康的家庭在独立和情感支持之间是平衡的。从这一点来看,存在两种家庭:其一,家庭成员很倚重亲近感——他们花很多时间在一起,想要知道彼此生活的方方面面等;其二则相反,这种家庭中成员之间彼此疏离——没人知道别人每天在干些什么,他们的朋友是谁,他们看重的事是什么。

所以,就青少年和家庭的凝聚力来看,多了未必就好。这在很大程度上也有赖于青少年的年龄和家庭生活处于什么阶段。一般情况下,家庭凝聚力在婚姻的早期阶段是最强的,这时候孩子还很小。孩子喜欢感受到自己是这种很亲密的家庭中的一员。在孩子长大成为青少年之后,大多数家庭的凝聚力就下降了。在孩子羽翼已丰离家远行时,家庭凝聚力(至少与青少年之间的凝聚力)常常是最低潮的时候。

青少年期低水平的家庭凝聚力是由于青少年开始寻求并且得到自主的结果,是由于青少年在寻求个体化的过程中为自己刻画生活蓝图的结果。同时,父母也在为自己创造新生活的过程中越来越疏离孩子,以满足自己的隐私需要。这几方面综合起来就导致了在青少年阶段家庭凝聚力的下降。

进一步从父母和青少年之间的空间距离看,研究也表明,在家中,年长些的青少年在这一点上要大于年纪较小的青少年(Bulcroft,Carmody,& Bulcroft,1996)。这一结论也支持了年长的青少年比年纪小的青少年寻求更多自主和独立以及更多的个人空间的看法。所以,在家庭的不同阶段与家庭的空间距离之间存在着一种清晰的、重要的关系。研究清楚地表明,年长的青少年与父母之间保持的距离平均比年纪小的青少年与父母之间的距离多70%。

要维持家庭功能,需要什么程度的家庭凝聚力?或什么程度的家庭凝聚力会导致家庭功能失调呢?最有效的家庭似乎是,随着孩子的成长,在他们长大为青少年时,高度的家庭凝聚力渐渐地过渡到一种更为平衡的亲密感,这在青少年寻求个体化的过程中会促进其自我认同的建立。

五、亲子关系中的监控

父母借以指导和控制其处于青少年期的孩子的方法是各有千秋的。大体上家庭的控制可分为四种基本模式:一是"独裁型",即父母为青少年做所有的决定;二是"纵容型",青少年在决策上的影响超过父母;三是"权威型",决定由父母和青少年共同做出;四是"反复无常型",控制不一致,有时是独裁型,有时是权威型,有时又是纵容型。每一种方法对青少年会产生什么影响呢?哪一种方法最为有效呢?

其一,独裁型的控制通常既可能导致反叛,也可能导致依赖。青少年被教会不容怀疑地听从父母的要求和决定,不要去尝试自作主张。在这样的环境下,青少年常常会对父母有敌意,深深地怨恨父母的控制和指手画脚,对他们也不太认同。当青少年成功地对父母的权威提出挑战时,他们可能会变得很反叛,有时表现得过分充满攻击性和敌意,尤其是父母在管教苛刻、不公平或毫无爱意地督促他们的时候。所以,在独裁型的家庭中长大的孩子所受到的影响是不同的。温顺者受到威吓,保持依赖;强硬者则反叛。但是,通常情况下,他们都会有情绪障碍和问题。反叛者在可能的情况下会离家而去,有些人甚至走上犯罪道路。

通过惩罚手段来进行控制所产生的影响通常都是负面的。青少年会反抗父母通过苛刻的方式来迫使其完全服从所做出的努力。而且,在使用苛刻体罚的家庭中长大的青少年,通常会模仿其父母的攻击性行为。家庭暴力会引发更多的家里、家外的暴力。在家里遭遇苛刻的处罚与青少年的同伴关系是联系在一起的。社会行为毫无约束的那些青少年,部分地是由于他们模仿父母的攻击行为,在家里模仿好的榜样而学会对行为有所控制的那些青少年,也不太喜欢这些肆无忌惮的青少年。

其二,父母对青少年的监控反映在另一个极端就是纵容型。在这种家庭中,青少年得不到指导,父母对他们也没有限制,并且还希望他们自己拿主意。这种情形产生的影响也会有多种形式。如果被过分溺爱又没有得到恰当的指导,这些被纵容的青少年将难以面对挫折、承担责任、对他人给予应有的关心。他们常常会变得咄咄逼人、自我中心、自私自利,与不会像其父母那样纵容他们的人发生冲突。由于对自己的行为没有约束,他们会感到不安全、迷茫、困惑。如果青少年把父母不对他们加以控制看成是对他们不感兴趣或拒绝,那他们就会因父母不对他们进行指导而责备父母。管教松懈、拒绝及缺乏父母的关怀也与犯罪是联系在一起的。

其三,相对而言,权威型的家庭对青少年产生的影响是最积极的。和青少年交谈是最常用的管教方法,也是这一年龄段最好的方法。父母也鼓励青少年承担个人责任、自己做决定及自主。青少年在听取父母的意见,和父母讨论他们的想法时,也会自己做出决定。青少年也被鼓励逐渐地脱离家庭。因此,其家庭气氛可能就是充满尊重、赞赏、温情、接受及养育方式保持一致的。在这种家庭长大的孩子,无论男女都很少会惹麻烦、犯罪。

其四,父母在管教方式上反复无常,就如同缺乏控制一样,会对青少年产生负面的影响。在管教方式上意见相左的父母更可能报告他们的孩子具有攻击性、自我控制差、不听话。如果孩子缺乏清晰明确的指导,他们就会感到迷惑和不安全。这样的青少年常常出现反社会行为、犯罪行为。他们通过更多的反叛性来反抗父母。父亲似乎比母亲更多地对儿子行使权威,而母亲则比父亲更多地对女儿行使权威。不过,只要父母不公开自己的意见不合,这样也是可以接受的。

此外,有一些父母是非常顽固的。他们相信只有一种方法是对的,并且那就是他们自己的那种方法。这种父母顽固不化,拒绝改变自己的观念和行为反应。他们不会去讨论不同的观点,不允许争论,所以他们与自己处于青少年期的孩子永远不会相互理解。他们希望自己所有的孩子都符合一个模子,最好言行举止、所思所想都一样。他们往往对少数族裔有偏见,或不喜欢与众不同的孩子。

顽固的父母常常是完美主义者,所以他们在大多数事情上对自己处于青少年期的孩子的行为举止吹毛求疵、满腹怨言。其结果是破坏了青少年的自尊,造成难以承受的压力和紧张。很多这样的青少年一路伴随着焦虑长大,总害怕做错什么事或做得不够好。

父母除了定规矩、进行处罚外,他们也对孩子的行为进行监督。成功的父母知道自己的孩子在做什么、去了什么地方、和谁在一起。而且,在青少年认为父母不会知道的情况下,也不会去做惹麻烦的事。这些青少年不太可能从事犯罪行为、过早性行为及吸毒。当然,纵容型的父母花在监督孩子上的时间比独裁型或权威型父母的少。

六、父母的养育方式

实际上,上述亲子关系中父母对孩子的监控从另一个角度来看就是养育方式的问题。

心理学家长期以来都在探索养育方式中能够促进青少年社会能力发展的成分。早期的研究主要关注体罚和心理惩戒之间的区别,或关注独裁型的养育方式与纵容型的养育方式之间的区别。父母希望自己处于青少年期的孩子长大成熟,可是他们在扮演自己作为父母的角色时常常感到很大的挫折。不过,后来研究者对有效养育方式的维度已经有了很准确的认识。

实际上,对养育方式的探讨可以围绕着四个维度来展开:接受性、反应性、要求及控制。上述四种养育方式都可以从这四方面加以描述。

在一项研究中,Baumrind(1991)分析了养育方式与青少年期的社会能力。结果发现,父母的反应性(比如,细致周到及支持)比其他几个因素与青少年社会能力的联系更为密切。而在父母自己有问题行为时(比如,酗酒、婚姻冲突),青少年也很可能出问题,并且社会能力下降。其他的研究也认为,比起权威型的养育方式来,独裁型、纵容型的养育方式都不是有效的策略。

一般来说,权威型父母与积极结果呈正相关,至少以美国人的标准是积极结果。父母为权威型的青少年一般都很独立、自信、富有创造性、善于交际。权威型教养可以帮助青少年发展乐观和自我调整之类的特征,反过来对很多行为都有积极影响(Jackson et al.,2005)。

其他几种父母教养风格都与某些负面结果相关,尽管负面结果的类型因具体的父母教养风格而有所不同(Simons, Conger, & Simons, 2007)。父母为独裁型的青少年依赖性强、被动、喜欢按规矩行事。他们通常不如其他青少年那样自信,不太有创造性,社会适应不太好。纵容型父母的青少年孩子一般不成熟,没有责任感。他们比其他青少年更容易听从同伴的指令。忽视型父母的青少年孩子一般都容易冲动。一方面由于他们的冲动性;另一方面也是因为忽视型父母很少监控孩子的活动,因此他们出现问题行为的可能性更高,如违法犯罪、过早性行为、吸毒和酗酒。

此外,值得特别注意的是,权威型父母最明显的特点是他们并不依赖父母角色的权威性让孩子听从他们的要求和指导。他们并不是简单地制定法则让孩子去遵守。相反,权威型父母向孩子解释要这样做的原因,并对如何指导孩子的行为进行讨论。但在西方以外的其他文化中,这是青少年社会化的一个极其少见的方法。在传统文化中,父母期望他们的权威被服从,不需要提出疑问,不需要进行解释(LeVine & New, 2008)。

在西方文化以外的,不仅是非工业化传统文化中,而且在工业化的传统文化中,情况都是如此,最明显的是在亚洲,如中国、日本、越南和韩国。亚洲文化中有子女的孝道,意思是说孩子整个一生中都要尊重、服从并尊敬父母。在其他传统文化中,父母的角色也比西方承载着更多的与生俱来的权威。父母对为什么应该受到尊重和服从不需要给出理由。他们是父母,孩子就是孩子,这个简单的事实是他们要被看作权威的充分理由。

传统文化中的父母要求性高,他们对孩子的要求性通常带有比西方更典型、更不可妥协的特点。同时,非工业化传统文化中的父母和青少年通常会建立一种在西方家庭中几乎不可能有的亲密感,因为他们朝夕相处、相互支持(男孩与父亲、女孩与母亲),这种方式在工业化社会的经济结构中是很难做到的。在亚洲这样的工业化传统文化中,父母和青少年也会保持这种强烈的亲密感,他们相互依赖、共同参与活动和履行各自的义务(Hardaway & Fuligni,2006)。

Baumrind(1987)认识到要把传统文化考虑进养育方式分类中去,相应地,她提出"传统型养育方式"(traditional parenting style)一词来描述传统文化中典型的养育方式类型,这种类型的父母反应性高,要求性高,并不鼓励讨论和争辩,而是期待文化信仰支持父母角色具有天然的权威性得到孩子的服从。

关于养育方式,有几点值得注意的是:第一,养育方式并不一定代表了交互社会化及同步性的主题。要记住的是,青少年对其父母进行的社会化,正如父母对他们的社会化一样。第二,很多父母使用多种养育方式,而不仅仅使用单一的方式,只是某一种方式可能是起主导作用的。尽管专家提倡的是一致的养育方式,但是,聪明的父母可能会觉得在某些场合可以宽容一些,另一些场合可以表现得独裁些,而一些场合可以是权威型的。

七、自主与亲子依恋

青少年在成功地适应社会的过程中依恋和自主具有特殊的重要性。青少年和他们的父母生活在一个相互协调的世界中,这一世界包含了自主和依恋。

(一)自主的获取

青少年的自主不是在各种行为中一致表现出来的单一个性维度。比如,在一项调查中,中学生被问及 25 个与从家庭中独立有关的问题(Psathas,1957)。通过分析,提出了青少年自主的四个典型模式。其一被称为"户外活动的容忍度",例如,"你必须向父母解释你的钱是怎么花的吗?"其二是"年龄相关活动的容忍度",例如,"你父母帮你买衣服吗?"其三是"父母对意见的尊重",例如,"在家里讨论问题时,你父母鼓励你发表自己的意见吗?"第四是"有身份地位含义的活动",例如,父母对职业选择的影响。

青少年期所特有的独立性的增长,被一些父母认为是反叛,但是,在很多情况下,青少年对自主的争取却与他们对父母的感情没有任何的关系。心理气氛健康的家庭都会适应青少年对自主的追求,他们以更为成人化的方式来对待青少年,并让他们更多地参与家庭的决策。心理气氛不够健康的家庭常常保留的是父母权力主导的控制方式,并且父母在与孩子的关系中基本上就是采取独裁的姿态。针对我国青少年的研究发现,我国城乡青少年对父母权威的认同程度较高,而期望获得行为自主的年龄较晚;青少年对父母权威的认同程度越高,对与父母发生分歧的接受性越高,其与父母的关系越亲密;那些期望在较晚年龄获得行为自主的青少年,与父亲的冲突较多,但与母亲较亲密(张文新,王美萍,Fuligni,2006)。

然而,重要的是要认识到父母的控制会表现为不同的方式。一项研究发现,青少年的适应程度有赖于父母所采用的控制方式的类型。"心理操控"(psychological manipulation)和"强加内疚感"(imposition of guilt)的控制方式与低水平的青少年社会适应状况相联系;父母了解孩子的活动、努力控制其异常举止,以及不苛刻的控制方式,与青少年较好的适应相联系。

对很多父母来说,青少年对自主的要求及责任感引发了困扰和冲突。通常,这些父母在青少年寻求自主和个人责任感的时候,其强烈的愿望就是采取更为强硬的控制。紧跟着可能就是火爆的情绪反应,并伴随相互叫骂、威胁,以及做任何看来有助于获得控制的事。父母可能会变得很有挫折感,因为他们期望自己的孩子留意他们的建议、期望孩子愿意花时间和家人在一起、期望孩子长大成熟懂得做什么才是对的。为此,他们会先想到孩子可能在适应青少年期所带来的变化时会有一些困难,但是,很少有父母能够准确想像和预测到青少年希望和同伴在一起的愿望的强烈程度,以及孩子是多么希望表明是他们自己而不是父母对其成功或失败负有责任。

对自主而言,尤为重要的一个方面是"情感自主",指的是青少年放弃儿童那样的对父母的依赖。在发展情感自主的过程中,青少年渐渐地对父母"去理想化",把父母看成是普通人,而不是具有养育角色的人物,他们对父母直接情感支持的依赖变得越来越少。

总之,在青少年期,成年人通过对青少年的愿望做出的适当反应,使得他们获得了自主及控制自己行为的能力。在青少年期刚刚开始的时候,一般人并不清楚怎么为生活中的各种问题做决定。在青少年努力寻求自主时,聪明的成年人会在青少年能够做出合理决定的领域放弃对他们的控制,并继续在青少年还不太清楚的领域对他们进行指导。逐渐地,青少年会获得自己做出成熟决定的能力。

(二)依恋的延续

值得注意的是,青少年并不是简单地脱离父母的影响而进入一个独立决策的世界。在他们获得越来越多的自主的时候,仍然对父母有所依恋是其心理健康的表现。

依恋理论家,比如,英国的Bowlby(1989)和美国的Ainsworth(1979),都认为婴儿期安全的依恋是儿童社会性发展的核心。在安全的依恋中,婴儿把照料者,通常是母亲,作为其探索环境的安全港。安全依恋在理论上被认为是以后儿童期、青少年期及成年期心理发展的一个重要基础。在不安全依恋中,婴儿要么回避照料者,要么对其表现出很大的抗拒,要么是一种矛盾的表现。不安全依恋在理论上被认为与日后发展过程中的人际关系困难和问题有关。

安全依恋与青少年期的相关概念(比如,与父母的亲近感)之间的关系的研究表明,青少年对父母的安全依恋会促进青少年的社会能力及幸福感,这些都可以反映在自尊、情绪调节和身体健康等方面(Cooper, Shaver, & Collins, 1998)。一些研究发现,有安全依恋的青少年其涉足问题行为的可能性比较小。另一些研究表明,对母亲及父亲的安全依恋都与青少年的同伴关系及友谊有正相关。

很多研究在评估青少年期的安全依恋和不安全依恋时,使用的是"成人依恋访谈"(adult attachment interview,AAI)。它测查的是个人对重要的依恋关系的记忆。基于此,可以把"安全-自主"型的人(其在婴儿期属于安全依恋的)分离出来,或者确定个体是属于三种不安全依恋中的哪一种:

其一是回避型的依恋,在这种不安全依恋关系中,个体无视依恋的重要性,它与依恋需要被照料者拒绝的经验有关。这种依恋关系的一个可能的结果是父母和青少年都远离对方,从而减少了父母的影响。研究表明,这种依恋与青少年的暴力和攻击行为有关。

其二是矛盾型的依恋,在这种不安全依恋中,青少年过分注重依恋经验,这主要是由于青少年并不总是能够接近父母而导致的结果。它可能会引致高度的"依恋寻求"行为,并且伴随着愤怒的情绪。在这种依恋关系中,父母和青少年之间的冲突太高了,不利于青少年的健康发展。

其三是混乱型的依恋,在这种不安全依恋中,青少年的恐惧水平异常高,并且可能迷失方向。这可能主要是由于父母去世或受父母虐待等创伤经验引起的。

研究表明,对父亲有安全依恋感的青少年觉得自己有能力,与他人相处融洽。他们在学校表现不错,自尊较高,不太可能沾惹问题行为(Noom, Dekovic, & Meeus, 1999),并且也不太可能陷入抑郁(Kenny, Lomax, Brabeck, & Fife, 1998)。安全依恋的青少年与不安全依恋的青少年之间的差异,在他们感受到压力时表现得最突出。

在青少年的自主及与家庭的亲近感之间,存在的是一种转化的特征。在一项研究中,220名10岁到18岁的中产阶级青少年都配以寻呼机,研究者随机选择时间进行呼叫,然后青少年就报告他们和谁在一起,他们在干什么,以及他们的感觉怎么样(Larson et al., 1996)。结果发现,青少年与家人一起度过的时间从10岁时的35%减少至18岁时的14%,这提示我们随着年龄的增长,青少年的自主增加了。然而,随着年龄增长,家庭的亲近感也是明显地增加了,更多的家庭谈话会涉及人际关系问题,对女孩而言尤其如此。随着青少年长大,他们更可能把自己看成是交往中的主导者。并且,年长一些的青少年在家庭关系中对家人的积极感受也增加了,而这在青少年期的早期是下降的。

在婴儿期和青少年期,如果孩子们觉得与父母很亲密,自信拥有父母的爱与关心,他们在成长过程中能形成一种自主的健康的感觉。安全型依恋不会促使青少年延长对父母的依赖,而是给孩子自信心走向外部世界,把依恋对象当作"探索外部世界的安全基地"。自主性强、自信的青少年一般都报告与父母很亲密、感情深厚(Becker-Stoll et al.,2008)。在青少年期很难建立自主性的青少年,与父母的亲近感很难维持在健康水平。自主性和亲近感之间的不平衡(如某一个方面很少,或两者都很少)与各种消极结果相关,如心理问题和吸毒。

总之,在青少年探索一个更为宽广而复杂的社会世界时,父母是重要的依恋对象、资源及支持系统。在大多数家庭中,父母与青少年之间的冲突并不太严重,只是中等水平,而且每天的谈判和小争端都是正常的,它对促进独立和自我认同的发展有积极的作用。

八、亲子冲突

人们通常有一种看法认为,有一道鸿沟,即所谓的代沟,把父母和青少年分割开了——也就是说,在青少年期,青少年的价值观和态度变得越来越远离父母的价值观和态度。在很大程度上,代沟是一种刻板印象。比如,大多数青少年与他们的父母对努力工作的意义、成就及职业期望等都有相似的看法。他们也常常有相似的宗教信仰和政治信仰。实际上,只有少数青少年(也许在 20%~25%之间)与父母有较为激烈的冲突,但是绝大多数冲突的程度都是中等的或较低的(方晓义,张锦涛,刘钊,2003;王美萍,张文新,2007)。

(一) 亲子冲突的特点

在青少年早期,父母与青少年之间的冲突开始逐渐增加,超过之前父母与儿童之间的冲突(Smetana et al.,2003)。这种增长可能是由很多包括在青少年的成熟和父母的成熟中的因素造成的,比如,青春期的生理变化、思维变化中反映出来的理想主义、逻辑推理、与独立和自我认同有关的社会性变化、对父母期望的违背以及与父母中年期联系在一起的生理、认知和社会性方面的变化。研究也表明,与青少年期之前相比较,父母的冲突在青少年早期急剧增加,持续几年都保持高水平之后,在青少年期后期减少。国内的研究发现,青少年母亲支持高于父亲支持,母子冲突高于父子冲突,随年级升高,父母支持减少,亲子冲突增多(刘海娇,田录梅,王姝琼,张文新,2011)。

尽管与父母的冲突在青少年早期增加了,但是它并没有达到 20 世纪初斯坦利·霍尔(Stanley Hall)所描述的那种严重程度(Holmbeck,1996)。相反,很多冲突是反映在家庭生活的日常琐事中的,比如,要保持房间干净、穿衣要整洁、在规定时间之前回家、不要没完没了地打电话、上网等。而像吸毒和青少年犯罪这样的严重问题,很少会发生冲突。

在一项对大量的社会关系中的冲突进行的研究中,研究者发现青少年与母亲的不一致多于其他任何人——排在后面的依次是朋友、恋人、兄弟姐妹、父亲、其他成人及同伴(Laursen,1995)。另一项是对64名高中一年级学生的研究,在为期三周的时间内,研究者随机挑选三个晚上在家里对这些学生进行访谈。研究者要求青少年谈谈前一天晚上的事,包括他们与父母发生的任何冲突。在此,冲突被界定为"你嘲笑父母或父母嘲笑你;你和父母意见相左;你们其中一方对对方感到愤怒;你和父母发生争吵或争论;你们其中一方打了对方"。在对这64名青少年192天的追访中,每名青少年平均和父母发生了68次争论。这意味着每天平均和父母有0.35次争论或者说每三天有一次争论。这些争论平均长度为11分钟。大多数的争论是和母亲发生的,并且大多是在母女之间。

此外,冲突激烈也是某些父母与青少年的关系的特征。据估计,在大约20%的家庭中,父母和青少年之间会进行漫长的、剧烈的、反复的、不健康的冲突。尽管这一数字反映的只是少数青少年,但是它也表明有几百万的家庭遇到了严重的、剧烈的亲子冲突。并且,这种漫长的、剧烈的冲突是和大量的青少年问题联系在一起的——离家出走、青少年犯罪、辍学率、怀孕及早婚、加入宗教崇拜组织、吸毒等。

尽管一些情况下这些问题是由父母与青少年之间剧烈而漫长的冲突所引起的,而在另一些情况下,问题可能在青少年期开始以前就已经留下了根源。只是由于儿童身体上比父母弱小得多,父母能够压制反抗行为。但是到了青少年期,身形及力量的增加就可能使青少年无视或对抗父母的要求。

研究者相信,如果考虑到青少年正在变化的社会认知能力,就能够较好地理解父母与青少年之间的冲突(Smetana,1988)。该研究发现,父母与青少年之间的冲突与他们在提出有争议的问题时的方式有不同的联系。比如,就父母不喜欢孩子穿衣打扮的方式这一问题来看。青少年常常把这一问题看成是个人问题("这是我的身体,我想怎么做就怎么做"),而父母往往从更广的意义上来看这一问题("要看到,我们是一家人,你是其中一分子。你有责任为我们而穿得合适点")。很多这样的问题穿插在父母与青少年的生活中,比如,保持房间干净、宵禁、朋友的选择等。在青少年越长越大时,他们更可能从更广的意义上来看待父母的观点和这些问题。

(二) 冲突的焦点

在青少年与父母发生冲突时,他们是为了什么?亲子冲突的焦点是什么呢?研究发现,亲子之间一旦发生冲突,其焦点可能集中在以下五个方面(Laursen,1995)。

(1) 社会生活和习俗。青少年的社会生活和他们所看到的社会习俗可能比其他方面更容易与父母发生冲突。这当中通常最容易出现摩擦的有:朋友或恋人的选择;可以外出多久;外出可以到什么地方,可以参加什么类型的活动;宵禁的时间;什么时候可以约会、开车或参加某些活动;谈恋爱、衣服和发型的选择。父母抱怨最多的是孩子不回家,不花时间和家人在一起。

(2) 责任感。在青少年显得不负责任时,父母是最为恼火的。父母希望孩子在以下方面负起责任:做家务;挣钱和花钱;注意自己的财物、衣服和房间;开家里的车;打电话;为外人做事;家庭财产的使用(家具、工具、器材等)。

(3) 学校。青少年的学校成绩、在学校的行为以及对学校的态度,都会引起父母的很多注意。父母特别关心的问题是:学校成绩和水平;学习习惯和家庭作业;正常出勤;对学校学习和教师的基本态度;在校行为。有时,给青少年的学习压力太大,则会导致低自尊、异常举动以及在实现家庭设定的目标过程中产生失败感。

(4) 家庭关系。这方面的冲突来自以下几点:不成熟的行为;对父母的一般态度和尊重水平;和兄弟姐妹吵架;与亲戚的关系,特别是在家里与老年祖父母的关系;依赖家庭的程度或从家里要求自主的多少。

(5) 价值观和道德。这方面父母尤其关心的是:酗酒、抽烟、吸毒;语言和言语;基本的诚实;性行为;遵守法律,少惹麻烦;去教堂。父母特别担心青少年的性行为。有趣的是,母女关系的质量是女儿性经验的最好预测变量:女儿和母亲的关系越融洽,发生婚前性行为的可能性越小。

冲突通常发生在人们的期望被违背的时候。在青少年期,尤其可能发生这种情况,因为青少年变化很快(因此,父母的期望可能跟不上了),也因为青少年对自己的成熟度和能力的看法不稳定。青少年期望获得自主的时间比父母所认为合适的时间要早,这也许是因为他们觉得自己比实际的年龄要大。

应该指出的是,在某些文化背景中的冲突比在其他的文化背景中小。研究者对印度中产阶级的青少年及其家庭进行的为期六个月的研究观察到,在印度,父母与青少年之间似乎不存在冲突,并且,很多家庭按照鲍姆林德的概念体系都可能被认为是"独裁型"的。研究同时观察到,印度青少年不会经历一个脱离父母的过程,并且父母会为年轻人选择他们的配偶。由此可见,亲子冲突的问题存在着文化差异。

九、影响亲子冲突的因素

青少年与父母之间之所以发生冲突,这既受到他们个性特点的影响,又会受到性别、年龄及家庭环境方面特点的影响。

(一) 个性差异

父母与青少年的误解会来自成年人与年轻人的两种不同个性类型。父母由于多年的经验积累会站在一个居高临下的位置,认为年轻人没有责任感、鲁莽、天真,甚至在面对机会而无法抓住时也不明白自己的懵懂无知。父母担心孩子出事故、受伤害、违法乱纪。青少年则认为父母谨慎有余、担心过分。

中年父母常常把今天的青少年及其生活方式与他们自己的过去进行比较。父母常常会受到"文化滞后"的困扰——这使他们无助和显得有点孤陋寡闻。青少年有一种倾向就是泛化父母作为教育者的无能为力,并开始质疑他们的可信度。事实上,有证据表明青少年不得不对父母进行社会化,为他们带来最新的时代观念。

父母也会变得对人性有点愤世嫉俗,对改变世界及世人的努力有点幻灭感;他们会现实地接受某些现状。青少年却很理想化,对接受现状的成年人没有耐心。他们想在一夜之间改变世界,当父母不同意他们的"正义"举动时,他们会变得恼怒。

青少年对成年人也会变得警惕,主要是因为他们认为大多数成年人太喜欢批评人,而不是去理解他们。青少年觉得自己有很好的想法,有些事情知道得比父母还多,并且,因为他们想变得成熟,所以可能会嘲笑父母的建议或想法。成年人对批评和拒绝则报以愤怒和伤害。

某些成年人对年龄的增长过于敏感。因为他们讨厌被认为变老了,所以他们更加关心如何保持青春。如果父母走极端,把这种不安全感带到衣着和行为中,那么他们仅仅是引起了自己孩子尴尬的羞辱,以及其他青少年的嘲笑。

最后,成年人对与年龄相符的行为的看法,常常比青少年的想法更为死板。由于年龄和经验的影响,成年人往往更注意与年龄相符,注意社会压力。青少年则更容忍违背年龄标准的做法,部分原因是社会变化太快了。如果父母和青少年彼此都从带有偏见的角度来看对方,这无助于他们相互理解。

(二) 性别及年龄

青少年的性别本身似乎并不会对家庭内的冲突产生很大的影响,不过它与青少年的年龄以及父母性别的交互作用会导致不同的冲突模式。在青少年早期,女孩就经常和父亲发生争吵,而男孩主要是在青少年后期和父亲争吵(Comstock,1994)。

青少年与母亲发生冲突的类型不同于与父亲的冲突,因为他们往往有不同类型的关系。青少年很典型地认为父亲的权威多于母亲,再加上他们与母亲在一起的时间更多,所以他们和母亲的争论就更多。但是,冲突并不意味着不喜欢或缺乏亲密感。和父亲相比,大多数青少年都觉得和母亲更为亲密,更能够开放地和母亲进行沟通,并且母亲对青少年的影响也更大。

随着青少年年龄的增长,他们越来越认可父母,争吵也越来越少。孩子到十八九岁时,父母通常会给予他们想要的自主和自由。而早些时候,在青少年中期,尤其是在青少年早期,冲突则非常可能发生。在这一年龄段,青少年所要求的自由可能是父母认为不合适的,他们也想摆脱父母认为他们应该承担的责任。一项元分析研究进一步确认了这种趋势:在整个青少年期,冲突的发生率呈下降的趋势。然而,随着青少年的成熟,所发生的冲突则更为剧烈、带有更多的情感色彩。

(三) 家庭环境

家庭气氛会对冲突产生影响。各种类型的冲突往往是发生在独裁型的家庭,而不是民主型的家庭。在独裁型的家庭中,在花钱、社会生活、户外活动及家务活方面,会有更多的冲突。父母之间的冲突也会影响家庭气氛,对青少年产生有害的影响。父母与青少年之间的冲突水平,部分地决定于家庭环境。充满温情和支持的家庭气氛会使双方就分歧进行成功的谈判,因而有助于把冲突降到中等以下的水平。然而,在敌意和强制的条件下,父母和青少年不可能解决分歧,冲突会演变至失控的水平。

家庭的社会经济地位是影响冲突的另一个因素。社会经济地位低的家庭往往更加关注的是服从、礼貌和尊重,而中产阶级家庭则更关心发展独立性和创造性。社会经济地位低的家庭也可能更关心孩子不要在学校惹麻烦;中产阶级家庭的父母则更关心学习成绩。

孩子成长的总体环境会决定父母所担忧的问题。如果青少年成长的时代充斥着犯罪或毒品,那么父母就会比较关心这些问题。

父母对青少年行为的不同反应,影响着冲突的内容和焦点。有些父母只是关心少数几个问题,而另一些则对孩子的所有行为都很不满。

家庭规模也是一个重要的变量,至少在中产阶级家庭是这样。中产阶级家庭的规模越大,父母与青少年的冲突的程度就越大,父母越是经常利用强力对青少年进行控制。

另一个影响冲突的因素是父母的工作负担。在父母都感到有压力时,青少年期的冲突是最大的。当父亲和母亲都由于工作而有压力时,更是如此。在父母两人都必须工作以维持家计时,父母对青少年的注意和监督就减少了。这种必要的监督的减少,是某些家庭出问题的主要原因。有些父母尽管两人都工作,但在养育孩子方面做得很出色;而有些父母实际上差不多完全忽视了其养育责任,对孩子也任其自己照料自己。

(四) 文化

各种文化中父母与青少年之间的冲突并不具典型性。在传统文化中,父母和青少年很少会发生频繁琐碎的小冲突,但这种小冲突在美国主流文化中却很典型。亲子冲突也有经济上的原因。在传统文化中,家庭成员在经济上互相依赖。在许多文化中,家庭成员每天有大量时间一起度过,在家庭作坊中一起度过。儿童和青少年依靠父母来获取生活必需品,父母依靠孩子贡献劳动力,所有的家庭成员通常都要相互帮助、相互扶持。在这种情况下,家庭成员在经济上相互依赖,因此保持家庭和谐很重要。

在传统文化中,父母和青少年之间的冲突水平更低,不仅仅是经济上的和日常生活结构的原因。父母和青少年之间冲突水平较低,不仅存在于非工业化传统文化中,也存在于工业化程度高的传统文化之中,如日本、韩国以及亚裔美国人和拉丁裔美国人文化,美国社会也有这种现象(Calzada et al.,2010)。这一点表明比经济更重要的原因是关于父母权威以及青少年独立性的适当程度的文化信仰。

传统文化中父母角色比西方文化中带有更大的权威性,因此这些文化中的青少年不太可能向父母表示不同意和不满。这并不意味着传统文化中的青少年有时候也想要抗拒或公然反抗父母的权威(Phinney et al.,2005)。在有些文化中,父母和其他年长者的地位和权威被教给青少年,并以直接或间接的方式不断强调,在这种文化中成长的青少年,在青少年期不太可能质疑父母的权威。这样的质疑并不是关于世界及世界应该是什么方式的文化信仰的一部分。即使不同意父母的意见,他们也会因为自己的责任和对父母表示尊重而不表达出来(Kapadia,2008)。

理解传统文化中父母与青少年的关系时最关键的一点是,独立性对西方青少年来说非常重要,在非西方文化中并没有受到如此推崇。在西方,虽然我们看到的,调整青少年自主性增加的步调通常是父母与青少年之间冲突的来源,但是西方父母和青少年一致认为独立性是青少年进入成年期的终极目的(Aquilino,2006)。

西方之外的其他文化中,独立性并没有被看成是青少年发展的结果。在经济、社会,甚至心理上,家庭成员之间的相互依赖比独立性更重要,不仅是在青少年期,整个成年期也是如此(Markus & Kitayama,2003;Phinney et al.,2005)。传统文化中家庭成员在经济上互相依赖,因此独立性被认为是以自我为中心,也会鲁莽得不可思议。青少年期自主性的大大增加,为西方青少年在个人主义文化中的成年生活做好了准备。在传统文化中,学会压抑自己的不同意见,屈服于父母的权威,也可以让青少年为成年生活做好准备,相互依赖是最重要的价值观,在家庭等级制里,人的一生中每个阶段都被明确地指派了一个角色和职责。

十、亲子双方的成熟

青少年在从儿童期向成年期过渡的过程中变化着,同时父母在自己的成人岁月中也发生着变化。

(一) 青少年的变化

在青少年身上发生的、能够对其与父母之间的关系产生影响的各种变化主要有:青春期发育;逻辑推理的扩展;更加理想化的思想;反叛的想法;学校、同伴、友谊、约会的变化,以及走向独立。一些调查已经表明,父母与青少年之间的冲突,特别是母亲和儿子之间的冲突,在青春期发展到顶峰时,是最具有压力的。

从认知变化来看,青少年能够比儿童更有逻辑性地与父母进行交流。在儿童期,父母可能只需要说:"好了。就这样。就照我说的做吧。"儿童就会言听计从。但是,在认知技能增加之后,青少年不再可能接受这样的要求,把它作为服从父母指示的理由。青少年想知道,并且常常是希望很详细地知道他们为什么受处罚。甚至在父母提出了看似有逻辑的处罚理由时,青少年的认知复杂性也会让他们注意到其中的纰漏。这种冗长的来回交锋通常不是儿童与父母之间关系的特征,但是在青少年与父母之间的关系中却屡见不鲜。

此外,青少年不断增长的理想化思想也在其与父母的关系中产生影响。青少年会对眼前的父母加以评价,同时,他们也会思索理想的父母是什么样的。与父母实实在在的关系不可避免地会有一些负面的内容及遗憾,青少年把它排到了理想化的父母的后面。并且,由于其自我中心的影响,青少年对其他人如何看待自己的那种关注也可能使他们对父母的评价表现得反应过度。母亲可能会对处于青少年期的女儿说她应该换一件新的上衣了。女儿可能就回嘴说:"怎么啦? 你觉得我没品位? 你觉得我粗俗,是吗? 你才粗俗呢!"在早几年的儿童期晚期,母亲同样的话引起的反应就不会太激烈。

在青少年变化着的认知世界中,另一个与亲子关系有关的维度是父母与青少年对彼此的期望。青少年期之前的儿童往往很听话,好管理。在他们进入青春期时,就开始质疑父母的要求,或探寻其合理性。父母可能会把这种行为看成是对抗和反叛,因为它偏离了孩子先前言听计从的行为。父母常常会对这种不听话的行为施加更大的压力。在这种情况下,发展变化相对比较慢的时期所维持的那种稳定期望,就会开始落后于快速变化的青春期的青少年行为。

青少年的世界中,对亲子关系有影响的维度是什么呢? 那是青少年期带来的、对社会认可行为的重新界定。在我们的社会,这种新定义与学校的转化有关——从小学转入中学。青少年必须生活在一个有更多互不认识的人的更大环境中,也有更多各种各样的教师。要做的作业更多了,要成功适应这种生活,就必须有更多的主动性和责任感。学校不是惟一影响青少年与父母关系的社会场合。青少年与同伴一起度过的时间比他们还是儿童时多了,他们形成的友谊也比儿童期更为负责。青少年对独立的要求变得更为强烈。总之,父母应该适应青少年在学校转化、同伴关系及自主需求方面的变化。

(二) 父母的变化

在父母方面,与处于青少年期的孩子之间的关系会受到以下变化的影响,包括:婚姻满意度、经济负担、事业回顾及时间透视、对健康及身体的关注。在孩子是青少年时,父母对婚姻的不满度高于孩子是儿童或成人的时候,这是一项对 7000 对夫妻进行的纵向研究所得出的结论(Benin,1997)。此外,在养育青少年的过程中,父母觉得经济负担更重。也是在这一时期,父母可能对他们自己的事业成就进行重新评估,看看是否实现了年轻时的事业追求。他们可能会展望未来,思考自己还有多少时间来完成自己未竟的理想。然而,青少年对未来则是充满乐观主义,觉得自己有足够的时间去实现自己的愿望。青少年的父母也开始非常关注健康状况,以及身体形象和性吸引力。即使在他们的身体和性吸引力没有受损的情况下,很多青少年的父母也认为不行了。相比之下,青少年在身体吸引力、力量及健康方面则已经或开始达到顶峰。尽管青少年和他们的父母都很关注自己的身体,但青少年对自己身体的看法可能是更积极的。

在一项对中年父母及其青少年子女的研究中,父母的中年关注与其青少年子女的青春期发展之间的关系,不能简单地说成是积极的、消极的或者没关系(MacDermid & Crouter,1995)。随着青少年子女在青春期的进一步发展,父母的中年关注在减少。中年期配偶的支持成了一个重要因素,可以帮助父母面对青少年子女的青春期变化所带来的挑战。

青少年的父母身上所发生的上述变化构成了成年中期发展的典型特征。大多数青少年的父母要么处于成年中期,要么正在很快地接近成年中期。然而,在过去的几十年中,在何时为人父母上,也发生了一些巨大的变化。与过去相比,某些人更早地当上了父母,对另一些人来说,则是推后了。一方面,在20世纪80年代,青少年怀孕的数目大大增加了;另一方面,推迟至三十多岁、四十岁出头才生孩子的妇女也相应地增加了。

在青少年期就当上爸爸妈妈,与推迟15至30年才做父母,两者之间有很大的差别。推迟生育为在职业和教育方面获得长足发展创造了条件。对男性和女性都一样,这时候他们一般都完成了教育,事业发展也打下了很好的基础。

婚姻关系也与成为父母的时间有不同的联系。一项调查对在二十多岁就养育孩子的夫妇与三十岁出头才生孩子的夫妇进行了对比,结果发现后者关系更为平等,并且丈夫也更多地参与照料孩子及做家务(Walter,1986)。

在父母迟至三四十岁才生育孩子的家庭中,亲子关系是否与众不同呢?研究者发现,与年轻的父亲比,年龄较大时才做父亲的人更有温情,能更好地沟通,更加鼓励孩子获取成就,也很少拒绝孩子。然而,年长的父亲也不太可能向孩子提要求、执行规矩、和孩子一起进行身体游戏或体育活动。这些发现提示我们,社会历史的变化(包括夫妻交往方式、父母与青少年的交往方式)使很多家庭有了各不相同的发展轨迹。

青少年的同伴关系

人们对青少年期有一种普遍的印象,就是把青少年的同伴文化看成是一个隔离的群体,其价值观有别于成年人的价值观。实际上,同伴文化有很多种,并且也没有证据表明在父母与青少年之间存在着巨大的"代沟"。然而,个体在向青少年期转化的过程中,独处的时间及与朋友在一起的时间都在不断增加,而与父母在一起的时间却急剧减少。尽管时间分配上有了这些变化,研究表明,青少年与其父母的关系会对其同伴交往产生影响。的确,青少年在早期家庭生活中由于社会化过程而形成的很多品质,会被带到同伴关系中去。研究也提出,没有亲密朋友的青少年更容易受家庭而不是同伴的影响,而生活在凝聚力低、适应性差的家庭的青少年,则更多的是受同伴而不是父母的影响。

在考察同伴对青少年发展产生影响的方式时,有几项重要的发现值得关注。首先,同伴对青少年的影响既有积极面也有消极面。同伴会对学业成绩和亲社会行为产生积极影响;同样,他们对诸如吸毒、酗酒、抽烟及犯罪等问题行为也会产生影响。其次,在青少年期,同伴并不一定会通过强制性的压力而相互影响;大多数青少年受到同伴的影响是因为他们钦佩这些同伴、尊重他们的意见。再次,青少年与他们的朋友常常是相似的,但这不仅仅是因为他们相互影响。青少年选择的朋友具有相似的行为、态度和自我认同。最后,对同伴影响的感受性在青少年中并不是都一样的。青少年的年龄、个性、之前的社会化过程以及对朋友的知觉等因素,都是值得考虑的重要因素。

Brown 等人(1994)对青少年同伴团体进行了奠基性的研究工作,在此之前大多数研究者都认为"团伙"(crowds)和"朋党"(cliques)的关键区别是其规模的不同。然而,Brown 指出,"团伙"和"朋党"在结构和功能上是彼此不同的。团伙出现于青少年早期,并且聚集的同伴很多。团伙通过影响青少年看待自身及他人的方式,而使他们置身于一种社会网络中,并促进其自我认同的发展。它们通过建立规范自己成员的准则来影响青少年的行为。

朋党是基于友谊和共同活动而形成的规模较小的同伴团体。朋党的成员在年龄、种族、社会经济地位、行为及态度上往往是相似的。从团体特征的角度看,朋党成员在一定程度上似乎不随时间波动,比较稳定。在青少年中期,朋党从单一性别团体转变为男女混合团体,在青少年后期,朋党常常会演变成约会对象的团体。

在过去的二十多年中,研究者对受欢迎的青少年及遭拒绝的青少年的认识没有发生太大的变化。受欢迎的青少年拥有亲密的友谊,他们一般很友好、幽默、聪明。相比之下,遭拒绝的青少年常常是富有攻击性、易怒、退缩、焦虑、社交上较笨拙。有一点很重要的是,应该对不受欢迎的青少年中有攻击性的、退缩的或既有攻击性也退缩的类型加以区分,因为他们遭受拒绝的原因、影响因素及后果是各不相同的。

一些青少年不仅不受欢迎,而且还遭到同伴的欺负。毋庸置疑,被同伴欺负会导致不良自我概念的发展,以及内化的、外化的行为问题。尽管被欺负的青少年常常没有什么朋友,但是如果他们有一个好朋友或一个强壮而具有保护性的朋友,则被欺负所带来的影响就会削弱。

虽然被同伴拒绝和欺负会产生有害的影响,有证据表明,在中学里不受欢迎的青少年在青少年后期有可能变得更受欢迎、被接纳,因为青少年对所谓"正常"行为的期望已经变得没那么死板了,对同伴中存在的个体差异也更加宽容。而且,研究发现,旨在改善社会能力和社会技能的干预措施也能够提高青少年与同伴相处的能力。

在儿童进入青少年期时,友谊演变成了更为亲密的、支持性的沟通关系。亲密的友谊典型地开始于同性伙伴之间,但是在青少年更为成熟以后,很多人与异性同伴成了亲密的朋友,通常这时候他们开始了约会。在儿童渐渐成熟进入青少年早期时,主动交往、自我表白、给予帮助等社会能力也有所增长,并且它们与友谊的质量相联系。一般情况下,在青少年早期,朋友之间开始对忠诚和亲密越来越看重,所以他们变得彼此很信任,也很愿意表露心迹。研究表明,在女孩中,友谊的亲密度是通过交谈而培养起来的,而男孩则是通过共同的活动。研究也表明,亲密朋友之间对个性化的容忍随年龄而增长,而对控制和服从的强调则减少。

关于青少年及其同伴的研究还有一点需要注意的是,对青少年发展感兴趣的研究者不太重视青少年恋爱关系的实质和作用,这一点很令人惊讶,而实际上在青少年期的中期,很多青少年都已经有了恋人朋友,并且这一时期恋爱关系的有或无以及其质量如何,都是极其重要的。

一、对朋友的需求

在青少年期,对亲密朋友的需求变得非常重要。在青少年期之前,儿童对同伴的依赖相当松散,他们只是会寻找年龄相仿、兴趣相投的玩伴。他们会展开友好的竞争,会为自己赢得一定的尊重和忠诚,也可能会输掉。但是他们的情感投入并不太多。儿童主要不是通过同伴来获得情感满足;他们会从父母那里获取情感需要的满足,会寻求父母的表扬、爱和关怀。只有在他们得不到父母的爱、遭到父母拒绝和负面批评时,他们才会转向同伴或父母的替代者来寻求情感满足。在青少年期,情形就不同了。性成熟带来了情感满足的新感受和新需要:情感独立的需要、摆脱父母管教的需要。这时青少年转向同伴去寻找从前由家庭给予的支持。

青少年首先需要的是与之建立关系的人能够有共同的兴趣。随着他们年龄的增长，他们渴求一种更为密切的、关爱的关系，这种关系可以分享成熟的感情、麻烦及大多数的个人思想。朋友之间分享的不只是秘密或计划；他们也分享感情、互相帮助解决个人问题和人际冲突。

在青少年期，在建立和维持同伴关系上获得成功，就意味着有良好的社会适应及心理适应。要在同伴关系中获得成功，一个重要因素是朋友之间的亲社会意愿——提供帮助、情感支持、建议和信息。

然而，总的看来，这方面存在着明显的性别差异：女孩从朋友那里所期望的比男孩多，并且她们与朋友之间的依恋和亲密度也更高。其他研究表明，对女孩而言，青少年期主要的任务是建立和维持关系，发展亲密关系，而男孩主要关心的是独立。男孩看重的是自我张扬、逻辑性及义务；女孩看重的是关怀、责任及人际关系，即女孩、男孩有"不同的世界观"，并且这种差异在成年期也仍然存在。

研究已经表明，年幼些的青少年更喜欢向父母表白自己的情绪感受。这主要决定于家庭沟通的开放度。然而，在他们长大一些之后，青少年对朋友的表白增加了，到青少年后期则主要是向朋友表白。各年龄段的女孩向父母及同伴表白情绪的都比男孩多。

友谊变得很重要其原因之一就是青少年自己缺乏安全感、充满焦虑。他们缺乏对个性的明确把握及安全的自我认同。结果，他们聚集一帮朋友，以获得力量，建立自我。从朋友身上，他们学会必要的个人技能、社会技能及对社会的认识，这有助于他们融入更为广阔的成人世界。他们与那些分享自己的脆弱及最深层的自我的人，在情感上逐渐地联系在一起。

青少年的最大问题之一就是孤独。他们觉得空虚、孤立、厌倦。在自己觉得被人拒绝、排斥、孤立、无法控制情境时，他们更可能认为自己孤独。男孩在孤独方面遇到的问题似乎比女孩多，这可能是因为男孩在表达自己的感情上困难更多一些。

青少年感到孤独是多种原因造成的。① 有些人是不知道如何与人交往，他们很难有恰当的行为，也难以学会在不同的情境中表现不同的行为。② 有些人则是自我映像差，且非常难以接受批评。他们总是觉得会遭拒绝，所以回避可能使自己窘迫的活动。感到抑郁及情绪困扰的青少年难以建立亲密的人际关系。③ 有的人是在成长过程中逐渐对所有的人缺乏信任，所以他们对人际交往报以玩世不恭的态度。他们回避社会交往和与人亲密，这样他们就不会被人利用了。④ 一些青少年觉得缺乏来自父母的支持，这使得他们难以结交朋友。任何时候，他们都把建立友谊看成是弊大于利的一种社会危险，所以，他们难以建立有意义的人际关系。

有时候，甚至和其他人在一起时，青少年也会有孤独感，因为大家难以沟通或变得亲近些。不同的青少年应对孤独感的方式是不同的，比较独立的那些人会忙于自己的个人爱好,会调整自己的想法,所以他们更为充实。而比较依赖的人则试图扩展自己的社交圈子,想办法和别人在一起,或求助于宗教、体育锻炼、心理咨询这样的专业帮助。大多数青少年和成年人一样,在生活中的某些时候都会体会到孤独感。

二、同伴团体的功能

对很多青少年来说,同伴如何看待自己是其生活中最重要的事情。有些青少年会随遇而安,只是参加某一团体就是了。有些则不然,对他们而言,被排斥就意味着压力、挫折和悲哀。

同龄同伴的交往在社会文化中起着独特的作用。即使学校不按照年龄划分,青少年也会和同龄人交往;很显然,大孩子会"吃"了你,小孩子又没劲儿。同伴团体最重要的功能之一就是提供关于外部世界的一个信息源。青少年从同伴团体中会得到关于其能力的反馈,他们会了解自己的所作所为是否比别人好或差不多,还是比别的青少年差。在家里了解这一点是很难的,因为兄弟姐妹们不是比较大就是比较小。

在儿童中后期及青少年期,个体花在与同伴交往上的时间越来越多。在 2 岁时,儿童每天有 10% 的觉醒时间与同伴交往,4 岁时为 20%,7~11 岁时为 40%。到青少年期,同伴关系占据了个体生活的一大块,在周末时,青少年与同伴在一起的时间是与父母在一起的两倍。

青少年和同伴在一起时,在做些什么事呢?研究表明,体育运动在男孩的活动中占据了 45%,但只占女孩的 26%。一般的游玩、闲逛等活动是男女生都有的。大多数的同伴交往是在户外进行的(只不过这些地方离家比较近),并且常常是在私人的地方而不是公共场所,同性之间的交往也多过异性交往。

同伴对青少年的发展来说有必要吗?良好的同伴关系对青少年期正常的社会性发展来说可能是必要的。社交孤立或难以融入某一社会网络,是与很多不同类型的问题和障碍联系在一起的,这包括犯罪、酗酒、抑郁等。而青少年积极的同伴关系和积极的社会适应相联系。儿童期和青少年期的同伴关系也和日后的发展相联系。研究表明,儿童期不良的同伴关系与青少年期后期的辍学和犯罪有关;青少年期和谐的同伴关系与中年良好的心理健康相联系。

一项研究通过比较在 5 年级时拥有一个稳定的亲密朋友及没有朋友的儿童,看他们 12 年后作为成年人的状况(Bagwell, Newcomb, & Bukowski, 1998)。结果发现,与在 5 年级时没有朋友的人相比,当时拥有稳定而亲密的朋友的成年人,在自我价值感上更为积极。

儿童会通过与同伴发生争执来探索公平和公正的原则。他们也会慢慢成为同伴兴趣及观点的敏锐观察者,以便把自己轻松地融入到同伴活动中去。此外,青少年通过逐渐建立与所选择的同伴之间的亲密友谊,他们会成为亲密的人际关系中游刃有余而敏感的伙伴。这些维持亲密关系的技能会一直延续到日后,帮助他们建立恋爱关系、婚姻关系。

另一方面,同伴对儿童及青少年的发展也有消极的影响。遭到同伴的拒绝或忽视会导致一些青少年觉得孤独或产生敌意。而且,同伴的这种拒绝和忽视与个人之后的心理健康问题、犯罪等是联系在一起的。同时,青少年同伴文化所产生的坏影响也可能损害父母的价值观和控制。同伴也可能给青少年带来酗酒、吸毒、犯罪及其他在成年人看来是适应不良的各种行为。

不过,要记住的是,尽管同伴经验对儿童的发展有重要的影响,这些影响也会因研究中测评的方式、内容及发展轨迹的不同而不同。"同伴"及"同伴关系"是普遍概念,但研究者也会使用其他的一些概念,如"团伙""朋党""朋友"等。

三、同伴关系与家庭关系

与青少年和父母的关系相比,友谊是基于完全不同的结构的人际关系。它们是均衡的、互惠的,并且在整个青少年期都在发展变化。尽管对年幼的儿童来说友谊也很重要,但是青少年期一开始它就发生了变化——越来越亲密,这当中包括越来越排外、更加自我表白、分担问题、分享建议。很核心的是,朋友之间会互相告诉自己生活中所发生的各种事情,从而变得相互了解。朋友在一起实际上是为了吸取经验,建立自我。

在青少年期,人际关系的模式和社会背景发生了明显的变化。同伴在陪伴、提供建议和支持与反馈、作为行为榜样以及作为涉及个人品质和能力的比较信息源等方面,都有了越来越重要的作用。青少年与父母的关系在朝着更加平等和互动的方向变化,并且父母的权威开始被看成是可以讨论和商量的。与父母的交往越来越牵涉到日常生活的方方面面,比如,整洁、外出和回家的时间、听音乐时的音量等,在青少年开始渴望获得更多平等时,他们也越来越挑战父母的控制。

然而,与父母的关系在这一时期及一些未来定向的领域方面(比如,教育和职业),仍然是很重要的,只不过同伴对眼前的一些事、赶时髦和休闲活动的影响越来越大。重要的是,青少年在与父母和朋友探讨人际关系及个人问题时,他们从父母那里获取了主要的生活价值观(Meeus, 1989)。随着时间的推移,青少年越来越喜欢和同伴在一起,而不是和家人在一起。朋友很少像父母那样强迫、批评和说教,朋友更愿意给彼此以肯定、社会地位和表现出共同的兴趣。而且,同伴关系比成人与儿童之间的关系更为平等,交往中做出的解释和获得的理解更为全面。

当然,青少年与家人交往的机会减少了,并不意味着亲密度降低了或关系的质量下降了,家人共处时间大大减少的另一个原因是青少年在家里独处的时间增加了——他们常常在卧室里听音乐或玩计算机游戏(Smith, 1997)。因此,大多数的青少年都承认自己最亲密的人际关系中包含与家人的关系,包括与父母、兄弟姐妹及祖父母。尽管同伴是日常琐事中主要的支持源,但是父母所提供的社会支持在紧急情况下是很关键的。然而,对大多数青少年来说,同伴团体和外部世界(兼职工作、体育运动、恋爱)的吸引力比家人的吸引力大。不过,这两种关系在成功应对发展任务上都是重要的。

研究者考察了青少年为应对所遇到的不同问题时如何利用不同的人际关系(Palmonari et al.,1989)。以往人们认为在青少年成长的过程中,他们会从"求助父母"直接转向"求助同伴"。事实上,研究发现青少年在这当中会有所选择。依据问题类型的不同,他们可能会选择父母或者同伴,也可能同时求助两者。相似的发现也被其他研究所证明。

近期研究发现,当家庭功能出现问题时,青少年对家庭的疏离感较高,而同伴接纳对家庭功能与疏离感之间的关系会起调节作用,这种调节存在显著的性别差异,高水平的同伴接纳可以缓解不健康的家庭功能对男孩疏离感的影响,不过,对于女孩而言,同伴接纳的调节作用不显著(徐夫真,张文新,2010)。

在一项跨文化的研究中,研究者发现家庭在印度青少年的世界中扮演着更为重要的角色,同伴在加拿大青少年中更为重要,比利时的青少年则介于这两者之间。该研究也表明,在这三个国家的青少年生活中,朋友是重要的,并且在家庭生活中母亲起着关键的作用。这些发现表明了文化差异对青少年人际关系的偏重有着重要的影响。在大多数国家的家庭中,母亲很典型地被认为是起支持性作用的。针对青少年的依恋关系与问题行为的研究发现,高中生行为问题受父母依恋影响大于同伴依恋,尤其是母亲疏离、母亲信任和父亲疏离这三个因子,更能预测高中生的行为问题,即感知到父母信任和情感温暖对高中生行为问题有保护作用。而与父母的依恋质量低,相互间缺乏交流信任的高中生容易出现行为问题(杨海燕,蔡太生,何影,2010)。

一般而言,父母和同伴的影响是互相补充的,都为青少年在未来生活中建立成熟的人际关系做着准备。儿童期的家庭关系为青少年期的同伴关系提供了强有力的情感基础。同伴往往是相互模仿和强化从父母那里学到的行为及价值观(Chang et al.,2003)。一项对3407名欧美青少年的问卷研究发现(Durbin et al.,1993),认为父母是"权威型"的那些青少年更可能倾心于那种既认可成人标准又认可同伴标准的同伴团体。认为父母"不管不问"的女孩(以及一部分男孩)更可能喜欢那种不赞同成人价值观的团体。认为父母是"溺爱型"的男孩更可能喜欢带有"娱乐文化"倾向的团体。这些发现也在一定程度上得到了支持。

然而,父母有时会关心青少年期的孩子对朋友的选择,青少年对朋友的选择是以相似的兴趣、特征和行为为基础的。这一方面可能是因为在青少年期朋友和同伴往往是偶然遇到的,而不是在家里认识的,所以有些朋友父母并不知道。在青少年期,个人渐渐地按照自己的想法建立人际关系,而把父母的控制抛之脑后。这样,朋友在吸烟和酗酒这样一些方面的相似性就可能主要是由于友谊的选择而不是受同伴的影响。

四、对同伴的服从

服从表现为多种方式,并且对青少年的生活产生多方面的影响。青少年之所以开始慢跑锻炼是因为其他人都这么做?青少年今年让头发一直长而不去剪,明年又把它剪得短短的,是因为赶时髦?青少年吸食可卡因是因为同伴的压力,或者是为了反抗压力?个体因为来自他人的、真实的压力或者想象的压力而采纳他人的态度或行为时,就表现出了服从。服从同伴的压力在青少年期变得非常强大。在价值观、行为、爱好(如音乐、服装等)及反社会行为方面服从同伴团体,从儿童期到青少年期中期变得越来越明显。从同伴团体那里获取建议、听取意见、得到社会支持的这种日益突出的倾向,可能有助于青少年从事实上、情感上、社交上减少对父母的依赖。同伴也可能成为家庭冲突之后的避难所,成为青少年寻求更多独立的资源。

(一) 服从带来的影响

在青少年期服从同伴压力既可能有积极面,也可能有消极面。青少年会表现出各种消极的服从行为——讲脏话、偷东西、搞破坏、取笑父母和教师。被同伴拒绝的痛苦是刻骨铭心的,而为服从同伴做出的妥协则可能会妨碍独立决策和自立。一项纵向研究对12~18岁的青少年进行了一年的追踪,发现那些拥有朋友的人遇到了一定程度的心理不适,甚至和没有朋友及友谊难以维持的人相比较也是如此(Epstein, 1981)。比如,没有朋友的青少年在一年后,自立方面的得分高于那些试图维持稳定友谊的人。另外,从是否有上大学的计划来看,也有相似的影响。研究者指出,服从同伴的推动力可能会损害青少年早期的发展,特别是同伴团体本身的价值观和目标有问题的话。

研究也强调了孤独和独立自主不受同伴影响在青少年成长和适应过程中的作用。比如,一项研究发现,在青少年早期的成长过程中,他们希望独处而不是和朋友在一起的愿望在明显增加。而且,对早期的青少年来说,独处的时间对其情绪状态产生了积极的影响,而和朋友在一起则稍逊一些。

从发展的角度来看,这一研究最重要的结论是,中等程度的孤独最有利于心理适应。和花费大量时间与朋友交往的同学相比,那些自己的空闲时间中有三分之一和一半是在独处中度过的青少年,抑郁程度较低,父母和教师对其社会适应及心理适应的评价较高。看来花费太多的时间和同伴团体在一起可能会损害青少年的自立、主动性及应对困难的能力。而孤独可以提供必要的放松机会,可以躲开同伴的要求。在与家人的关系中,孤独在青少年寻求更多的自主方面也可以起到作用。但是没有朋友或者朋友极少的青少年,以及一半以上的空闲时间都是独自一人的青少年,其面对的问题和那些经常和朋友在一起的人的问题一样多。青少年独处的时间和他们的学业成绩呈现一种倒U型的关系,独处的时间太多或者太少,其成绩都不及中等的好。

然而，大量的同伴服从并不是消极的，它包含的是投入同伴世界的渴望，比如，像同伴们一样穿衣服、想要花很多时间和朋友在一起。这种情况下也可能包含亲社会的活动，比如，为一些有意义的事情而进行筹款活动。

（二）服从模式的发展

同伴服从也有其发展模式。在3年级时，父母和同伴的影响经常是直接对抗的。由于这时候主要是对父母的服从，所以，此时的儿童可能仍然与父母保持紧密的联系，依赖父母。然而，到6年级时，父母和同伴的影响就不再是直接对抗的了。对同伴的服从增加了，但是父母和同伴的影响在各不相同的方面起作用——父母主要是在一些方面产生影响，而同伴则在另一些方面发挥作用。

到9年级，父母和同伴的影响再次产生强烈的冲突，这可能是因为青少年此时对同伴社会行为的服从比其他任何时候都更为强烈。这时候，如果青少年采纳受同伴推崇的反社会标准就不可避免地与父母引发冲突。研究表明，青少年寻求独立的尝试在9年级时所遇到的来自父母的反对，比其他任何时候都多。

从前对亲子关系的刻板看法认为，父母和同伴的对立会一直持续到中学后期和大学阶段。但是，研究表明，在青少年期的后期，青少年对同伴推崇的反社会行为的服从下降了，而在某些方面父母和同伴之间的一致性开始增加。此外，到11和12年级时，青少年不受同伴及父母的影响而独立决策的表现更多了。

总之，年幼的青少年比年龄更小或更大的人更可能屈服于同伴压力。同时，研究表明，父母权威型的养育方式与对同伴压力的抗拒有关，如果父母是支持性的，就会得到青少年的尊重，进而会遵从他们制定的规矩，考虑他们的建议。相反，如果父母的控制太多或太少，则会导致孩子高度的同伴倾向。

尽管大多数青少年会服从同伴压力和社会标准，但是有一些青少年则是"不服从者"(nonconformist)或"反服从者"(anticonformist)。当个体知道周围的人对其的期望，但是却不以这种期望为行为指导时，就是不服从。不服从者是独立的，比如，青少年选择不参加任何朋党。而当个体对团体的期望做出相反的反应，并刻意与团体所提倡的行动或者信念背道而驰时，就是反服从。比如，"光头党""朋克"就是反服从的代表。

总而言之，同伴压力是青少年生活中的一个普遍问题。它可以表现在青少年行为的几乎所有方面——他们对服装、音乐、语言、休闲活动等的选择。父母、教师及其他成人可以帮助青少年处理同伴压力。青少年需要与同伴和成年人谈论他们的世界及所遇到的压力的机会。青少年期的发展变化常常会带来一种不安全感。面对这种不安全感和自己生活中发生的太多变化，年幼些的青少年可能更为脆弱。要应对这种压力，年幼的青少年就需要在学校及校外获得成功的经验，以增加他们的控制感。青少年会明白，他们的世界是相互牵制的。其他人可能会试图控制他们，但是他们对自己的行为能够有自己的把握，并反过来影响别人。

五、同伴地位

每个青少年可能都希望成为受欢迎的人——一个人在中学时可能想"万人迷"会想得很多。青少年常常会想:"我要怎么做全校的人才会都喜欢我?""怎么做男生女生都会喜欢我?""我怎么啦?肯定有问题,否则大家都会喜欢我的。"有时候,青少年要想受人欢迎就得费九牛二虎之力;而有时候,父母更是竭尽全力帮助孩子摆脱同伴的拒绝,使他们增加受欢迎的机会。青少年为了引起同伴的注意、为了让同伴发笑,他们会炫耀、会胡闹以达到目的。父母会精心策划晚会,给孩子买汽车和服装,带孩子和他们的朋友到处玩,目的就是要使自己的孩子成为受欢迎的人。

(一) 同伴地位的区分

发展心理学家区分了四种同伴地位。首先是"受欢迎的孩子",他们经常被同伴当成是最好的朋友,很少遭同伴讨厌。研究发现,受欢迎的人会给人支持性的强化;他们认真倾听,和同伴沟通时保持开放的胸怀;他们快乐,言行举止发自内心;他们对人有热情且关心,自信但不自负。与不受欢迎的青少年相比,受欢迎的青少年与同伴沟通时更加清楚,会引起同伴的注意,能够把和同伴的对话持续下去。

发展心理学家将受欢迎之外的三种同伴地位区分为:被忽视的、遭拒绝的和有争议的(Wentzel & Asher,1995)。"被忽视的孩子"很少被同伴当作好朋友,但是也不被讨厌。"遭拒绝的孩子"很少被认为是谁的好朋友,并且大家都讨厌他们。"有争议的孩子"既被当作某些人的好朋友,又被另外一些人讨厌。

青少年一直不受欢迎会对其产生很多负面影响。总的来说,不受欢迎与抑郁、行为问题和学习问题有关(Gorman et al.,2011)。遭拒绝的儿童和青少年往往比被忽视的儿童和青少年存在更多的问题。对于遭拒绝的青少年来说,攻击性往往是他们拒绝他人以及自身出现其他问题的根本原因(Prinstein & LaGreca,2004)。最终,他们会与其他有攻击性的青少年成为朋友,而且与攻击相关的问题出现的概率更高,例如,他们与同伴、老师和父母出现了冲突。他们比其他同伴更容易辍学(Zettergren,2003)。被忽视的儿童在青少年期经常会有不同的问题,比如,低自尊、孤独、抑郁和酗酒(Hecht et al.,1998)。同伴地位也对社交焦虑水平有影响,遭拒绝的青少年比受欢迎组和普通组体验到更高的社交焦虑;他们更担心来自于别人的否定评价,这种焦虑主要是"指向外部的",而被忽视的青少年的焦虑表现是社交回避与苦恼,这种焦虑主要是"指向内部的"(辛自强,池丽萍,刘丙元,2004)。

遭拒绝的儿童和青少年与被忽视的相比,他们往往在未来的生活中遇到更为严重的适应问题。比如,一项研究对 112 名 5 年级的男孩进行了七年的评估,直至中学毕业(Kupersmidt & Coie,1990)。在预测遭拒绝的孩子在日后青少年期是否会出现犯罪行为或者辍学上,最关键的因素是他们在小学时是否有针对同伴的攻击性。当然,并非所有遭拒绝的儿童和青少年都有攻击性。尽管一半以上遭拒绝情况是由攻击性及相关的冲动性和破坏性等特征决定的,但是大约10%~20%遭拒绝的儿童和青少年却是害羞的(Cillessen et al.,1992)。同伴拒绝可以显著地反向预测青少年学生的学业成绩,且这种预测作用不存在显著的性别差异(张静,田录梅,张文新,2013)。

迄今为止,对有争议青少年的同伴地位的研究还很少。在一项研究中,处于有争议的同伴地位的4年级女孩,和其他同伴地位的女孩相比,她们更可能在青少年期成为青少年母亲(Underwood, Kupersmidt, & Coie, 1996)。并且,攻击性的女孩也比非攻击性的女孩生育的孩子多。

(二) 同伴地位的干预

怎么能够让被忽视的儿童和青少年在与同伴交往时更加得心应手些呢?针对被忽视的儿童和青少年的训练计划的目标往往通过训练结交朋友的社交技能来进行干预,帮助他们以积极的方式去吸引同伴的注意,通过问问题、认真而友好的倾听、针对同伴的兴趣谈谈自己的想法等方式,来维持同伴的注意。另一方面,通常会训练青少年(通过教导、树立榜样和角色扮演)如何融入一个团体,如何细心友好地倾听及如何从同伴那得到积极的关注。研究结果往往都表明,干预在某种程度上会改善青少年的同伴关系。

由于受欢迎与不受欢迎主要基于社交技能,因此对不受欢迎群体的干预就是教授社交技能。研究表明,遭拒绝的青少年缺乏的社交技能是社会认知,至少在男生中是这样的。即使是在意图很模糊的时候,攻击性强的男孩会认为其他男孩的行为是有敌意的。例如,在播放的录像带中一个男孩会撞向另一个拿着饮料的男孩,结果饮料被撞洒了。那些被老师和同伴定义为好斗的男孩认为碰撞是一个敌意的行为,撞人的男孩有意想要饮料洒出来,但是其他男孩更可能认为这只是个意外。好斗的男孩认为世界到处都是隐藏的敌人,当一件事情发生、他们认为别人对自己有敌意的时候,他们会迅速进行报复。

针对遭拒绝的儿童和青少年的训练计划,其目的往往是帮助他们学会倾听同伴说话,并且是"真正地听",而不是去试图主导同伴交往的过程。在教他们如何加入一个团体时,关键在于训练他们不要试图对同伴团体中发生的事指手画脚。

就改善遭拒绝的儿童和青少年的同伴关系来说,出现的一个问题是,应该把重点放在改善他们的亲社会行为(更有同情心、耐心倾听、更好的沟通技能等)上呢,还是放在减少他们的攻击性和破坏行为、提高他们的自我控制上。在一项研究中,研究者训练遭拒绝的青少年,让他们明白什么样的行为能够增加被别人喜欢的机会及其重要性(Murphy & Schneider, 1994)。结果在改善遭拒绝的青少年的友谊状况上,这一干预措施获得了成功。研究显示,不仅是行为,青少年的交际能力也直接影响其在同伴中的接受性和受欢迎度。

尽管如此,提高遭拒绝的青少年的亲社会技能却不会自动地消除他们的攻击性行为或者破坏行为。攻击性常常因为同伴屈服于攻击者的要求而得到强化。因此,除了教给遭拒绝的青少年较好的亲社会技能之外,也必须采取直接的措施来消除他们的攻击性行为。而且,获得积极的同伴地位是需要花时间的,因为在青少年常常有攻击性举动的情况下,同伴是很难改变他们的看法的。

六、影响同伴地位的因素

每个青少年在同伴团体中所处的地位各有不同,或受欢迎,或遭拒绝,或有争议,这种差异决定于哪些因素呢?一般而言,影响着青少年同伴地位的因素有以下一些:

(一) 获得成就

在体育运动、娱乐活动或学业科目上获得成就,可以帮助青少年赢得同伴的接受和赞许。个人所获得的认可和接受有赖于其在同伴团体所从事的活动中享有的地位。诸多研究一致表明,中学生运动员所获得的社交地位高于获得奖学金的学生。比如,一项研究发现,学生在数学和科学上表现出的学业能力与其受同伴欢迎的程度呈负相关(Landsheer, Maasen, Bisschop, & Adema, 1998)。研究者认为,学业上获得成功的学生花费了大量的时间去学习,同伴交往相应地减少了,他们去发起某种活动的能力也减弱了,而这一点是很受青少年看重的。同时其他研究者指出,天才学生独处的时间多过其他人,但是他们独处时对自己所做的事非常有兴趣,所以他们并不感到孤独或者不愉快。不过,对中国香港特区学生的研究发现,体育活动似乎不影响青少年的群体关系和社会地位(Chang, et al., 2003),而学习成绩对很多中国内地学生的社交地位尤为重要(Chen, Chang, & He, 2003)。

既是运动员又获得奖学金的那些学生是最受欢迎的,这意味着某些积极的地位给了学业及运动双丰收的那些人。由于消极的地位会落到某一些活动上(比如,数学俱乐部),所以参加这些活动或者在这些活动中获得成功就成了青少年寻求更广泛的社会接受的障碍。

(二) 参与活动

参加校内社团和参与各种校外社会活动是青少年寻求社会接受的又一途径。一项研究发现,归属愿望(the desire to belong)是参与校外活动最重要的动机(Bergin, 1989)。最受欢迎的学生是那些参与者,他们通常参加学校的各种活动,也参与校外活动、社区青年团体以及朋友们所想到的任何社会活动和娱乐活动。青少年的这种团体生活被戏称为"牧群生活"。他们聚在屋里喝饮料、闲聊;也会到外面兜风、看电影、跳舞或者听摇滚音乐会;也会去滑雪、去海滩或者去逛商场。

在青少年中,受欢迎的标准是什么呢?男孩认为最重要的标准依次为:是运动员、是主要团伙的成员、是活动的领导者、成绩好、家庭背景好(Bozzi,1986)。女孩的排序为:是主要团伙的成员、是活动的领导者、是啦啦队队长、成绩好、家庭背景好。

尽管学生运动员很受欢迎,但是研究表明,他们也遇到很多的偏见,特别是针对他们的学业成绩。学生们不会简单地相信学生运动员的学业能力足以获得最好的成绩(Engstrom & Sedlacek,1991)。

一项研究让496名大学生列出在他们刚刚毕业的中学里男女学生为赢得威信而可能采用的五种方式(Suitor & Reavis, 1995)。结果表明,男女生所使用的方式大相径庭。男孩赢得威信的方式主要是:运动、学业成绩和聪明、会开车、善交往、得到异性的青睐、长相好、参加学校的各种活动。相比之下,女孩赢得威信主要是通过:长相好、善交往、学业成绩和聪明、得到异性的青睐、服装、参加学校的各种活动、指挥啦啦队。男孩一直是通过运动、学业成绩和聪明而赢得威信,而女孩则一直以学业成绩和聪明、长相为主要途径。女孩以参加运动作为赢得威信的一种手段的倾向在增加,而指挥啦啦队所起的作用则下降了。

(三) 个性和社会技能

要获得同伴的欢迎和社会接受,个人品质和社会技能是很重要的标准。大量证据表明,个人品质是赢取同伴欢迎的最重要的因素。非常受其他人欢迎的人通常是友好、开朗、和善并且幽默的人。他们善待他人并且能够敏感地发现别人的需要,能够很好地倾听他人(这说明,他们不只是简单地关注自己的需求),并且能够清晰地交流自己的观点(Zavala,2008)。他们热情地参与组织活动、经常在小组活动中起到带头作用并且能够吸引别人参与进来。他们自信却不自负和傲慢。通过这些途径,他们展现出来那些影响社交成功的技能。

一项有关204名7,9,12年级青少年的研究指出,在友谊关系中,人际因素比成绩或者物理特征都重要(Tedesco & Gaier,1988)。这里所谓的"人际因素"包括性格特质、个性、亲密感及社会行为。"成绩"则是指学业成绩和突出的运动才能。"物理特征"包括外貌和有没有钱或汽车这样的物质条件。

尽管如此,外貌的确是对受欢迎度有影响的因素。一项研究发现,青少年一致地表现出对外貌较好的同伴有更高的接受性,而外貌不够好的同伴则差些,全然不管他们的学业成绩怎么样。并且男女生都对长相好的同伴有较高的评价(Boyatzis, Baloff, & Durieux, 1998)。

研究者甚至发现,教师也会认为外貌较好的学生比外貌不够好的学生更有学习能力(Lerner, Delaney, Hess, Jovanovic, & von Eye, 1990)。然而,在对外貌不够好的学生逐渐有了深入了解之后,青少年和成年人都会变得不再强调长相,而是更加重视其他的品质。随着他们越来越成熟,更多的青少年愈加重视同伴关系中的人际因素,而对成绩和生理特征则越来越看轻。其他研究也强调了个人品质是重要的受欢迎度标准。

所以,青少年获取团体接受性的主要方式有两种:一是形成并展示令他人钦佩的个人品质;二是学习能够获得接受性的社会技能。一般而言,受欢迎的青少年之所以得到大家的接受,是因为他们的外貌、社会能力及性格。他们是整洁的、穿着得体的、长相好的青少年;他们友好、开心、爱开玩笑、好交际、精力充沛;他们已经形成了很好的社会技能;他们喜欢与别人一起参加各种活动。受欢迎的青少年也有很好的口碑,展现了人们所推崇的道德品质。他们通常具有较高的自尊和积极的自我概念。很受同性欢迎的那些青少年也是异性非常喜欢的人。

(四) 羞怯

被忽视的青少年没有以敌对的方式拒绝其他青少年,可是他们同样没有朋友。他们是那种几乎不被同龄人注意到的小人物。因为害羞、退缩并且避免参加团体活动,通常他们很难建立友情甚至很难进行正常的同伴交往。在社会测量评价中,很少有人会提及喜欢或不喜欢他们——其他青少年很难回忆起他们是谁。

在青少年期的早期,由于自我意识的增加、性兴趣的发展、加入同伴团体的渴望等的影响,羞怯通常也有所增长。在社会情景中所表现的羞怯被认为是一种"社会评价焦虑"。这样的人对成为注意的中心感到焦虑、对在他人面前出错感到焦虑、对在他人面前做事感到焦虑、对别人希望他说些什么感到焦虑或者对和人在一起就感到焦虑。羞怯的根源是恐惧他人对自己做出负面的评价、渴望得到社会赞许、低自尊以及对遭到拒绝的恐惧。这在儿童期可能就已经种下了种子,也可能源自与兄弟姐妹比较时遭遇过取笑、批评、讥笑。它也可能是由于对长相、体重、身高或者某些缺陷的自我意识。他们往往会变得离群寡居,在成长过程中孤立无援,得不到家人的支持。羞怯甚至看起来也有其基因成分。一项研究就发现,同卵双生子青少年在羞怯上表现出的相似性高于异卵双生子青少年(Bruch & Cheek,1995)。

在极端的情况下,羞怯的青少年可能会出现明显的生理反应:脸红、发抖、脉搏加快、浑身颤抖、心悸、出汗。羞怯的人可能会变得烦躁不安、神经紧张、回避目光接触、结结巴巴、听而不闻。与不羞怯的青少年相比,羞怯的青少年更可能会非法使用药品,这是他们试图克服社会自卑感的一种方式。他们可能会觉得自己的问题独一无二,并且可能会忽视其他人也同样羞怯的可能性,只是他们没有表现出来而已。结果,他们把羞怯的原因归咎于自己的个性;他们渐渐地失去自信,并回避社会情景,这又会强化他们的消极经验和期望。他们可能在很多年内都饱受折磨。心理治疗的干预有可能帮助他们打破这种恶性循环,重拾自信。

（五）行为怪异

遭拒绝的青少年非常不喜欢同龄人，经常因为别人找到他们而变得激进，有破坏性，喜欢争吵。他们往往忽视别人的想法，当别人不同意他们的观点时，会表现出自我中心或者攻击性（Prinstein & LaGreca，2004）。其他人不喜欢这类青少年而且也不想让他们成为团队的成员和同伴。迄今为止，没人会说怪异的行为可以赢得团体的接受——与大多数青少年不同，但是在某些特定的团体内又被认为是可以接受的那些行为举止，这种团体本身就是偏离正常的。

尽管过分攻击性的、敌意的行为基本上是社会所不能接受的，但是，它在贫民区的团伙中却可能是一个必要条件。同样，在中学里被认为声名狼藉的青少年（打架者、闯祸者、不合作者、反社会行为者、性滥交者、犯罪者），在犯罪团体内却可能是有口皆碑的。一项研究考察12～16岁具有过分攻击性的男孩及欺负弱小者，结果发现，弱小的青少年表示，欺负者往往比其他男孩更加受欢迎；而被当成攻击目标的那些青少年却远不及欺负者受欢迎。这些结果表明，团体行为的标准在不同团体中是不同的，所以受欢迎度并不像团体的服从那样有着不变的标准。

有时候，同伴团体的形成是由于对家庭权威的敌意及对这种权威的反抗。如果出现这种情况，那么同伴团体就可能会演变成犯罪团伙：对所有现存的权威都充满敌意，而对团体所接受的那些怪异举止却很支持。

七、欺负与受欺负

欺负行为是一种特殊类型的攻击行为，它是指力量相对较强的一方对力量相对弱小或处于劣势的一方进行的攻击，通常表现为以大欺小、以众欺寡、以强凌弱。欺负是青少年同伴拒绝中的一种极端形式，由三个部分构成（Wolak et al.，2007）：攻击性（身体上的或者言语上的）；重复性（并不是一个突发事件，而是任何时间都一个模式）；权力失衡（欺负者的同伴地位要高于受害者）。

欺负开始于童年中期并在青少年早期达到顶峰，在青少年后期大幅减少（Pepler et al.，2006）。欺负是各国普遍存在的现象，一个标志性的研究以来自28个国家的100 000名11岁到15岁青少年为被试，调查他们是否曾经被欺负。结果发现，被欺负的发生概率从瑞士女生的6%到立陶宛男生的41%，大部分国家被欺负的发生概率在10%到20%之间（Due et al.，2005）。这个研究发现，不同国家的男生通常比女生更有可能成为被欺负的对象。在我国小学阶段，欺负者和受欺负者所占的比例分别是6%和22%；在初中阶段，欺负者和受欺负者分别是2%和12%（张文新，2004）。男孩更多地进行身体攻击和言语攻击，女孩主要是言语攻击（Pepler et al.，2004）。欺负行为发生时，很少有人帮助受害者，而旁观者实际上是在鼓励欺负，其中一部分人甚至为虎作怅(Salmivalli & Voeten,2004)。

欺负对青少年的成长有许多负面影响。通过对28个国家青少年欺负的研究发现，有过被欺负经历的受害者报告了更多的问题，包括身体症状，如头痛、背疼与难以入睡，同时也有心理症状，比如孤独、无助、焦虑和不快乐(Due et al.,2005)。其他的许多研究也得到了相同的结果。不仅是受害者，欺负者们也存在高风险的问题。加拿大一项关于欺负的研究用七年时间调查了10～14岁的青少年，结果发现，欺负者比没欺负过别人的人，报告了更多的心理问题和与父母、同伴的关系问题(Pepler et al.,2008)。

研究表明，欺负行为的受害者有某些特定的特征。受害者往往是被同伴拒绝，地位较低的青少年(Veenstra et al.,2007)。因为他们社会地位低，其他青少年也不愿意去保护他们。欺负者的社会地位更为复杂，有时他们是地位高的青少年，他们把欺负别人当作一种声明并且维持自己高地位的方式(Dijkstra et al.,2008)；有时他们是中间地位的青少年，他们会跟随地位高的欺负者去欺负别人，从而避免成为受害者；有时地位低的青少年会寻找那些比他们地位还低的人，作为欺负的对象。约有四分之一的欺负者同时也是受害者(Solberg,Olweus,& Endresen,2007)。另有研究发现，无论是欺负者还是受欺负者，其父母的养育方式都和他们的同伴交往联系在一起(Olweus,1980)。欺负行为受害者的父母对孩子较多干涉、指手画脚、对孩子的需要反应迟钝。并且，非常亲密的亲子关系与男孩高频度的受欺负相联系。父母与儿子之间过分亲密的情感联系可能不会促进孩子的自我张扬及独立；相反，它可能会导致孩子的自我怀疑和担忧，这种特点在男孩的同伴团体中表现出来时被认为是一种弱点。欺负者的父母更可能表现为拒绝、独裁或者容忍儿子的攻击性；而受欺负者的父母更可能焦虑、过分保护。

在一项研究中，研究者发现有内化问题(比如，焦虑和退缩)、在身体上比较羸弱、遭到同伴拒绝的男女生，随着时间的推移，他们越来越可能受到欺负(Hodges & Perry,1999)。然而，另一项研究却发现，对于有了能够保护自己的朋友的孩子来说，内化问题与受欺负的可能性增加之间的联系会减弱(Hodges et al.,1999)。

欺负行为的受害者既可能受到短期的影响，也可能受到长期的影响(Limber,1997)。从短期来看，他们可能会变得抑郁，对学校功课失去兴趣或者甚至不想去上学。这种受欺负的影响甚至可能会一直持续到成年期。一项纵向研究发现，在儿童期受欺负的男生在他们二十多岁时比从前未受过欺负的同龄人更为抑郁、自尊更低。欺负行为对欺负者自身来说，可能也表明他们有着和受欺负者一样严重的问题。上述研究也发现，在中学时被认定为欺负者的男孩中，大约60%的人在二十多岁时至少有过一次犯罪记录，大约三分之一的有过三次或更多的犯罪记录，这一比例远远高于那些非欺负者。

近年来，女生小团体讽刺和嘲笑的现象引起人们的重视。"关系攻击"(relational aggression)是指包括嘲笑、讽刺、造谣、谩骂、冷漠、排斥的行为(Goldstein & Tisak,2006;Underwood & Maccoby,2003)。简而言之，关系攻击就是非身体性的攻击，通过破坏人际关系来伤害他人。青少年期的男孩经常出现身体攻击的问题,是因为在性别角色获得过程中他们在学习如何成为一个真正的男人。然而有些学者认为,如果攻击行为也包括关系攻击,那么青少年期的男生和女生的攻击行为是相当的。男生也会进行关系攻击,但是女孩的关系攻击更普遍一些。例如,一项研究比较了美国和印度尼西亚 11 岁和 14 岁的青少年,发现在两个国家的青少年关系攻击中,女生比男生更加普遍,包括关系操纵、社会排斥、谣言传播等(French,Jansen,& Pidada,2002)。

为什么女生比男生表现出更多的关系攻击呢?该领域的专家认为,女生更倾向于关系攻击,是因为女生的性别社会角色禁止她们直接表现出分歧和冲突(Underwood & Maccoby,2003)。她们"感到"愤怒,但是不允许公开"表达",即使是言语上的。结果导致女孩的攻击行为更隐秘、更间接。关系攻击也是确立自己权力位置的方式,研究表明,群体中高社会地位的女生会比其他女孩表现出更高的关系攻击(Cillesen & Rose, 2005)。

遭受关系攻击的个体往往体验到抑郁和孤独(Underwood & Maccoby,2003)。关系攻击对施予攻击方也有消极影响,使用关系攻击的青少年和处于初显成年期的个体经常会出现抑郁和进食障碍等问题(Storch et al.,2004)。

欺负行为在今天又有了新的形式——"网络欺负"(cyberbullying),它主要是通过社交媒体、电子邮件或移动电话来进行的欺负行为(Kowalski,2008)。有研究发现,网络欺负与传统的欺负行为有着相似的年龄模式,即在青少年早期会达到高峰,在整个青少年后期一直减退(Slonje & Smith,2008)。但是,在网络欺负中,受害者往往不知道欺负者的身份,这是与传统欺负行为的一个关键差别。

对欺负与受欺负的干预可以从以下三方面入手(李洋,雷雳,2005):

一级干预的目标是减少所有个体的问题,而不仅仅针对那些可能出现欺负行为的个体。这种模式主要的辅导对象是整个社区或整个校区,目的就是减少青少年将来可能出现的暴力性表现,使他们学会如何管理自己的行为。

二级干预辅导的对象是存有潜在问题表征的个体,他们不一定有严重的暴力性,但却在将来有可能出现直接的身体欺负行为。

三级干预策略是针对那些已经犯罪的青少年,是在暴力性的行为发生之后向其提供个体治疗或团体治疗,帮助他们改过自新,所以三级干预的对象已经不属于普通的学校群体。

在学校里,教师可以通过使用一些策略来减少欺负行为的发生(Limber,1997):其一,让年龄较大的同伴监督欺负行为,一看见欺负行为发生就加以制止;其二,制定全校的反欺负行为的规章制度,并在全校内广泛宣传;其三,帮助常常受同伴欺负的青少年建立以友谊为基础的同伴团体;其四,把反欺负干预计划的基本思想整合到教堂、学校及其他有青少年参与的社区活动中去。

八、青少年的朋党

在青少年期,大多数的同伴关系可以做三个方面的划分:一是个人友谊,二是朋党,三是团伙。"团伙"是最大、最松散、个人特征最少的青少年同伴团体。团伙成员通常是因为大家对某一活动有共同的兴趣而聚在一起(Brown et al.,2008)。"朋党"则规模较小,成员之间关系更为亲密,凝聚力比团伙更高。不过,和友谊相比,朋党的规模大一些,亲密度则差一些。与团伙相比,友谊及朋党的成员聚集在一起都是因为相互吸引。

对朋党、俱乐部、组织及团队的忠诚,在很多青少年的生活中起着很重要的控制作用。团体认同往往凌驾于个人认同之上。一个团体的领袖可能会使某一成员处于激烈的道德冲突中,他会问:"什么更重要?是我们的规矩还是你父母?"或者"你是只管自己还是要顾及大家?"在团体成员的交谈中,有时会使用"哥哥""姐姐"这样的称谓。这些称谓标志着团体成员之间关系的密切程度,也反映彼此在团体中的地位。

朋党在青少年维持自尊和发展自我认同感的过程中起着关键作用(Erikson,1968)。一些理论观点指出,朋党成员的资格可能与青少年的自尊是联系在一起的。实际上,13~17岁的青少年把朋党成员资格看得很重,并且朋党成员的自尊比不是朋党成员者的高。同伴团体是儿童摆脱对父母的依赖,走向自立、成就和自主的"中转站"。在这一漫长的转化过程中,加入同伴团体、获得朋党的接纳对青少年保持积极的自我概念而言是很重要的。社会比较理论也指出,尽管总体上看团体成员比非团体成员具有更高的自尊,但是团体成员因其朋党在同伴团体的地位不同,他们之间也是有差异的。这是因为个体常常把自己的特征与重要他人进行比较,以评估自己的想法或特征是否妥当。

一项研究对青少年的自尊进行了考察(Brown & Lohr,1987),这些青少年有的人属于校内最主要的五个朋党之一,有的人连同班同学都不太了解并且也和校内的任何朋党无关系。结果发现,运动员组成的朋党及受欢迎的学生组成的朋党自尊最高;而无人交往的、社会技能或智力能力又低的那些人自尊最低。但是,有一组不属于任何朋党的独立者其自尊也是最高的,因为朋党成员资格对他们而言并不重要。还有一点要注意的是,这些变量之间是相关的——自尊会增加青少年成为朋党成员的可能性,而朋党成员资格又可能提升青少年的自尊。

区分同伴团体中不同朋党的一个重要因素是其对学业的基本态度。研究发现,朋党的分化可以在成绩的分化中看到,成绩最好的是一拨、成绩最差的又是一拨。朋党某种特定的标准可能会把青少年送上学业失败的轨道,行为倾向怪异的朋党成员更可能比较早地辍学。

朋党成员资格也和吸毒及性行为有关系。在一项研究中,研究者考察了五个不同类型的朋党,结果发现总是惹麻烦的朋党以及反服从的朋党最可能去吸烟、酗酒、服用大麻;而追求学业进步的朋党最不可能去做这些事。运动员的朋党则最可能是性行为活跃的朋党。

总而言之,就朋党来看,有以下几方面值得注意:

其一,朋党的影响并不完全是消极的。在青少年期出现的朋党为青少年日后更为整合的自我认同的发展提供了临时的自我认同(Chen, Chang, & He, 2003)。在好好学习、完成学业及与朋友共度时光等方面,同伴压力是非常强大的。而青少年报告说,去酗酒、吸毒、尝试性行为及其他有损健康的行为方面,则没什么压力。

其二,朋党的影响对所有青少年来说并不是如出一辙的。朋党不仅仅是在服装、发型、音乐嗜好等方面不同,而且在一些有后续结果的活动上(比如,努力学习或者行为怪异)也是不同的。所以,朋党的好坏主要取决于青少年与之相联系的特定团伙。而且,有三分之一的学生是在几个团伙之间飘浮的;而有些学生(孤立者)则完全与朋党无关。

其三,朋党是会发生变化的。在 Brown 的研究中,阻止青少年从一个朋党或者团伙转换到另一个朋党或团伙的障碍,在 9 年级时比 12 年级时更大。高年级的中学生比低年级学生更容易改变团伙的归属,或与别的团伙的成员建立友谊。

九、青少年的团伙

(一) 团伙的形成与演变

随着同伴关系开始扩展,不再只是两个人或者朋友之间的小团体——"朋党",而是更大的、更为松散的团体,即"团伙"(crowds),它常常包含几个在学校或邻里街区保持联系的朋党(Urberg et al., 1995)。团伙中通常既有男性也有女性,并且在青少年期的中期最为普遍。团伙通常是在两个到四个朋党凑到一起时形成的,所以,朋党常常是成为团伙成员的必由之路。然而,有一些青少年——特别是那些孤独的青少年——则是以参加某种活动或者兴趣小组(比如,宗教团体或者赛马俱乐部)作为加入团伙的手段,进而可能在这些团体中建立友谊。

尽管朋党常常是以活动为基础而形成的,但是,团伙则是以"名声"为基础的。成为团伙的一员即意味着拥有与团伙成员相联系的某种态度和活动。尽管朋党的标准是在其自身友谊团体中形成的,但是,团伙的标准则有时是戴着有色眼镜的"旁观者"所强加的。在青少年中期,开始出现配对约会的、联系松散的同伴网络。所以,中学里的青少年通常会开始离开他们那些联系紧密的朋党,而成为更大的、成员形形色色的团伙的成员。这为他们提供了更为强烈的归属感。渐渐地,到青少年期的中后期,当异性同伴在陪伴上所起的作用更为重要时,那些男女混合朋党开始取代同性朋党。

关于青少年团伙的研究综述发现了五种典型的团伙(Sussman et al., 2007):

"学校精英"(也叫受欢迎的人、预科生):在学校里有最高社会地位的一群人。

"运动健将"(也叫运动员):喜欢运动的学生,至少参加了一个运动社团。
"学霸"(也叫人才、书呆子、极客):热衷于追求好的成绩,在社交上显得愚笨无能。
"叛逆者"(也叫吸毒者、毁掉的人):游离于学校生活外的人,因为吸食毒品和热衷各种危险行为而被其他的同学怀疑和疏离。
"小人物"(也叫普通人、被忽略的人):不站在任何一边,没什么特色(不管是好的还是坏的方面),经常被其他学生所忽略。

在青少年后期,当团伙成员开始以新的观点来审视高等教育和职业时,当某些同伴离开学校开始工作时,分割不同团伙的界线就渐渐地打破了。在这一阶段,青少年几乎都把自己看成是"成年人",并且也被其他人认为是成年人。

(二) 团伙的作用

团伙的主要功能是促进两性之间的交往,有利于学习和实践男女之间的交往行为。团伙为青少年提供了机会,使之在保持团体归属感的同时,能够经常地检验自己的自我认同。比如,某些团体会展示一种细微的,然而又是与众不同的装束和发型(即团伙的"制服"),以表明他们是同一个团伙的成员,及他们与其他团伙不同的"独特性"。有些青少年甚至可能会使用化妆品,或者在走出家门之后变换"制服",以免被持反对态度的父母发现。由于在比较大的学校里学生个人之间并不是很熟悉了解,所以,团伙有助于澄清同性同伴和异性同伴的"准入规则"。在大多数学校里,占据主导地位的团伙是在社会交往及学业上都有能耐的。很少参加学校活动的团伙则被其他团伙看不上眼。这种情况在农村地区也是一样。研究表明,学校为团伙差异提供了一种背景。青少年的物以类聚常常与其明显的同伴地位有关,一个"高地位"的团伙通常是被认为很"酷"的,这与他们的消费水平、休闲方式及高档名牌服装是联系在一起的——当然他们是否真的很富裕则难以确定。青少年的这种物以类聚在学校生活的不同方面都有影响,既包括在正式的学校框架内,也包括对课外活动的影响。

研究者也指出,在青少年期,团伙的角色以及团伙重要性的变化。随着青少年中期团伙变得更重要,团伙成为青少年社会认知的中心。9年级的学生基本都同意在他们学校中团伙结构确实存在,他们认为这些团伙对他们影响非常大。但是到了11年级,团伙的重要性开始减弱,青少年认为团伙对界定社会地位和影响社会认知的作用越来越小。我们可以发现,这个结果与朋友影响的研究结果类似,朋友的影响也是在青少年中期的时候最强,在青少年后期影响力逐渐减弱(Brown, et al., 2008)。

(三) 团伙的特征

在美国的研究中,团伙的特征被认为是具有一般的倾向或者共同的兴趣——他们的服装、爱好的音乐和活动等。青少年不会因为个性、背景及在同伴中的名声而被拽入一个团伙中。每一个团伙都有一帮核心成员、一帮外围成员,以及一些总是在几个团伙之间"飘来飘去"的人。并不是每一个加入团伙的人都对自己的团伙感到满意,特别是那些渴望加入更有地位的团伙的人。

一方面,休闲娱乐方式的不同很显然地反映在青少年的看法上。比如,有一些是因为他们有特别的行为,这些行为可能被视为"坏"行为,有时甚至被视为一种威胁。也有一种倾向是青少年会认为自己的团伙是正常的,而把别的团伙指为"怪异的"。比如有酗酒者、吸毒者,也有成天在街上瞎逛的。当青少年在不同的休闲环境中聚集时,就会有一种与心心相印的同伴在一起的意识,就会有一种与众不同的意识。一帮人可能就只是站在那里吸烟,想着自己是这里唯一正常的;也有一些人只是待在家里看电视。

同时,社会活动也被看成是区分不同青少年的标志——去跳舞的、去逛夜间俱乐部的、在大街上游荡到深夜的等。在这种社会活动和休闲活动的背景下,有些青少年就被划到"低地位"的团伙中,被认为是孤立的或者不成熟的,常常成为其他团伙评头论足的参照对象。然而,一般而言,同伴团伙都会认为自己的兴趣爱好及活动是正常的,相比之下,他们认为其他团伙"庸俗""差劲"或者"悲哀"。

同伴团伙的另一方面是其大量的空闲时间是同伴们一起度过的,他们在一起谈论感兴趣的问题,比如,其他团伙成员的活动、流行文化、最新时尚、新唱片、新电影及电视节目等。青少年大量的时间都是在交谈,而不是干别的。在旁观者看来可能是毫无目的、毫无意义的游荡及玩笑,却被青少年自己看成是最有意义的。当朋友不能见面时,电话与网络可以使这种谈话继续。特别是在彼此住家离得远的时候,更是如此。

很多地方都可以成为青少年聚会的地点。商场、游戏厅,甚至是街角、公园及其他方便的集合点都可以起到这种作用。所以,在很多的街道、公园或者其他公共场所,青少年同伙是随处可见的,不过,对于农村的青少年来说,就没有街角让他们聚会了,所以,学校成了他们重要的社交场合——虽然青少年们并不觉得这是一个理想的地点(Kloep & Hendry, 1999)。同样有趣的是,从发展的观点看,对男孩而言,"团伙阶段"通常出现得比女孩晚一些,这可能是由于女孩成熟得更早一些,并且通常她们与年龄大一些的男性同伴进行交往。

十、青少年的友谊

随着青少年彼此之间交往的加深,友谊就产生了。友谊能给青少年带来什么呢?

(一)友谊的功能

青少年的友谊起到六种基本的作用(Gottman & Parker, 1987):一是"陪伴"。友谊给青少年提供了熟悉的伙伴,他们愿意待在一起,并参加一些相互合作的活动。二是"刺激"。友谊为青少年带来了有趣的信息、兴奋、快乐。三是"物理支持"。友谊会提供时间、资源及帮助。四是"人格自我支持"。友谊会提供对支持、鼓励和反馈的期望,这有助于青少年维持他们对自己的能力、魅力及个人价值的肯定。五是"社会比较"。友谊提供信息让青少年知道自己和他人的立场,以及他们所作所为的对错。六是"亲密"。友谊为青少年提供一种温情的、密切的、信任的相互关系,这种关系中包含了自我表白。

在青少年早期,亲密朋友在心理上的重要性及亲密度发生了很大的变化(Sullivan,1953)。朋友在形成儿童和青少年的幸福感、促进其发展上,也和父母一样起着重要作用。就幸福感而言,所有的人都有很多的基本社会需要,包括亲近感(安全依恋)、玩伴、社会接受、亲密感及性行为。这些需要是否得以满足很大程度上决定了我们的幸福感。比如,如果对玩伴的需要没有得到满足,我们就会变得烦躁、抑郁;如果社会接受的需要没有得到满足,我们就会受到低自我价值感的折磨。从发展上看,在青少年期,对这些需要的满足越来越依赖于朋友,并且朋友关系的起伏也越来越对青少年的幸福感产生更大的影响。特别地,在青少年早期,亲密感的需要增强了,促使青少年去寻找亲密的朋友。如果青少年没有建立起这种亲密的友谊,他们就会体验到痛苦的孤独感,以及更加失落的自我价值感。

研究发现支持了 Sullivan 的这些观点。比如,青少年和年幼的儿童相比,他们更经常地向自己的朋友说一些个人的、隐私的事情。在满足陪伴的需要、确认价值感以及亲密感方面,青少年更为依赖朋友而不是父母(Furman & Buhrmester,1992)。在一项研究中,研究者对 13~16 岁的青少年连续进行了为期五天的每日访谈,以考察他们与朋友和父母在一起进行有意义的交往所花费的时间量。结果发现,青少年每天和朋友有意义交往的时间为 103 分钟,而与父母的交往时间则是 28 分钟。此外,在青少年期,友谊的质量与幸福感之间的联系强于儿童期。与拥有亲密友谊的青少年相比,友谊一般或者根本没有亲密朋友的青少年更加感到孤独和抑郁,其自尊感也更低。青少年早期的友谊对成年早期的自我价值感也是一个非常重要的预测变量。

友谊日益亲密、愈加重要,这向青少年掌握更为复杂的社会技能提出了挑战。青少年的友谊代表了一种新的人际交往方式。在儿童期,好朋友就是玩得来的伙伴:儿童必须知道在游戏中如何合作,必须谙熟怎么加入别人正在进行的游戏中。相比之下,青少年更为亲密的友谊则要求他们学习很多建立亲密关系所需的技能,包括知道如何恰当地自我表白,给朋友以情感支持,以不会损害友谊亲密度的方式来解决争端。这些能力要求青少年在观点采择、共情和社会问题解决方面必须比儿童期成熟老练。

同伴关系除了在社会能力的发展过程中产生影响之外,它常常也是重要的支持源(Hartup & Collins,2000)。青少年的友谊对彼此的自我价值感给予支持,在亲密的朋友表白自己对自身有一种不安全感和畏惧时,他们会发现自己并不"异常",并且自己也没有什么应该感到羞耻的。朋友也是青少年的心腹知己,通过提供情感支持和有意义的建议,有助于他们克服烦扰他们的困难(比如,与父母的矛盾或者失恋)。朋友也能够保护"脆弱"的青少年免受其他同伴的欺负。而且,朋友在建立自我认同感方面也是有意义的伙伴。在没完没了的交谈中,在探讨从关于未来的梦想到宗教立场、道德等各种问题的过程中,朋友都会有响应。

研究者指出,综合来看,儿童和青少年通常都把朋友当作是基本的认知资源和社会资源。像从小学到中学这样的转换过程,对于有朋友的儿童来说是很容易适应的,而没有朋友的人则不然。友谊的质量也非常重要,社会技能都很娴熟的同伴之间的支持性友谊更具有发展优势,而压制的、隐含冲突的友谊则是另一回事。友谊及其在发展过程中的重要性对青少年来说是因人而异的。青少年的特征,比如气质等,都可能影响友谊的性质。

(二) 友谊中的亲密

在谈论友谊时,研究者对它的界定有不同的方式。不过,其一致的内涵还是有的:亲密指的是个人秘密思想的表白或分享。

在过去多年中,关于青少年友谊的研究中最为一致的发现是,亲密是友谊的一个重要特征。在问到年纪小一些的青少年他们最希望从朋友那里得到什么,或者怎么向别人介绍自己最要好的朋友时,他们通常会说,最好的朋友能够分担他们的困难、理解他们、听他们谈论自己的想法或感受。年幼的儿童在谈到自己的友谊时,则很少涉及自我表白或者相互理解等方面。研究已经表明,友谊的亲密度对13~16岁的青少年来说比10~13岁时重要。

青少年女孩的友谊比男孩的友谊更加亲密吗?就亲密朋友而言,女孩比男孩更加强调亲密的交谈和信任感。比如,女孩更可能认为亲密的朋友就像自己一样敏感,或者就像自己一样值得信任。这种性别差异可能是由于女孩更加注重人际关系的缘故。男孩在表白自己的困难和问题时,彼此之间可能会进行相互贬损,因为这是其男性特征所决定的。男孩如果不能处理自己的问题和不安全感,就可能落得让别人叫自己"窝囊鬼"。男孩们聚在一起更多地是为了某个活动,通常是体育活动和竞争性的游戏,他们讨论的重点是成就,会包含更多的竞争和冲突(Rubin et al., 2006)。然而,在一项研究中,在非裔美国青少年中却没有发现这种自我表白方面的性别差异。国内近期的研究发现,高中生与不同表露对象以及在不同主题上的自我表露都高于初中生;女生在除了身体发育之外的主题(兴趣爱好、学习情况、学校经历、观点态度、亲子关系和亲密友谊)上的自我表露,以及与同性最要好朋友的自我表露上,都高于男生(刘艳,邹泓,蒋索,2010)。

一项关于青少年同伴网络的研究中,最为重要的发现是,女生比男生更多地参与到学校的社会网络中(Urberg et al., 1995)。女生也比男生更有可能拥有要好的朋友,更可能成为朋党成员。

和儿童期相比,青少年也把忠诚或者信任看成是友谊中更重要的东西(Hartup & Abecassis, 2004)。在谈到自己要好的朋友时,青少年常常提到的是,当和其他人一起时,朋友支持的是自己。比较典型的如"小宝在打架时帮我"或者"小洁不会撇下我去找别人"。从中可以看到,青少年并不重视同伴在一个更大的同伴团体中的义务。

对6~12年级青少年同伴网络进行的研究还发现,青少年在提名谁是朋友时是很挑剔的(Urberg et al., 1995)。在12年级时,青少年很少自己建立友谊,或者得到别人的友谊,他们也很少有共同的朋友。这种较从前更为挑剔的选择可能是由于其增长了的社会认知技能所致,这种技能让年长一些的青少年可以对谁会喜欢他们做出更为准确的判定。

友谊的另一个显著特征是,从儿童期到青少年期,朋友一般都是相似的——包括年龄、性别、种族和很多其他的因素(Popp et al., 2008)。朋友之间常常对学校有相似的态度、相似的教育期望以及一致的成就期望。朋友们喜欢相同的音乐、穿同一类型的服装以及喜欢相同的休闲活动。如果朋友之间对学校有不同的态度,如果其中一人坚持要做完作业,另一人坚持要去打篮球,那么这种冲突就可能会减弱他们的友谊,就可能会导致分道扬镳。

十一、恋爱关系

尽管很多的青少年通过正式的和非正式的同伴团体有了一些社会交往,但是,男女之间更为认真的交往却是通过约会才发生的。现在的约会并不像从前那样只是作为求婚的一种方式,它已经演化。

(一) 约会的功能

研究者指出,与从前相比,现在青少年的约会至少包含以下功能(Paul & White, 1990):① 约会可能是一种娱乐方式。约会中的青少年似乎玩得很开心,他们把约会看成是快乐之源。② 约会可以提供一种地位和成就感。在青少年期,社会比较过程中就包含着对约会者地位的评价,他们长得最好看吗、最受欢迎吗等。③ 约会是青少年期社会化的一部分,它帮助青少年学会如何与人相处,帮助他们学会讲礼貌,学会恰当的社会行为。④ 约会帮助青少年明白什么是亲密,使他们有机会与一个异性建立独特的、有意义的关系。⑤ 约会可能是探索和实践性行为的背景。⑥ 通过与异性的交往及共同的活动,约会提供了一种陪伴。⑦ 约会经验有助于自我认同的形成和发展;约会帮助青少年澄清自己的自我认同,帮助他们从家庭中分离出来。

在刚刚开始的恋爱关系中,很多青少年并不是为了满足依恋或者是为了满足性需要。相反,初期的恋爱关系是作为一种背景,青少年去探索自己究竟有多少吸引力、自己应该怎样谈恋爱、所有这些在同伴眼中又是如何看待的。只有在青少年获得某些基本的、与恋爱对象交往的能力之后,对依恋和性需要的满足才会成为这种关系中的核心功能。此外,至于约会的原因,年龄较小的青少年往往提到的是娱乐、获得同伴地位;到了青少年后期,年轻人对心理上的亲密感有了更大的需求,这时候他们想要找一个可以提供陪伴、感情和社会支持的人(Collins & van Dulmen, 2006)。

值得注意的是,虽然青少年对性的兴趣很大程度上受到青春期激素变化的影响,但是文化对于何时以及如何开始约会却有着不同的期望。亚洲的青少年开始约会比较晚,与西方社会中的年轻人相比,其约会伴侣数也更少,后者会容忍甚至是鼓励在中学时期就开始约会(Carver, Joyner, & Udry, 2003)。

(二) 恋爱关系的发展及影响

在恋爱关系初期的探索过程中,青少年经常觉得很多人在一起更加自在,并开始和男女混合的团体一起玩。有时,他们只是待在某个人家里或者大家一起去逛商场、看电影。

一项对15岁青少年恋爱关系的研究发现,大多数人并没有在谈恋爱。大多数学生只是有过短期的恋爱关系,平均四个月。不足十分之一的恋爱关系超过一年。虽然他们的约会关系相对短促,但是联系却很频繁。青少年说他们经常看到对方,差不多每天都打电话。约会实际上经常是发生在团体中,而不是二人世界。青少年约会时最经常做的事是看电影、吃饭、逛商场、逛校园、开晚会、串门。另一项研究中,10年级学生的约会关系平均持续五至六个月,到12年级时增加到八个月(Dowdy & Kliewer, 1998)。而与约会有关的青少年与父母之间的冲突,对12年级的学生来说就没有10年级的多。

总之,大多数青少年并没有在谈恋爱,一些人只是有过短期的恋爱关系,平均四至五个月,高年级的持续时间长一些(Carver et al., 2003);并且,随着年龄增长,结束关系的情况也相应增加(Connolly & McIsaac, 2008)。特别值得注意的是,过早约会以及和某人"外出"往往和青少年怀孕、在家里及学校里的问题联系在一起(Eaton et al., 2007)。

一项针对5~8年级学生的追踪研究发现,四年之后,青少年和异性在一起的时间、对异性的思恋,与5,6年级相比,在其每周的时间中占据得更多了(Richards et al., 1998)。5,6年级的女孩每周会有一小时见男孩、对异性的思恋不足两小时,而男孩所花的时间更少,对异性的思恋也不足一小时。但是,到11年级,女孩每周有十小时和一个男孩在一起,男孩大约为一半。思恋的次数也增加了;女孩每周有八小时在想着一个男孩,而男孩大约有六小时。

研究者考察了青少年后期恋爱关系的质量与依恋方式之间的关系。研究结果一致发现,安全型依恋与高水平的信任、承诺、关系满意度相联系;与更为开放的沟通相联系。回避型的依恋则与低水平的相互依赖和信任相联系;而焦虑矛盾型的依恋则与忌妒、低水平的信任和满意度相联系。

一项研究考察了13~19岁青少年的依恋方式、情绪调节及适应之间的关系(Cooper, Shaver, & Collins, 1998)。结果发现,安全型和回避型的青少年其风险行为

(学习成绩差、犯罪、吸毒、性行为)都比焦虑矛盾型的少。然而,安全型和回避型的区别在于心理症状和自我概念上,安全型依恋的青少年显得适应更好。焦虑矛盾型的青少年适应最差,反映为自我概念不良、高水平的问题症状及风险行为;这一组青少年问题行为的高发生率部分地是由于他们的抑郁和敌意水平造成的。此外,焦虑矛盾型的女孩子在抑郁、焦虑和性行为上更为突出。总之,恋爱关系中所反映出来的依恋方式对于预测关系行为及其他方面的适应来说是很重要的。

(三) 恋爱关系的影响因素

目前国内外大量研究显示,青少年恋爱关系发展的影响因素主要集中于家庭因素、同伴关系、沟通方式、文化因素等方面(参见:刘文,毛晶晶,2011)。

1. 家庭因素

首先,许多研究表明,亲子关系的质量会对青少年的恋爱关系发展产生重要影响。温暖、安全的亲子关系对满意的恋爱关系的获得具有重要作用(Auslander, Short, Succop, & Rosenthal, 2009)。个体早期不安全的依恋方式会降低青少年恋爱冲突的解决能力。

其次,父母教养方式与青少年恋爱关系存在着相关。Auslander等人(2009)对102名14~21岁的女生进行研究,探讨父母教养方式与恋爱关系质量间的关系,结果表明,权威型教养方式能使孩子在恋爱关系中具有较高的满意度。Bucx和Seiffge-Krenke(2010)进一步指出,异性父母对儿女交往技能的发展具有特殊作用。儿女与异性的交往能力主要是从其早期与异性父母的交往中获得。

最后,父母对青少年恋爱关系的影响具有间接性。研究表明,父母对青少年恋爱关系的影响要通过对友谊的干预来进行(Li, Connolly, Jiang, Pepler, & Craig, 2010)。由于父母影响的复杂性,父母的支持会促进恋爱关系的发展,而父母在限制儿女的恋爱关系时也可能对青少年的恋爱经验造成消极影响。

2. 同伴关系

同伴关系是影响青少年恋爱关系发展的重要因素之一。良好的同伴关系有助于青少年恋爱关系的发展。Connolly和McIsaac(2009)认为,与朋友的关系质量是影响青少年恋爱关系质量的关键。朋友是青少年获得社会支持,以及了解有关恋爱关系信息的重要源泉。因此,朋友具有获得并维持恋爱关系的功能。朋友的支持会促进恋爱关系的发展。Connolly, Craig和Pepler(2004)的研究指出,同伴与恋爱关系具有直接联系。同伴群体能够提供适宜的异性交往模式,且混合性别组与同性别组相比,具有更好的恋爱关系稳定性。

3. 沟通方式

首先,关系攻击是情侣在沟通交往过程中所表现出的对伴侣进行躯体伤害,以及心理攻击的行为(Connolly et al., 2010)。研究表明,30%~50%的青少年承认至少在一次恋爱关系中发生过躯体攻击(Williams, Connolly, Pepler, Craig, & Laporte, 2008)。青少年的躯体攻击是双向的,即男女都有可能对伴侣进行躯体攻击。除躯体攻击外,心理攻击和口头攻击在青少年的恋爱关系中也十分普遍。Jouriles等人(2009)检测了青少年对躯体攻击和心理攻击的心理评价,结果发现,心理攻击与躯体攻击相比,更容易引起青少年的不快,对恋爱关系具有更深的影响。

其次,从冲突解决策略来看,青少年对冲突和压力所采用的应对策略对恋爱关系具有调节作用。情侣双方协商的增多会形成更加稳定和持久的恋爱关系。当情侣间的协商增多,恋爱压力会减少,情侣间的恋爱关系会更加亲密。Seiffge-Krenke等人(2010)研究表明,协商与寻求支持是各国青少年对恋爱冲突所采用的主要应对策略。Bucx和Seiffge-Krenke(2010)研究发现,青少年较少采取攻击的应对策略以解决恋爱关系中的冲突。但由于青少年期间,个体成人感和自我意识的分化,其尊重、独立和自主的需要会不断增强。因此,他们较易独立解决问题而不去求助他人,从而导致协商、求助等应对策略的减少。

4. 文化因素

社会文化是个体成长的背景系统。Seiffge-Krenke等人(2010)针对青少年的恋爱压力,采用问卷法对17国8654名青少年进行了跨文化研究。结果发现,中欧与南欧地区的青少年与其他地区相比具有较高的恋爱压力;南非、南美与中东地区的青少年更加关注身份压力。Ha等人(2010)系统介绍了父母与同伴关系对荷兰本地以及移民青少年的恋爱关系影响,证明了文化差异在恋爱关系中的导向作用。

研究者发现,中国青少年对恋爱关系多持保守态度。Chen等人(2009)对中国青少年恋爱关系的情绪与行为影响进行分析,结果发现,失恋是引发消极情绪及问题行为的重要因素,且女生与情绪问题联系紧密,而男生更易引发一系列行为问题。此外,中国人因受民族传统文化影响,教师与家长对青少年的恋爱关系基本上持否定态度,对青少年早期的恋爱关系并不支持。中加两国的跨文化研究结果也显示,中国青少年的恋爱关系在频率、交往程度、信任度等方面都低于加拿大青少年(Li et al., 2010)。

8

青少年的问题行为

自20世纪之初开始,关于青少年发展的科学研究就一直或明示或隐晦地把问题行为的描述、解释、预测和矫正作为研究课题之一。尽管有人不断呼吁对青少年期"去渲染"(de-dramatize),尽管有人经常提醒说青少年期并不是一个"标准的骚动期",并且越来越多的证据表明绝大多数的青少年经受住了这一时期的各种挑战,而没有在社会性、情绪或者行为方面出现严重的问题;但是,对问题行为的研究仍然在20世纪八九十年代关于青少年发展的文献中占据了主导地位。的确,最近的一篇论文表明,学者们可能正在反思从前的"急风暴雨"观点,认为这一观点并不正确,并且认为早期研究这一问题的学者可能只是看到了事情的一面。

自从大约110年前Hall关于青少年期的论述出版以来,有一些观念实际上就一直被认为是无可置疑的,即青少年期注定是一个困难的时期,在生命周期的这一阶段中有问题的发展过程比正常的发展更让人感兴趣,青少年的健康发展不只是能力方面的成长,更重要的是避免出现问题。因此,尽管一直有一些理论框架对青少年期的异常及适应不良进行了解释,但是对青少年的正常发展做出解释的一般理论却并没有得到普遍接受,并且曾经很流行的关于青少年的正常发展的理论所产生的影响也大大衰减了。比如,埃里克森的青少年自我认同发展理论曾经是研究青少年期的一股主导力量,在本科生的课本里也引用了很长时间,但是现在却从实验研究的视野中消失了。皮亚杰的形式运算理论在20世纪70年代及80年代早期是研究青少年期的主要组织框架,但是,随着认知发展的研究越来越多地以信息加工和计算机模拟为主导,并且实验研究的发现更加置疑皮亚杰关于青少年期认知发展的基本假设,现在他的理论也或多或少地被遗弃了。

尽管人们可能会哀叹过去十几年对青少年正常发展的关注不够,但是,对青少年问题行为的集中探索却在坚实的研究基础上提供了丰富的信息。此外,我们从青少年期的非正常发展中所认识到的很多东西,为我们理解正常的青少年发展提供了有益的信息。发展心理病理学这一学科对关于青少年期异常的研究所产生的影响已经非常重要了,实际上有很多的纵向研究就是在这种框架内展开的。因此,已经可以得出很多关于青少年问题行为的一般性结论,它们已经形成并且会继续形成一些研究课题。

第一，我们需要区分偶尔的尝试性行为与持久的危险行为或者麻烦行为。现在有很多研究表明，偶尔的（通常也是无害的）尝试性行为的发生率远远超过持久性问题行为的发生率。

第二，我们必须区分那些在青少年期才开始的问题与那些在以前就已经生根的问题。比如，某些青少年是在青少年期走上犯罪道路的，因此我们也往往会把犯罪和青少年期联系起来。然而，大多数现在惹上法律问题的青少年在其早年就已经在家里和学校出现问题了；对一些犯罪的青少年来说，甚至在学前期就已经有明显的问题了。

第三，青少年所遇到的很多问题从本质上讲是相对暂时性的，进入成年期之后这些问题就会解决掉，很少有长期的影响。药物滥用、失业以及犯罪就是三个例子：在青少年和年轻人群体中，药物滥用、酗酒、失业以及犯罪的比率高于成人群体，但是大多数在青少年期吸过毒、酗过酒、曾经失业或者犯过法的人，在长大成人之后都审慎从事，找了工作、遵纪守法。尽管有研究表明这种现象大多是由于婚姻和全职工作所产生的"安定效应"，可遗憾的是，我们对这一转变过程的机制知之甚少。不过，很多研究者已经开始探索一些方法来区分青少年期所出现的那些所谓的"青少年期所特有的"问题与"持续终生的"问题。具有讽刺意味的是，那些能够区分这两种问题的预测变量在青少年期没有被好好地研究过，倒是在青少年期之前的阶段研究得比较清楚（比如，注意缺陷、神经系统损伤、学前的行为问题等）。这一发现提示我们，要想好好理解青少年期的发展，就必须考虑青少年期之前的发展状况。

人们现在对内化问题的了解远不及对外化问题的认识，但有一点似乎清楚的是，描述青少年期外化问题在中期达到顶峰而后下降的倒 U 形发展曲线，并不能够反映内化问题的发展变化。

此外，尽管青少年期的抑郁发生率达到一个高峰，青少年期抑郁的性别差异也开始显现，但是我们还不清楚这两种现象的内在机制。虽然有人提出了各种有趣的理论，但是可以区分这些假设的明确数据还非常缺乏。最常见的论及发展差异和性别差异的解释是：① 青春期激素的变化；② 有压力的生活事件的发生率及其特性；③ 某种认知能力和应对机制的出现。尽管如此，令人失望的是，我们并不知道为什么在青少年期抑郁会增加，或者为什么青少年女孩更可能比男孩出现抑郁。

一、问题行为的特点

儿童和青少年心理病理学通常把问题行为分为两大类（Ollendick, Shortt, & Sander, 2008）：即"内化问题"（internalizing problem）和"外化问题"（externalizing problem)。外化问题主要是那些对他人有伤害和破坏性的行为;内化问题主要是自责型的情绪所带来的困扰。实际上,这两种问题都包含行为和情感内容,以及典型的认知特征。

(一) 基本特点

外化问题对一个人的外部世界造成困扰。外化问题的类型包括有违法行为、打架斗殴、物质滥用、危险驾驶、无保护的性行为等。与内化问题相似,外化问题也容易扎堆出现。比如,打架斗殴的青少年与其他人相比,更有可能犯罪;有过无保护的性行为的青少年与其他人相比,更有可能使用药物,如酒精和大麻。有外化问题的青少年有时候被称作"控制缺失"(Van Leeuwen et al., 2004)。他们偏重于来自那些缺乏父母监管和控制的家庭(Thompson et al., 2011)。因此,他们缺乏自控能力,进而导致外化问题。较之女性,外化问题在男性中更为普遍(Frick & Kimonis, 2008)。

另一个内化和外化问题的关键区别在于有内化问题的年轻人通常会感到痛苦,而有外化问题的年轻人则通常不会。西方社会中,大多数年轻人都会时不时地有外化行为(Frick & Kimonis, 2008)。虽然外化行为能够表明个体与家庭、朋友或学校之间有问题,但事实上许多有外化行为的年轻人并没有上述问题。诱发外化行为的并非是潜在的不愉快或潜意识心理,而是个体对于兴奋和强烈体验的需求,并且该行为也是一种与同伴玩乐的方式(Maggs, 1999)。在成年人看来,外化行为是一种不良的问题行为,但年轻人则不这么认为。

青少年问题行为的范围是很广的,其严重程度各不相同,就青少年的发展水平、性别和社会经济地位而言,也是大相径庭的。有一些青少年的问题行为是短期的,另一些则可能持续很多年。某个13岁的青少年可能会有破坏班级的出格的行为,到14岁时,他可能会很张扬、富有攻击性,但是不再有破坏性。另一个13岁的青少年可能也有相似的出格行为,到16岁时可能会因为多宗违法犯罪的案子而被捕,并且也一直在班级里有破坏性的影响。

有些问题行为更可能在某一发展水平出现,而不是在另一发展水平。比如,恐惧在儿童早期是比较普遍的,很多与学校有关的问题在儿童中后期也可以看到,而和药物有关的问题则在青少年期更多一些。一项研究表明,抑郁、逃学、药物滥用在年龄较大的青少年身上比较多,而争吵、打架和高声喧哗则在年幼一些的青少年身上更多。

来自下层的青少年比中产阶级背景的青少年更容易出问题。下层青少年的大多数问题是属于失控的外化问题行为——比如破坏别人的东西、打架等。这些行为在男孩身上比女孩多。中产阶级背景的青少年的问题行为则更可能是过分控制的内化问题——如焦虑或抑郁。

在另一项调查中,研究者发现,下层的儿童和青少年比社会经济地位较高者问题更多、能力更差。如果有以下这些情况的话,他们的问题会更多:在家里和成人的交往很少、亲生父母未婚、父母分居或者离异、家庭靠社会救济为生、有家庭成员接受心理治疗。来自父母未婚、分居或离异的家庭以及来自靠社会救济为生的家庭的儿童和青少年,都会有更多的外化问题。这些行为问题很可能导致青少年必须接受心理健康门诊的治疗,因为他们不快乐、悲伤、抑郁、学习成绩差。

(二) 影响因素

1. 家庭的影响

大量的研究关注的是家庭特征与风险行为的关系,并且一致发现教养方式和风险行为之间有关联。具体而言,与其他青少年相比,权威型父母(与孩子的关系中,兼具温暖和控制)教养出来的青少年更少参与风险行为。相反,专制型父母(严厉控制,但不温暖)、纵容型父母(高温暖,低控制)或忽视型父母(低温暖,低控制)教育出来的青少年参与风险行为的比例更高。

因此,有物质滥用问题的青少年较之他人,更有可能有纵容型、忽视型或专制型父母(Barrera, Bilgan, Ari, & Li, 2001)。相反,那些生活在温暖、亲密家庭的青少年,有物质滥用问题的可能性更少。其他与青少年物质滥用有关的家庭因素还有高家庭冲突和家庭解体。父母离婚的青少年更有可能使用药物,部分原因是强烈的家庭冲突经常会推动并导致离婚(Breivik et al., 2009)。

有一个或多个家庭成员物质滥用或者家庭成员对物质滥用态度宽容的青少年更可能物质滥用(Luthar & Goldstein, 2008)。在对违法行为的研究中,同样发现类似的家庭因素类型。当缺乏父母监管时,青少年更有可能参与到违法行为中(Dishion et al., 2003)。来自离婚家庭的青少年违法率更高,部分原因就是当只有父亲或母亲一方教养时,监管会更加困难。

2. 朋友的影响

研究发现朋友对青少年风险行为的影响远比最初设想的要复杂。特别地,年轻人倾向于选择那些与自身相似的朋友——有相似的风险行为以及其他方面相似,然而一旦他们成为朋友,他们就会互相影响,即他们的风险行为水平会变得越发相似(Jaccard et al., 2005)。

在对违法行为的研究中,朋友影响被认为是在"社会化违法"中扮演着极为重要的角色(Dishion & Dodge, 2005),因为违法行为是团体或团伙的一部分。"社会化的违法者"很少单独犯罪,而且除了犯罪行为之外,他们在心理功能和家庭关系上与非违法者没有什么不同。相反,"非社会化的违法者"通常没有朋友,并且独自犯案。

尽管社会化的违法者在很多方面与非违法者相似,但因其朋友圈或团伙都支持和推崇不法行为,所以他们仍然会犯罪(Dishion & Dodge, 2005)。虽然他们可能会疏远学校和其他成人机构,但是他们仍然会在违法者的友情团体中形成亲密的人际关系。他们并没有将违法行为视为不道德的或离经叛道的,而是把它看成是寻找快乐、证明男子气概、表明对他人支持和忠诚的方式。团伙中的青少年通常属于这种社会化的违法者(Taylor et al.,2003)。

大量的研究都探讨过家庭和同伴因素在风险行为中的关联性。Patterson 和其同事(Dishion & Patterson,2006)发现违法行为的首个风险性因素起源于婴儿期,以进攻性、困难型的婴儿气质为征兆。这种气质对于父母来说尤其是种挑战,有些父母非但不能付出多余的爱和耐心来缓解它,反而采用粗暴、反复无常和放纵性的教养方式。这一家庭环境导致儿童中期时形成诸如冲动、低自控能力的人格特质,从而造成与多数其他儿童不合的关系。有这些特征的儿童经常会被孤立,除了彼此之外,再无其他的朋友。攻击性和被拒绝的儿童形成的友谊团体间的联系会导致青少年期的违法行为。

3. 其他社会化影响

研究发现,较差的学业成绩与各种类型的风险行为都有关联,尤其是在物质滥用和违法行为方面(Bryant et al.,2003)。然而,在学校中的问题并不能解释风险行为,原因是那些最为严重和持久的风险行为卷入倾向早在入学前就已经开始。尽管如此,有些研究还是发现学校的总体环境能够影响青少年的风险行为(Denny et al.,2011)。Michael Rutter 及其同事对英国学校的经典研究表明了学校环境对违法行为的影响。他们研究了伦敦 12 所学校的青少年,从 10 岁开始,追踪研究了四年。结果显示即便在控制了诸如社会阶层、家庭气氛等因素后,学校环境仍对违法行为率有显著影响。

除了学校气氛之外,两个其他学校气氛特征同样具有显著的积极效应。其一是学校的智力平衡,即拥有大量聪明的、以成就为导向的、遵循学校目标和规则的学生。这些学生会成为领袖人物,设定其他学生必须遵循的行为标准,从而打击不法行为。另一个重要的特质被路特及其同事称为学校的"风气",即学校广为风行的信仰体系。一种正面的风气,即强调学业价值、奖励良好表现、建立公平而严格的纪律,与青少年早期的低违法行为率有关。

街区和社区也是被研究的与青少年风险行为,尤其是违法行为有关的因素。最新关于街区和社区因素的研究提到了高居住流动率与高违法犯罪性相关,原因可能是当人们频繁搬入、搬离街区时,居民们可能对邻居的依恋会更低,也比较少地考虑邻居的看法(Zimmerman & Messner,2010)。另外,街区、社区对药物使用的标准以及社区中的毒品可得性都已经被证实与青少年的物质使用有关。

最后,近些年来,宗教信仰成为与风险行为有关的兴趣话题。大量研究发现,宗教信仰与青少年参与风险行为呈负相关。就像好的学校和权威型父母一样,宗教信仰和参与宗教活动也充当了一种"保护性因素",降低了参与风险行为的可能性。然而,与学校或家庭不同的是,对于宗教信仰的作用,自我选择被看作一种可能的解释。也就是说,并非是宗教卷入引起青少年较少地参与到风险行为中,而是努力追求高道德行为标准的年轻人既很少对风险行为感兴趣,又对宗教卷入更感兴趣。

二、外化问题概说

(一) 外化问题的特点

研究者一般认可年龄与犯罪呈负相关。特别是犯罪率通常在17岁时很快达到顶峰,在成年早期又急速下降。随着年龄的增长,犯罪的人越来越少。青少年的自我报告也表明,随着他们长大成熟,违法乱纪的事做得越来越少了。不过,综合来看,可以认为反社会行为在青少年期的确是一个问题。

研究已经表明,实际上只是一小部分青少年犯了大多数的罪行。这部分青少年就是那些具有"终生持久性"(life-course-persistent, LCP)的违法者,大多数的罪行是他们犯下的。进行终生持久性犯罪行为的青少年与"限于青少年期"(adolescence-limited, AL)犯罪的青少年是不同的,前者开始得早,其反社会行为与多动症、学业失败、攻击性或者暴力相联系。对这些LCP青少年来说,比较早地对其以及他们的家庭进行干预似乎是唯一的解决办法(Rutter et al., 1998)。相比之下,对那些看来只是在青少年期才参与反社会行为的青少年来说,还没有比较清楚的干预策略。

LCP和AL两种类型的反社会行为起因可能是不同的,或者它们演变的过程是不同的。前一类型的青少年其反社会行为有着较早的起源,并且和多动症、学业失败以及攻击性联系在一起,但与之不同的是,在青少年期才开始参与反社会行为的那些青少年之所以这样做,是因为他们的生理年龄与社会年龄之间的差距所带来的压力。在青少年走向个体化的过程中,有一种心理需要大大增强了,那就是要觉得自己重要,要想为家庭、学校和社会做出重要的贡献。对于青少年什么时候算是成年了,社会一直到现在都是矛盾的态度,也就是说,除了允许吸烟、喝酒及发生性行为之外,并没有什么正式的成人仪式,所以,青少年去做那些遭禁的成人行为只是为了让自己有一种成人感。由于惯犯是在很长一段时间内一直做反社会的事,所以"正常的"青少年只是在以"准成人"的行为来模仿"更有胆气的、经验丰富的"反社会青少年。研究者认为,事实上,成功的成人仪式应该是与低水平的犯罪参与率联系在一起的。

有研究发现,变化着的生活方式也会对违法犯罪的模式产生影响。例如,违法乱纪的青少年如果结婚早一些、获得了中学文凭、接受了某种职业训练,那么他们就很可能会放弃那些犯罪行为。研究者认为,违法乱纪的高峰年龄可能与就业和教育的机会有关,因为在教育延长而青少年期又不可能就业的那些国家里,高峰年龄出现得就比较靠后(Rutter et al., 1998)。同样,研究者还指出,如果青少年每天都参与成人的活动,或者他们必须工作以支撑家庭时,他们的问题行为就很少。青少年需要合法的途径去消耗他们的精力和资源。以这种观点看,反社会行为之所以"正常"只是由于我们的社会未能给青少年其他的方式来表达其成人感。

相似地,研究者提出,反社会行为与青少年所面对的其他发展任务是联系在一起的。特别是有研究者认为,"限于青少年期的"反社会行为是由这一时期特定的原因引发的,包括青春期固有的生理失调;成人所允许的和青少年所期望的自由程度的差距;西方文化中对个人主义的注重;迎接生活中的新挑战时所面对的困难等。的确,反社会行为似乎是在对同伴压力最敏感的时候到达顶峰的,而且,随着青少年逐渐学会自我控制,犯罪率也就下降了(LeBlanc, 1993)。

随着年龄的增长,大多数罪犯都洗手不干了,因为犯罪太危险了,体力负担也很重,得不偿失,并且对大多数人来说,以犯罪作为一种生活方式所面临的惩罚更加严厉、时间更长。青少年随着年龄的增长,他们越来越害怕惩罚。

(二) 问题行为的隐义

实际上,我们应该注意到,把目光盯在让我们烦恼和愤怒的消极行为上是很容易的,而要想真正全面理解这些行为,我们就必须考虑到行为的积极面——该行为起什么作用或者该行为能够满足人的什么需要。比如,以青少年在学校的休息室里吸烟为例,这是一种普通的"问题行为"。这一"问题"的消极面是显而易见的:弄得到处是烟雾、违反学校的规章制度等。那它有没有积极面呢?也许在休息室里吸烟能够起到一种作用,那就是张扬自己的独立性。

被成年人标定为"失常"或者"不当"的那些行为,可能恰恰是有助于青少年适应自己环境的行为。青少年需要学会更为有效的、恰当的其他方法来应对自己的环境,以便在满足自己的需要时,不要惹上麻烦。青少年的各种冒险行为有其潜在的行为功能,能够反映相应的发展任务,这些行为是由一些可能产生破坏性影响的做法引发的,但又是可以通过有益的替代性措施来抵消的(Siegel & Scovill, 2000)。从表8-1中我们可以看到一些典型的问题行为所包含的种种关系及潜在功能(即青少年可能追寻的结果):

表 8-1　问题行为的潜在功能及其他*

反社会行为或问题行为	潜在功能	发展任务	对发展不利的情境因素	可以促进发展的措施
逃学、不服教师管教	无力在学校内获得成功的挫折感的表现	能力	• 规模较大的学校 • 班级内师生比例很低 • 按照能力分组	• 提供个体化的计划 • 让拥有各种广泛能力的青少年能够获得成功
做"准成人"的事，比如，喝酒、物质滥用、过早的性行为	应对焦虑、挫折和由不适感带来的恐惧的方式——通过模仿准成人的行为来寻求他人对自己能力的认可，寻求他人的尊重	向成年期过渡	• 父母经常不在家而导致的与成人之间亲近感的缺乏 • 在学校或者社区与成人建立关系的机会太少 • 几乎没有与成年人一对一独处的时间	• 教给青少年应对压力的方法 • 提供成年人的角色榜样 • 提供学习职业技能的机会 • 参与辅导或者实习计划
"青少年行为"（比如，荒诞的服饰、音乐，污言秽语），违反家庭宵禁这样的小规矩	表明个人状态的一种方式（我多么与众不同、多么重要、多么生气）——寻求他人对自己的个人价值的认可，希望做出独特的贡献	自我认同、自主、个体化	• 大众传媒把青少年作为一个消费群体所设定的目标 • 青少年缺乏为家庭和社会做出积极贡献的机会	• 让青少年参与规矩的制定 • 让他们参加决策 • 给他们提供更多的为社会做贡献的方式 • 在学校组织各种俱乐部
加入帮会，与犯罪同伴交往	满足归属需要的方式（我想要成为他们的一分子）	建立亲密感、建立关系	• 缺乏与亲社会同伴的交往机会 • 强迫性的家庭关系	• 教授建立人际关系的技能、交谈技能、共情技能 • 提供与亲社会同伴及成人交往的环境
出格行为（比如，在学校惹麻烦、打架斗殴、威胁恐吓、偷窃、离家出走）	希望别人能够倾听自己的心声，希望得到理解；引起别人对自己所受不公平对待的注意	自我认同、能力、勤奋	• 未能倾听青少年的心声 • 没有让他们参加规矩的制定和决策的过程 • "替"青少年做一些事，而不是"和"他们一起做事	• 提供更为有力的、能够倾听青少年心声的成人角色榜样 • 教给青少年分辨和表达各种情绪的方法 • 教给他们谈判技能 • 让他们参与决策过程

(续表)

反社会行为或问题行为	潜在功能	发展任务	对发展不利的情境因素	可以促进发展的措施
吸烟、性行为、喝酒	表现从儿童期向成人期过渡的方式——寻求他人认可自己是不可小视的,试图为自己建立一个角色	向成人期过渡	• 对成人和青少年的行为采取双重标准	• 创建更为规范的标志来确认向成人期的过渡 • 当成人"食言"时,向青少年认错
超速驾驶、"找感觉"	逃避烦恼、寻求刺激的方式——寻找一种方式以感到并没有被羞辱、被忽视或者被认为无足轻重	能力	• 社区中心、俱乐部或者其他成年人可以辅导青少年的环境太少	• 为青少年组织令人兴奋的、有成年人进行指导的活动(比如午夜篮球赛)
自己"打游戏"、和别人一起"打游戏",在商店偷窃,故意破坏	检验个人局限和地位的方式——寻求能力感,找一些可以"担当"的事	自我认同	• 青少年缺乏获取成功的机会 • 缺乏向成人学习的机会(比如职业技能、沟通技能) • 缺乏为社会做贡献的机会	• 创建使青少年能够从中获得自信,在某些事情上获得成功的环境 • 拓宽青少年获得成功的范围 • 成功不要只是局限在学业和运动上
暴力行为、犯法、行为障碍	表达对成人权威的反抗或者愤怒——寻求对没有安全感的环境的控制和把握	信任对不信任,安全需要	• 未能使青少年摆脱贫穷、儿童虐待、忽视、心理劣势	• 比较早的儿童期干预最有效,而在青少年期则收效甚微

* 引自:Siegel & Scovill,2000.

三、攻击行为

攻击一般被定义为有意使他人受到伤害、损害的行为,以感觉愤怒、有意识伤害为特征。对学生攻击行为的研究多集中在攻击对同伴关系、学习成绩以及其他社会性发展结果的影响方面,也有研究探讨了不同性别学生的攻击行为表现和攻击随年龄变化而变化的情况。

攻击行为研究的一个新进展是发现女生同样有攻击行为表现,但表达方式有所不同。男生可能用身体攻击,表现为撞、打、推、威胁要揍别人等,这样能够有效阻止男生中以支配和工具性定向为特点的目标。女生可能更关注诸如与他人建立亲密无间的友谊之类的社交互动,这样,女生的攻击性行为就多集中在社交关系问题上,并且通过对他人友谊和朋友接纳感觉的损害而实现。这种行为被称作关系性攻击行为,表现为通过把某人赶出朋友群体来报复,有意识地终止或接受其他的朋友关系而对另外的学生造成伤害或控制,散布谣言使同伴们都拒绝某人等方式。关系性攻击行为对学生来说非常讨厌和具破坏性,很多人把这种行为看成卑鄙的、充满敌意的伤害性动作,并且使人发怒,经常受关系性攻击行为伤害的学生比其他学生经历更显著的焦虑、抑郁之类的心理困扰。

对攻击行为研究的又一个进展是把工具性的或挑衅性攻击行为同敌意的或反应性的攻击行为区分开来。相比而言,前者不感情化,目的性强,多以占有、统治、侵略以及故意伤害对方为目的,表现为威吓、统治、取笑别人、直呼其名和强迫行为等形式。学校的欺凌现象多来自这种挑衅性攻击行为。

反应性的攻击行为是生气和狂怒没有得到控制而突然爆发,是因为目的没有达到、受到挑衅或挫折的反应,表现为愤怒的表情、发脾气、报复的敌对等形式。这种攻击行为多漫无目的,过于感情化,表现出反应性攻击行为的青少年多在情绪调节和控制上有问题,他们在群体中很少有朋友,常被认为是失败者。

除了有攻击性以外,有挑衅性攻击行为的男孩子们乐于表现自己,爱占上风,崇尚运动、有些幽默感。相反,有反应性攻击行为的男孩子们表现出生气、不高兴、悲伤、不幽默。尽管两种攻击行为有很多不同,但它们之间的相关亦很高。对这两种攻击行为形式的区别要强调意图和行为上的差异,而不是攻击行为结果上的差异。

有关攻击研究的另一个发展方向是关于言语攻击的研究和对言语攻击、非言语攻击进行区分。言语攻击在青少年时期逐渐变得比较明显(Samter,1992),与经常表现为身体攻击的学生不同,青少年花费更多的时间谈论别人。随年龄增长,学生越来越多地表现为言语形式的攻击而不是身体方面的有形攻击。

对言语攻击,青少年只关注该行为的结果而不是动机和情感,但已有研究提到言语攻击行为也有主动攻击倾向。比起其他攻击行为,如打人、尖叫等,清晰明白的言语信息更有确定的意图和理性。言语所攻击的不仅仅是有关沟通过程中的主题方面的立场,还有自我概念(Infante & Wigley,1986),这一说法与羞辱他人和建立自我统治地位时的主动攻击行为类似。其研究中用来描述言语攻击的术语被认为是操作化的主动攻击行为。例如,"攻击他人的智力水平,攻击他人的性格,侮辱他人,责备他人,取笑他人,使他人感觉自己很糟糕",这些都是指主动攻击。对亲子依恋与攻击性行为的关系的研究发现,父母的可靠性与支持性对青少年的口头攻击的抑制影响最为突出。

Chang 等人(2003)对青少年的言语和非言语攻击进行的研究显示,两种形式的攻击均能导致学生在当前和未来被同伴拒绝。他们的研究也提供了有效区分挑衅性攻击和反应性攻击的办法,因为挑衅性攻击是有意的,有明确的目标,期望伤害对方的感情。所有这些挑衅性攻击的动机成分均被包括在对言语攻击的测量中,例如,他们在研究中使用了"试图伤害别人的感情""侮辱别人""诋毁别人""使别人感到自卑""恶意开别人的玩笑"之类的条目测量学生的攻击行为,这些攻击性的言语条目均明确带有试图伤害别人和支配别人的特点。

四、吸　　烟

青少年吸烟的人数在 20 世纪 90 年代初期急剧上升,在过去的几年又有所回落。现在大约有 17% 的 8 年级学生在吸烟(指的是在过去的 30 天内至少吸过一次),10 年级为 26%,12 年级为 35%。在 2011 年的美国全国性调查中,有 19% 的高中生承认使用过卷烟(在过去的 30 天里有至少一次);大麻的使用率略高,23% 的高中生承认在过去的一个月里使用过大麻。

与拉丁裔青少年相比,白人青少年更可能吸烟,不过他们都比非裔美国青少年吸得多。近期的研究发现,在物质使用的青少年中,印第安人使用率最高,其次是美国白人和拉丁裔,最低的是非裔和亚裔青少年(Shih et al., 2010)。男孩、女孩吸烟的比率非常相似。在 20 世纪 90 年代,嚼烟叶的情况也增加了:15% 的男孩和 1.5% 的女孩报告自己在过去的一个月内嚼过烟叶。尽管很多吸烟的青少年认为自己最终会戒烟,但是他们实际上是在欺骗自己:大多数人并没有戒掉,相反,随着年龄的增长,他们吸得越来越多。研究表明,开始吸烟的比率在 10 岁以后迅速增长,13～14 岁达到顶峰(Escobedo et al., 1993)。在 12 岁或者更早就开始吸烟的学生,与那些年龄更大些才开始吸烟的学生相比,他们更可能经常吸烟,而且吸得很多。一般而言,在成年期吸烟厉害的人都是最早开始吸烟的。与不吸烟的人相比,吸烟者酗酒的可能性为三倍,服用违禁药物的可能性至少是十倍。

虽然大多数青少年都知道吸烟的危害,但是他们仍然会去吸烟,这当中有其复杂的原因。很多青少年会模仿吸烟的父母和其他成年人。如果父母和已经成年的哥哥姐姐不改变他们吸烟的习惯,那么要改变青少年的吸烟习惯就几乎是不可能的。如此多的青少年吸烟,其中一个重要的原因就是他们看见成年人在吸烟;他们正在竭力模仿成年人的行为,寻求同伴的赞许。与父母不吸烟的青少年相比,父母吸烟的青少年更可能成为吸烟者。母亲吸烟与年幼的青少年(特别是女孩)吸烟之间的联系比父亲吸烟的情况更为密切。

一项研究以 7 年级学生和他们的教师为对象,考察了教师的态度、行为目的、吸烟行为以及学生吸烟的风行程度之间的关系。结果发现,教师的吸烟行为与学生是否吸烟并没有一致的关系。然而,正在吸烟的教师一般来说就不太可能去干预学生是否拥有香烟或者是否吸烟(deMoor & Golden, 1992)。

一些青少年开始吸烟是因为同伴团体的压力。即使父母不吸烟,吸烟的朋友也会影响青少年在青少年早期就开始吸烟。这种现象在青少年早期比较明显,并且对男孩来说更是如此,他们把吸烟作为一种社会交往的应对机制。吸烟习惯的形成既是服从同伴的一种举动,也是父母及广告影响的结果。研究表明,与男孩相比,同伴在这方面对女孩的影响非常大,女孩一旦开始吸烟,她们就更不可能戒掉(Van Roosmalen & McDaniel,1992)。国内的研究发现,与不吸烟的青少年相比,吸烟的青少年表现出更高的遵从动机和更低的自我效能感(林丹华,方晓义,2003)。同伴直接压力、父亲吸烟态度和反叛性可以显著地预测青少年吸烟行为的发生;男生、成绩较差的学生开始吸烟的人数显著地多于女生和成绩较好的学生(林丹华,方晓义,李晓铭,2008)。

吸烟早也可能是和某些青少年在自尊及地位方面的需要联系在一起的。通常,青少年之所以吸烟是把它作为一种补偿策略,因为他们在学校的各种表现已经落后于同龄人,因为他们不参加课外活动,或者他们有其他的渴望满足的自我需要。女孩开始吸烟是把它作为一种反叛和对自主的追求。下层的孩子往往比中产阶级的孩子更早开始吸烟,主要就是为了获取社会地位。近期研究发现,主观社会地位既可直接作用于吸烟行为,也可以通过生活事件间接作用于吸烟行为:主观感知自己家庭地位低的青少年,更可能吸烟;低主观学校地位的青少年在吸烟行为得分中要显著高于来自高主观学校地位的青少年(夏良伟,姚树桥,胡牡丽,2012)。

青少年一旦开始吸烟,就会继续吸下去,其原因与成年人是一样的:① 解除紧张。吸烟多的人往往是过分紧张、不安宁的人。② 无意识习惯的形成。吸烟一旦变成一种反射活动,就很难戒断。③ 与人际交往和快乐形成了联系。吸烟会把饭后咖啡、交谈、社交聚会或者某些快乐的环境联系起来。④ 强迫性的口部活动。吸烟是为了重温婴儿哺乳期的被动快乐。⑤ 对尼古丁的生理依赖。吸烟者不仅心理上对香烟有依赖,而且生理上也成瘾了。

五、酗 酒

研究表明,在青少年中酗酒现象仍然很突出,在过去的几年中并没有太大的变化。尽管如此,它还是呈现出一种下降的趋势——1980年中学生每月有过饮酒的比例为72%,1999年下降到51%。狂饮的情况(在过去的两周连续喝五次或者更多)也从41%下降到1999年的33%。就狂饮而言,其中的性别差异并没有什么变化,仍然是男性多于女性。1997年,39%的中学男生说他们在过去的两周内喝过酒,相应的女生是29%。2011年,40%的美国高中生摄入酒精,31%的人承认在过去的一个月里至少有一次"酗酒"——一次性摄入五瓶甚至更多的酒精饮料。国内研究表明,青少年的饮酒行为较为普遍,70%左右的青少年曾饮过啤酒或葡萄酒,25%左右的青少年曾饮过白酒;约10%的青少年经常饮啤酒和葡萄酒,2%的青少年经常饮白酒(林丹华,Li,方晓义,冒荣,2008)。

青少年之所以喝酒是有多方面的原因的。对青少年酗酒可能产生影响的因素中包括遗传、家庭影响、同伴关系以及个性特征等。因为喝酒是一种普遍的成年人习惯,所以青少年喝酒反映了他们对社会中成人的态度和行为的认识。青少年把喝酒当作是完整的成人角色扮演的一部分,当作进入成人社会的一种入门仪式。

现在还有证据表明酗酒有其基因决定的先天性,不过基因和环境有着交互作用。据估计,有 50%～60% 的酗酒是由基因决定的(McGue, 1999)。

青少年酗酒与他们的亲子关系和同伴关系有联系。与不酗酒的青少年相比,酗酒严重的青少年往往来自令人不愉快的家庭:家里充满各种紧张的空气、青少年对父母的依恋是不安全的、父母很少管教孩子、父母管理家庭的做法很差劲(缺乏监控、期望不明、对良好行为缺乏鼓励)、父母也放任喝酒的事。酗酒的青少年与家人也比较疏远,他们和家人在一起的时间很少,在家的时间也比较少,并且没什么乐趣。国内研究表明,父母饮酒行为和态度对青少年饮酒行为有直接的预测作用,父母饮酒行为和态度还通过同伴饮酒人数和态度间接地预测青少年的饮酒行为。同时,父母饮酒行为和态度对青少年饮酒行为的影响力大于同伴饮酒行为和态度的影响力(林丹华,Li,方晓义,冒荣,2008)。

同伴团体对青少年是否喝酒的影响极为重要,青少年受到同伴团体压力的影响,他们需要同伴的认同,需要人际关系和友谊。如果青少年结交的同伴在喝酒,甚至是滥饮,再加上对同伴压力的敏感性,那么青少年酗酒的可能性就非常高。无论青少年交往的朋友是比自己年长的、同龄的还是年幼些的,都可能和青少年期的酗酒及药物滥用有联系。酗酒也常常是孤独和焦虑的一种反映,它能够让青少年解脱羞怯、社会性抑制和焦虑。对青少年酗酒进行干预的研究表明,干预措施可以有效地减少青少年女孩酗酒的发生率,并且可以推延那些还没有酗酒的女孩开始喝酒的时间。这一干预措施还可以提高女孩们的拒绝技能,与没有接受干预的女孩相比,她们更能够把握自己,不去喝酒的地方待着。另外,和不喝酒的同伴交往有助于避免酗酒。

某些青少年之所以喝酒,其中一个重要原因就是把喝酒作为一种反叛的方式,那些严重酗酒者更是如此。有些青少年比较反叛,与成人比较疏远,他们经常在与父母的交往中感到巨大的压力,而家人给予的支持又很少。他们喝酒反映的是与家人和社区的疏远关系。所以,严重酗酒者也很可能去干违法乱纪的事。

酗酒的青少年其个性特征中表现出对自己的消极感受、不负责任、不成熟、防御性强、不依赖、自我中心、对人缺乏信任和不服从(Mayer, 1988)。从个性方面来看,有三种在青少年期表现出的特质与 28 岁时的酗酒行为相联系:① 容易觉得无趣,需要不断地参加活动、面对挑战;② 极力逃避活动的消极后果;③ 付出努力后渴望即时的外部奖励。所以,如果父母在孩子处于儿童期和青少年早期时注意到这些特质,最好让孩子能够有一个具有挑战性的环境,并给他们提供足够的支持。强有力的家庭支持系统显然在减少青少年的酗酒问题上起着重要的预防作用。

当然,并不是所有喝过酒的青少年都会成为严重的酗酒者。酗酒问题的起因在心理上超过社会原因。严重的、逃避现实的酗酒问题是严重的个性问题的表现。这一类青少年在家里或者学校中都不如意;他们遭遇的失败更多,更可能去犯罪,他们很少参加课外活动,晚上不在家待着的时间较多,与父母不够亲近。尽管有问题的酗酒者只是一小部分人,但是这也表明了他们内心的不平衡,使得他们通过喝酒来进行反叛或者逃避。

六、物质使用

物质使用(substance use)是精神障碍诊断中所用概念,其中,物质指的是包括酒精、咖啡因、各类毒品,以及催眠药、镇静剂等在内的成瘾类药物。青少年开始服用药物的原因是什么?最主要的就是出于好奇——看看这些药到底是怎么回事(Sargent et al.,2010)。如果青少年是受到药物的吸引,而不是慑于它潜在的危害而退却,那么他们就可能去试一试。除此之外,青少年其他开始服药的原因也可能是把它作为一种对传统标准和价值观的反叛、抗议及表达不满的方式。青少年使用药物的另一个原因是为了取乐或者为了感官快乐,他们追求的是一种兴奋的体验。还有一些人使用药物的主要动机是为了获得自我意识、对他人更多的意识、对宗教的透彻领悟或者变得更具有创造性。觉得自己意识上升了、创造性增加了的感觉,实际上是想象的,而不是真实的,但是这些人可能真的会相信药物能够起到这种作用。另一个原因就是由于交朋友或者为了加入某一个团体而面对的压力。朋友是否服用药物是决定青少年是否滥用药物的最重要因素之一(Johnston, Bachman, & O'Malley, 1997)。

为了消除紧张和焦虑、逃避问题或者面对及解决问题,也是某些青少年尝试服药的重要原因。害羞而又喜欢交往的青少年比不害羞的青少年更可能服用药物,药物成了使他们在社交场合感到舒服一点的手段。那些通过服用药物来逃避紧张、焦虑、问题或者现实的青少年或者用药物来补偿自己的不适感的青少年,都可能面对物质使用成瘾的问题。青少年把服用药物作为应对压力的手段,可能会妨碍他们形成真正有效的应对技能,使他们对自己的决定不负责任。研究发现,在儿童期或者青少年早期就服用药物,对他们形成负责任的、有能力的行为有着长期的破坏性影响,在青少年后期才服用药物的,这种影响就小得多。以服用药物来应对压力的青少年往往会进入早婚的成人角色,他们在社会性情绪发展不成熟的情况下就开始工作,在成人角色中会遇到更大的失败。

研究发现,青少年物质使用的过程有一定的顺序,物质使用已经被证实有如下四个阶段:① 饮用啤酒和红酒;② 抽烟和饮用烈酒;③ 抽大麻;④ 使用"硬性"毒品(如可卡因)。几乎所有开始抽烟和饮用烈酒的青少年都已经尝试过喝啤酒和红酒;几乎所有抽大麻的青少年都已经抽过烟和喝烈酒;几乎所有使用硬性毒品的青少年都已经抽过大麻。啤酒、红酒、卷烟和大麻都被称作"入门毒品",原因在于大多数尝试硬性毒品的青少年都已经迈过了这些门槛（Malone et al.，2010）。

当然，这并不意味着所有或者大部分尝试过一种物质的人就会按照次序继续尝试下一种。它仅仅代表着与未尝试过的年轻人相比，尝试过一种物质的年轻人"更可能"继续按照顺序尝试下一种物质。

青少年自身的发展以及父母、同伴、学校的影响都与他们物质使用有关，父母、同伴和社会支持在预防青少年物质使用上起着重要的作用。从发展来看，儿童在早期如果没能得到父母的管教，生活在一个充满矛盾的家庭中，他们到青少年期就可能会物质使用。因为他们未能内化父母的个性、态度和行为，之后把这种亲子联系的缺失带入了青少年期。这时再加上青少年无传统倾向、缺乏控制情绪的能力，又想表现和物质使用的同伴的朋友关系，接下来就会导致物质使用。

为了避免或减少年轻人物质使用，通常学校会做出努力（Stephens et al.，2009），并尝试过许多方法。由于认为物质使用的主要原因是低自尊，所以学校会开展一些项目来提高学生的自尊水平。有些项目则向学生提供物质使用对健康危害的信息，希望学生对物质使用有更多的了解后能够减少其使用。其他项目，包括最为广泛应用的项目则因为坚信同伴压力是青少年使用毒品的主要原因，故而集中在教育学生如何抵抗同伴压力。然而这些方法都没有很好地发挥作用（Triplett & Payne，2004）。

更多更为成功的项目则集中在家庭功能上，解决那些刺激青少年物质使用的家庭问题或者教会父母如何提高诸如"父母监管"等技能。父母监管是父母随时随地了解青少年在哪儿、在做什么的程度。例如，在一项研究中，7年级的高风险青少年及其父母在家里和实验室任务中都被录像，以评估父母监管的程度，然后父母被教导如何提高其监管技能的水平，并在四年时间里，接受每年一次的反馈（Dishion et al.，2003）。干预组的青少年四年后的物质使用率远低于控制组的青少年，而他们父母的监管水平也远高于控制组父母。其他成功的项目也总结了许多策略，不仅仅应用于学校，还作用于家庭、同伴和邻居。

七、青少年犯罪

大多数儿童和青少年在其生活中的某个时候都做过出格的事或者给自己、他人带来伤害、麻烦的事。如果这些行为经常发生在儿童期或者青少年早期，精神科医生就把它们作为行为障碍；但是，如果青少年的这些行为引起了违法的后果，社会就把它们认定为青少年犯罪。西方研究发现，关于年龄与犯罪之间的关系，由于有跨时代的一致性而分外突出：在长达150多年时间里，大量犯罪是由年轻人，主要是12～25岁的男性所实施的，他们也更可能是犯罪的受害者（Pinker，2011）。尤为有趣的是，犯罪率在20世纪六十年代中期到七十年代中期、八十年代中期到九十年代前期都显著增加，然而从九十年代中晚期到现在又稳定降低。

青少年犯罪的预测变量包括自我认同（消极的）、自我控制（低水平的）、年龄（开始得早）、性别（男性）、教育期望（低期望、少承诺）、学业成绩（在低年级时成绩就很差）、同伴影响（影响深、抵抗力弱）、社会经济地位（低）、父母的角色（缺乏监控、支持少、管教措施无效）、街区特点（城区、高犯罪率、高流动性）。

对这些与青少年犯罪有关的因素做更为深入的分析后，埃里克森认为，如果青少年在成长过程中未能形成社会认可的角色，或者他们自己觉得无法达到他人要求的水平，那么他们就可能选择消极的自我认同（Erikson，1968）。形成消极自我认同的青少年可能会从犯罪的同伴团体那里找到支持，这会进一步强化他们的消极自我认同。在埃里克森看来，青少年犯罪是建立自我认同的一种尝试，即使这种自我认同是一种消极的自我认同。

虽然没有某种单一的个性类型与青少年犯罪相联系，但是研究已经发现了那些较有可能导致青少年犯罪的个性特点，即社会性张扬、目中无人、内心矛盾、充满怨恨或敌意、缺乏自我控制，而具有恰当的自我控制的青少年则与犯罪无缘。研究证明，低自我控制是预测青少年违法犯罪行为的重要个体因素（屈智勇，邹泓，2009）。青少年犯罪，尤其是暴力犯罪者的愤怒情绪水平较高，并且在愤怒情绪的表达与控制方面存在缺陷。而这些特点可能与不良的家庭环境有关（邵阳，谢斌，乔屹，黄乐萍，2009）。

同时，有研究发现，家庭教养方式与犯罪青少年人格之间的关系受到同伴关系的影响：父亲的教养方式与犯罪青少年的情绪稳定性密切相关，但是同伴关系能够缓解父亲过分干涉对情绪稳定性的作用，却不能调节母亲教养方式的作用（彭运石，王玉龙，龚玲，彭磊，2013）。

现在和过去相比，青少年犯罪尽管已经不是低社会经济地位阶层独有的现象，但是低社会经济地位的某些特征仍然可能促发青少年犯罪。这一阶层的很多同伴团体和帮会所秉持的行为标准是反社会的，或者就整体的社会标准和目标来说是无效的。是否惹上麻烦对低社会经济地位阶层的某些青少年来说，就是其主要的特征。这些青少年可能觉得，通过反社会行为可以引起他人的注意、赢得相应的地位。对下层的男孩来说，"强硬点""有点男子汉气概"是高地位的特质，并且这些特质常常是以青少年干了违法犯罪的事且成功逃脱惩罚来证明的。

犯罪率高的社区也会让青少年观察到很多干违法犯罪勾当的"榜样"。这些社区的典型特征可能是贫穷、失业、与精英人士的疏离感。这些社区也会比较缺乏高质量的学校、教育投入、有组织的社区活动等。社区的特点会对青少年犯罪造成影响。高犯罪率的社区让青少年观察到从事犯罪活动的榜样，并且可能会由于跟随他们去干这些事而得到奖赏。反过来看，在家庭支持不当的时候，社区支持在预防青少年犯罪上就起着极为重要的作用。

家庭支持系统也和青少年犯罪是联系在一起的（Laird et al.，2005）。与没有犯罪的青少年的父母相比，犯罪的青少年其父母在阻止反社会行为上力不从心，在鼓励社会接受的行为方面也是束手无策。在决定青少年是否会走上犯罪道路这一点上,父母对青少年的监控是极为重要的。对父母来说,能否肯定地回答"现在已经晚上10点了,你知道孩子在什么地方吗?"看来是非常重要的。父母的行为模式也在家里影响着孩子的行为。父母双方如果总是对对方充满敌意,那么就可能使得孩子出现行为障碍,他们也更可能认为自己孩子的行为有问题。家庭的不和谐,管教措施的不一致、不恰当,也和青少年犯罪相联系。家庭缺乏凝聚力、家庭关系紧张都是突出的相关因素。近期研究发现,父母社会支持对犯罪青少年的积极和消极社会适应均有显著的预测作用,父母社会支持增大了情绪智力对积极社会适应的正向预测作用及对消极社会适应的反向预测作用,反映父母的社会支持具有缓冲效应(金灿灿,邹泓,侯珂,2011)。

同伴关系也是和青少年犯罪相联系的,与犯罪的同伴交朋友会大大增加成为罪犯的可能性,同伴使他们变成了这样。从这方面讲,青少年犯罪是社会化不良的结果,青少年对自己的冲动无法给予适当的控制。青少年罪犯社会认知技能较差,他们在各种人际关系中体验到的冲突很大,这也会降低他们友谊的质量和稳定性。研究还发现,高同伴倾向的青少年也更有可能犯罪(Elliot & Menard, 1996)。

由于青少年犯罪起源于儿童期,并且受到多重背景的影响,所以,相应的预防干预就必须尽早并且着眼于多层面。积极的家庭关系、权威型的养育方式、高质量的学校教育、经济和社会条件健康的社区,都有助于减少青少年犯罪。

八、社会性退缩

关于社会性退缩和隔离方面的研究主要进展是确认了退缩行为的几个不同性质的类型,包括害羞、沉默寡言、被动或主动的孤独行为以及回避行为。研究中一般把学生退缩表现分为三或四个类别:

(1)无意社交型:这类学生对集体活动的兴趣不大,喜欢独自活动,他们不是不懂如何与同学相处而是有意识躲避同学。其个性沉默,喜欢探索性、结构性的活动,如喜欢独自看书、玩拼图游戏、搭积木等,但不愿意和别人接触。这类退缩学生及青少年没有心理障碍及内化问题,因为他们的交往倾向很低,只愿意自己玩耍,独自摆弄玩具,倾向于单独玩耍,因独自活动会使他们失去与他人交际的机会,时间长了,就使他们表现出交往问题。

(2)被动焦虑型:这类学生对群体活动很感兴趣,并且渴望参与同学间的活动,但其个性害羞、胆怯,不敢主动接近同学,面对群体活动时多在旁边观看而不敢参与其中。部分原因是其存在渴望却又躲避交往的矛盾造成他们大部分时间独处,并对社会交往感到不安和害怕,尽管他们行为顺从,但在同伴中仍不受欢迎(Harrist et al., 1997)。

(3)主动孤立型:这类学生对群体活动也很感兴趣,但却缺乏社交技巧,他们在与同伴的交往活动中经常做出破坏性、骚扰性的行为,从而令同学产生厌恶感。因为被同学们排挤,故而表现为经常性的个人独自活动。如果不对退缩行为进行详细分类的话,这种类型学生的退缩就是通常意义上所指的退缩,他们一般具有较严重的情绪调节和内化问题,适应不良表现比较严重。

(4) 抗拒社交型:具有这种表现的学生避开与其他同学交往或参与群体活动,对自己缺乏自信,总觉得其他同学讨厌自己。他们不参与社交活动是因为感觉到在与同学一起玩耍时会被戏弄或受排斥。

上述的四分类与该领域中把退缩分为被动孤独、主动孤独和沉默寡言三个类别的做法类似,其主动孤立型分类与主动孤独相对照,其他三种分类与被动孤独、沉默寡言相对照,但在分类上更加细化。

Chang 等人(2003)进行的研究提供了另外有关社会性退缩行为的不同类型的有效证据,他们的研究包括语言退缩在内。社会性退缩包括退缩和孤独,如"经常独处的孩子们宁愿独处","不敢加入他们的同伴";以及行为压抑,如"孩子们感到害羞、害怕、顺从"。这类条目主要代表了被动焦虑型的退缩。研究显示这类退缩行为与同伴关系呈负相关,并且这种退缩类型的青少年自信心低,感到孤独等,结果与以前的研究结果比较一致。

另一方面,言语逃避(如"我不想再参加组里的讨论""和别人聊天是浪费时间""我听得多说得少""我害羞所以我说话不多")表现为他们对社交不感兴趣或沉默寡言,而不是因为身体孤独和社交焦虑,这种沟通方式与表示被动孤独的孩子的社会性退缩类型的沟通方式一致。年幼的孩子中,社会性退缩类型与同伴是否接受他们没有关系,其研究结果表明不积极参与谈话的青少年不一定会被同伴抵制。

研究表明,与被动孤独的社会性退缩行为不同,年幼孩子的言语逃避与社会能力的自我知觉没有多大的关联,这一研究结果表明了社会性退缩的主观经验的发展特点。单独玩耍,尤其是玩玩具,并没有偏离孩子的社会标准,实际上,这些隔离行为得到了教师和成人的某种鼓励。从童年中期到青少年期,孤独行为会随着它与社会标准的偏离越来越受关注。渴望得到社会的肯定增加了青少年社会化的压力,可能会使不爱交往的孩子对自己的社会能力感到沮丧。许多沉默寡言的青少年在年幼时可能宁愿独处或玩玩具。这一研究结果表明,这些青少年意识到即使自己与同伴的交往没有特别的困难,也不能发挥社会影响,感觉也不好。

针对社会性退缩青少年友谊的研究发现,退缩男孩的友谊质量低于女孩,与非退缩组相比,退缩青少年在班级内的地位较为不利,但其友谊能够发挥正常的功能;受欺侮和亲密交流对退缩行为的正向预测作用较强(万晶晶,周宗奎,2005)。近期研究发现,父母的行为控制与青少年的攻击和退缩呈倒 U 形曲线关系,即偏低和偏高行为控制伴随较少问题行为,中度行为控制伴随较多问题行为。相比之下,心理控制与问题行为存在线性关系,即心理控制越多,两类问题也越多(李丹黎,张卫,李董平,王艳辉,2012)。

九、焦 虑

在青少年期,一般化的焦虑症主要表现为普遍的、过分的担忧,这时候社交焦虑(即对社交情景感到恐惧并回避)也越来越普遍。在青少年期,惊慌也是经常可以见到的,它和青春期联系在一起。

依恋理论提出不安全的依恋(焦虑-反抗)与儿童焦虑的发展相联系,事实上,焦虑-反抗型的依恋与儿童的恐惧和抑制行为有关,它能预测青少年的焦虑症。对家庭和双生子的研究表明,行为抑制与焦虑症的易发性相联系,青少年期一般化的社会性焦虑(而非特定的恐惧),对女孩来说,可以由两岁时的行为抑制来预测(Schwartz, Snidman, & Kagan, 1999)。父母的限制和消极反馈、高度控制、母亲的干涉和过度保护可能导致个体觉得个人控制较低,从发展心理病理学的角度反映了消极的养育方式对孩子的焦虑症可能产生的负面影响。近期研究发现,青少年依恋与焦虑显著正相关,通过心理弹性和社会支持间接地预测焦虑;不安全依恋倾向的青少年可能会对负性情绪采取不反应策略,即个体为了避免因他人的无反应引起的挫折感而抑制他们的负性情感,并且尽可能地扩大与他人的距离,不安全依恋的青少年会通过抑制情感的表达以及否认消极情感来应对焦虑情绪,但抑制和否定焦虑情绪的存在并不能彻底解决他们的情绪问题,最终反而会加剧焦虑情绪(张露,范方,覃滟云,孙仕秀,2013)。

焦虑症也可能是通过模仿学习而获得的,尤其是在家里,孩子可能从监护人那里观察模仿。父母可以作为焦虑的"榜样",而孩子又可以"复制"焦虑,这种现象也可能表明了他们对焦虑症本身有共同的基因易感性,或者有其生理决定的先天特质。研究表明,患有焦虑症的成人对有威胁的或者危险的情景有一种"偏好",那就是超乎常人的特别注意(Beck & Clark, 1997),而焦虑的儿童也有相似的认知过程,他们更可能会把模棱两可的信息解释为是有威胁的。这种对危险或者威胁信号过分的注意可能会导致认知扭曲。一项规模较大以国内青少年为被试的研究发现,女性是青少年产生焦虑症状的危险因素;居住地为农村、非独生子女以及父母受教育程度低的高中生,其焦虑水平较高,但进行协方差分析后上述差异就消失了,这提示居住地、同胞状况及社会经济状况等变量并不是独立对焦虑水平起作用的,可能相互间存在作用的重叠(罗英姿,王湘,朱熊兆,姚树桥,2008)。

一项历时一年半的追踪研究发现,青少年中期的特质焦虑和状态焦虑水平均高于青少年早期;在间隔一年半的两次测量中,青少年早期的焦虑水平有所上升,青少年中期的焦虑水平保持相对稳定,表明焦虑水平表现出一定的连续性,即当前焦虑的个体在未来更可能出现焦虑情绪(于凤杰,陈亮,张文新,2013)。

对青少年焦虑问题的研究,也有研究者从心理生理学的角度进行了很多的探讨。研究发现,在生理调节过程方面,焦虑症与高心率相联系(Gerardi, Keane, Calhoon, & Klauminzer, 1994),与延迟的皮肤电适应相联系。长期接触压力情景可能使人更容易出现焦虑症,而这是由可的松这样的激素长期大量分泌造成的。研究表明,有内化问题的青少年往往可的松的基准水平比较高,而那些有外化问题的青少年可的松水平则比较低(Stansbury & Gunnar, 1994)。焦虑达到临床诊断水平的青少年,在对社会性挑战做出反应时,其可的松的水平相对来说都比较高。

十、抑 郁

美国精神病学协会(American Psychiatric Association,APA)提出,如果个体在连续两个星期内表现出以下九种症状中的至少五种,就可以认为其患有抑郁症:① 每天大多数时间心情抑郁;② 对所有或者大多数活动兴趣减低或者丧失兴趣;③ 体重骤减或骤增,或者食欲明显下降或增加;④ 难以入睡或者睡得太多;⑤ 内心骚动不安或者迟钝;⑥ 疲劳或体力下降;⑦ 过分地或不当地感到无价值或者内疚;⑧ 难以进行思考、集中精力或者做决定;⑨ 总是想到死亡和自杀(APA,1994)。

在青少年期,比较普遍的症状可能表现为经常穿黑衣服、写病态主题的诗歌或者沉迷于忧伤的音乐。睡眠方面也可能出现问题,他们整夜地看电视,早上无法按时起床上学,或者成天昏昏欲睡。他们上课时缺乏动机,无精打采。由于感到忧郁,他们可能会出现厌烦。青少年的抑郁也可能会与行为障碍、物质使用障碍或者进食障碍联系在一起。

调查表明,到临床门诊接受心理治疗的青少年中,大约三分之一的人受到抑郁症的困扰。据估计,抑郁症状在青少年期增加了,几乎是小学时的两倍。并且青少年女孩患抑郁症的比例大大高于青少年男孩。在青少年早期到中期,将近5%的青少年感到抑郁,到青少年后期,抑郁更为普遍,将近25%的女孩和10%的男孩经受过抑郁症的困扰(Wicks-Nelson & Israel, 2006)。

国内一项针对较大样本的调查发现,有35.5%的中学生"非常可能"存在抑郁问题,但是,大多数的中学生并没有持续存在的抑郁问题,与抑郁症患者有明显的差别。同样的,女生的抑郁得分高于男生;抑郁得分表现出随着年级升高而逐渐增高的趋势,年级之间差异显著(陈祉妍,杨小冬,李新影,2009)。造成这种性别差异的原因大概有几方面:① 女生经常会沉浸在自己忧郁的情绪中,并且会夸大这种情绪;② 女生的自我映像,尤其是她们的身体映像比男生消极;③ 女生面对的歧视比男生多。

心理健康专家相信,青少年期的抑郁症可能经常未被确诊。因为大多数青少年经常会情绪不稳、喜欢沉思、抱怨生活、表现出无望感。这些行为很可能只是暂时的,并不代表心理障碍,它们只不过是正常的青少年行为和想法。

对抑郁青少年的追踪研究表明,青少年期的抑郁症状可以预测成年期相似的症状(Garber et al., 1988)。这意味着应该认真对待青少年的抑郁,它是不会自动消失的。同样在青少年期被诊断患有抑郁症的与这一时期未被诊断为抑郁症的青少年相比,他们更可能会在成人期出现同样的症状。另一项追踪研究发现,青少年期的暂时问题是与特定的情景因素(比如同伴关系中的消极事件)联系在一起的,而慢性的长期问题则决定于个人的特点,比如内化问题。

导致抑郁的最常见原因在青少年中主要是以下几种:与朋友或家人的冲突、失恋、在学校表现差(Costello et al., 2008)。青少年的抑郁也和其家庭因素有关。在儿童期和青少年期,如果父母中有一人患有抑郁症,那就是很有危险的,可能导致孩子患抑郁症。得不到父母的情感支持、父母的婚姻冲突没完没了、经济上有麻烦等,往往都会成为青少年患抑郁症的缘由(李旭,钱铭怡,2002)。

不良的同伴关系也与青少年的抑郁相联系。与好朋友亲密关系的缺失,与朋友们接触较少,以及遭到同伴拒绝,都会增加青少年的抑郁倾向(丁新华,王极盛,2002)。

重大生活事件或者艰巨的挑战,也可能会和青少年的抑郁症状相联系(程文红等,2007),例如,父母离婚会增加青少年的抑郁症状。此外,基因使得某些人更容易受到情绪障碍的侵袭,而压力又会增加其风险(Caspi et al., 2003)。并且,那些在从小学进入中学的时候正好处于青春期的青少年,他们报告的抑郁症状比那些在完成学校转换之后才开始进入青春期的青少年情况严重。

对青少年来说,两种治疗抑郁的方法是抗抑郁药物治疗和心理治疗。许多研究认为抗抑郁药物治疗在处理青少年抑郁上通常是有效的(Calati et al., 2011)。但是,也有相反的证据表明抗抑郁药物促进了某些抑郁青少年的自杀观念和行为的出现。这个领域的研究者们认为当抑郁青少年服用抗抑郁药物时,父母和青少年都应该被完全告知可能存在的风险,并且青少年应该被严密监控,以防止出现相反的作用(Brent, 2007)。与仅使用药物相比,在服用药物的同时进行心理治疗的抑郁青少年,他们的自杀观念和行为会减少。

对青少年抑郁的心理治疗有多种形式,包括个体治疗、团体治疗和技能训练等。有研究将抑郁青少年随机分配到治疗组(接受心理治疗)或控制组(不接受治疗),结果发现,接受心理治疗在减轻抑郁症状上非常有效(Bostic et al., 2005)。

一种治疗抑郁特别有效的方法是"认知行为疗法"(cognitive-behavior therpy, CBT)。该方法将抑郁描述为以"消极归因"为特征,即用消极的方式来解释生活中发生的事情。通常,抑郁的年轻人都认为他们的境况是"永久不变"("不可能会变好")和"不可控制"的("我的生活很悲惨,我对此无能为力")。抑郁的人也有"沉思默想"的倾向,即沉浸在生活中不好的方面,反复回想自身的无价值感和感叹生活的空洞无味。正如之前所提到的,对于抑郁性别差异的一个解释就是女性比男性更容易沉思默想。

最新药物与认知行为疗法的结合似乎是最为有效的治疗青少年抑郁的方法(Calati et al., 2011)。在一项对美国13个地方的12～17岁的重度抑郁患者的研究中，接受百忧解和认知行为疗法治疗的青少年有71%的症状都有所缓解，而只服用药物组的青少年症状改善的比例是61%，只接受认知行为疗法组的比例是43%，安慰剂组的比例是35%。

十一、自　　杀

自杀是重要的青少年课题，因为在当今社会里，它是青少年死亡的第三个主因(排在意外事故和他杀之后)(Grunbaum et al., 2004)。在9～12年级的美国青少年中，有24%的人承认他们认真考虑过自杀，3%的人尝试过自杀(Waldrop et al., 2007)。

自杀很少发生在13岁以下的儿童身上，随着年龄的增长，在青少年找到更多的自我认同之后，他们才会足够独立，才有可能出现自杀观念或行为。尝试自杀的人当中，成功的只占很小的一部分；女孩尝试自杀的是男孩的两倍，但是男孩自杀成功的却是女孩的四倍(Oltmanns & Emery, 2010)。其中一个原因是男孩使用的方法比较暴力——上吊、从高处跳下、开枪等，而女孩则往往使用比较被动的、不太危险的方法，比如吃药等。女孩常常是言过其实，总是威胁要自杀，但是很少有人会真正地想去自杀或者实际地实施自杀。

自杀者中90%有心理障碍，最为常见的是抑郁，但他们也可能有药物滥用的问题或者患有焦虑症。事实上，能够预测自杀的两个最主要因素是临床抑郁症状和先前的自杀观念(Asarnow et al., 2011)。虽然心理障碍有其生理成分，但它们主要是由个体的消极经验和环境中的压力引发的，对青少年而言，家庭因素非常重要。

大量文献已经表明，就个体水平而言，有几个风险因素与自杀观念有关。这些因素包括：做不寻常的事情的倾向，比如酗酒和药物滥用；绝望感；遭受身体虐待或性虐待等。例如，很多报告遭受过身体虐待或者性虐待的人，都产生过自杀的想法或者尝试过自杀。绝望感与自杀观念及自杀行为有着非常密切的关系。有些自杀的青少年被认为个性不成熟、控制冲动的能力差，他们缺乏积极的自我认同，所以难以有自我价值感、意义感和目的感。另外一些自杀的青少年受暗示性很强，容易听从他人的指使或者模仿他人。

有过自杀观念和自杀行为的青少年与其他青少年相比，从家庭因素来看，家庭背景比较混乱(Henry et al., 1993)，父母之间以及父母与孩子之间的冲突比较多，充斥着家庭暴力；父母对孩子是一种消极的拒绝态度，他们获得的家庭支持很少、父母有物质使用问题等。另外，经常失业、经济压力大也可能是一个因素，父母两人或者之一不在身边、被父亲抛弃、早期的情感剥夺等都可能导致自杀(Tishler, 1992)。很多研究已经表明，丧失家庭支持或者家庭支持不足是最能够预测青少年自杀观念的变量。

从家庭外的因素来看,与自杀有关的因素包括社会性孤立,即缺少朋友;在学校里缺少积极的体验;不参加课外活动。没什么朋友的人很容易出现自杀行为或尝试自杀;与经常参加学校活动的青少年相比,很少参加活动的人更可能有自杀观念。另外,盲目模仿自杀也是一个实实在在的现象。知道别人自杀了不仅会增加自己的失落感,而且会妨碍对自己自杀观念的抑制。某个人的自杀实际上也给了其他人自杀的"许可证",在媒体对自杀进行公开报道的情况下更是如此;而且影视节目中虚构的自杀故事也会促发盲目模仿的自杀行为。

有时候,青少年的自杀观念只是为了引起他人的注意、同情或者是为了控制他人。有自杀观念未必是真的想死,反而是一种与他人沟通的方式,其实际用意在于改变自己的生活。可是,很多有自杀观念的青少年却是擦枪走火,玩过了头,结果真的死了。企图自杀的青少年之前实际上试过其他的方法:反叛、离家出走、撒谎、偷东西或者其他的引起注意的做法。这些方法不奏效之后,他们才转向自杀。大多数想要自杀的青少年一开始都想谈一谈,如果我们警觉到这一点,给予足够的注意来改变这一状况,青少年自杀是可以在一定程度上得以避免的(Ghang & Jin,1996)。

研究发现,在几乎所有案例中,青少年自杀并不是对某个单一的压力或痛苦事件的反应,而是在遇到长年累月的一系列问题之后才发生的(Asarnow et al.,2011)。在尝试自杀之前,青少年多多少少都会出现一些情感或行为问题的警示征兆:

(1) 直接的自杀威胁或议论,如"我希望我死了""如果没有我,家里会更好""我没有什么活的意义了"。

(2) 之前有尝试过自杀,无论多微小。80%的自杀成功者之前都有过至少一次的自杀尝试。

(3) 在音乐、艺术和个人写作中,沉溺于表达死亡。

(4) 因为死亡、抛弃或分手而失去家庭成员、宠物或恋人。

(5) 家庭破裂,如失业、严重疾病、搬家或离婚。

(6) 睡眠、饮食及个人健康的紊乱。

(7) 留级或对之前看重的学业或娱乐活动失去兴趣。

(8) 行为方式的剧烈变化,如之前安静、害羞的人突然变得热衷于社交。

(9) 充满了忧郁、无助和绝望感。

(10) 脱离了家庭成员和朋友,产生与重要他人的疏离感。

(11) 将珍贵的财产捐赠,或者有条不紊地处理事务。

(12) 一系列的"事故"或冲动的冒险行为,如滥用药物或酒精,不在乎个人安全,做出危险举动。

青少年自杀对被其抛在身后的家人和同伴来说是很大的打击。家人与同伴在情绪体验上比较典型的是恐惧、愤怒、内疚以及抑郁。他们觉得对没有发现自杀者发出的信号负有责任,对没能阻止自杀负有责任,并且他们也对自杀者抛弃自己感到愤怒。失落感、空虚感、怀疑等,经常在自我怀疑、自责之后接踵而来,他们会感到震惊、麻木;只有在他们慢慢地接受了这一不幸的损失之后,情绪才会恢复。

尝试过自杀的青少年未来尝试自杀和自杀成功的风险都很高。与抑郁一样,对有自杀观念的青少年最为有效的治疗方法是认知行为疗法与抗抑郁药物治疗的结合。

十二、外化及内化问题的并发性

有研究对外化问题和内化问题的共同典型特征进行了探讨,结果发现,尽管这两种类型的问题清楚地显现为不同的因素,但是,它们也很显著地表现出相关关系,表明它们具有并发的特性。随着青少年情绪或者焦虑症状的增长,其破坏性的行为障碍(问题行为、反叛行为、多动症等)也会增加。

例如,违法乱纪的青少年有时候会抑郁(Beyers & Loeber, 2003),抑郁的青少年有时候会滥用药物和酒精(Saluja et al., 2004)。一些研究发现,同时具有这两类问题的年轻人往往家庭背景很糟糕。

越来越多的证据表明,不同的问题行为类型可能反映了不同的病因,它们有不同的相关因素和发展路径。比如,研究者发现,在儿童期罹患抑郁症的,在成年期受到某些抑郁症状折磨的可能性是常人的四倍(Harrington, Fudge, Rutter, Pickles, & Hill, 1990)。然而,患抑郁症和行为障碍的儿童到成年期以后其抑郁症的发病率比只是单纯患抑郁症的儿童低。在具反社会人格特征的青少年身上如果出现焦虑症状,其日后出现犯罪行为的可能性似乎也会下降。抑郁或者焦虑可能起着一种保护性的作用,随着时间的延续,它们会减少行为问题的发生。有行为障碍的儿童如果并发焦虑症,其可的松水平也比较高,这为焦虑症的实质提供了确凿的神经内分泌方面的证据。但是其他研究却发现了相反的证据。比如,1 年级男生早期的攻击性与日后的攻击性之间的联系由于并发焦虑症状加强了,而不是缓和了(Ialongo, Edelsohn, Werthamer-Larrson, Crockett, & Kellam, 1996)。

与外化问题和内化问题联系在一起的功能障碍是很广泛的,它们给青少年造成的是负面的环境,比如,心理社会性压力、贫穷、父母婚姻不和、父母的心理病理疾病、虐待,以及得不到父母的情感支持等。在青少年身上出现的各种严重的问题中可以看到的是,这些问题是由多方面的风险因素造成的。

抑郁症和反社会行为,看起来有着共同的遗传因子。它们同时出现,可能是因为共同的遗传因子增加了对这两种问题的易感性。探讨这一问题的研究以同卵双生子青少年为被试,研究结果表明,基因对抑郁症和反社会行为各自产生影响,同时对其并发性也产生影响。研究者认为,抑郁和反社会行为可能是相关的,因为基因对与这两种行为问题相联系的同一神经传递系统会产生影响。因此,我们看到,在心理药理学上可以对外化问题和内化问题同时治愈的可能性。因为这种治疗可能会有助于调节情绪,从而对与问题行为相联系的各种消极情绪(如愤怒、恐惧、悲伤)产生作用。

从外化问题和内化问题的共同性来看,很显著的一个特征就是易怒的情绪症状。很多吻合抑郁症状的青少年往往也符合多动症、行为障碍以及焦虑症的诊断标准。这些关系表明,要么抑郁反映的是指向内部的敌意冲动,要么反社会行为反映的是被蒙盖的抑郁症状。

青少年的网络心理

无论是在学校、家里或是路上,现在的青少年都被数字媒体包围着,比如计算机和互联网、视频游戏、移动电话以及其他的手持设备,他们被称为"数字土著"(digital natives)——出生在数字时代,并且所有的生活都围绕着、渗透在数字世界里。

互联网为青少年提供了数不胜数的活动:收发邮件、发送短信、博客微博、社交网站、搜索信息、在线游戏、在线音乐、购物理财等,并且网络应用程序日新月异、层出不穷。从另一个角度看,互联网的这些应用也提供了各种独特特征:视觉匿名、非同步性、超越空间、去抑制性、存档可查、无实体用户、基于文本的沟通、多任务并行等。在这样的背景下,如今青少年的成长也呈现出新的特点。总体来说,可以从三个方面来分析青少年的成长与互联网的关系。

首先,互联网建构的网络空间为青少年的自我建构带来了新的机会。研究发现,青少年总体身体映像与网络身体自我呈现有着显著的负相关,即对体形越不满意的青少年,其对网络化身的修饰程度越高;对自己现实身体越满意的个体,其网络身体呈现的程度越低。此外,青少年的虚拟自我能够显著正向预测其病理性互联网使用,即青少年的虚拟自我与现实自我差异越大,越倾向于表现出病理性互联网使用倾向。再者,青少年网络交往中的自我表现策略使用的频繁程度大致为:事先声明＞逢迎＞找借口＞榜样化＞自我提升[①],最频繁使用的是事先声明和逢迎。

其次,互联网也为青少年的人际关系发展创造了新的平台。研究发现,近九成青少年热衷于使用社交网站,最主要的目的是跟朋友交流,女生更喜欢使用社交网站的社交服务,而男生更喜欢娱乐性质的服务。此外,尽管青少年看起来喜好在线约会,并且偶尔会结识陌生人并与他们聊天,但是他们大多数人都认为在线关系"并不真实"或"不是真的"。再者,青少年在网络环境中发生亲社会行为水平是较高的,青少年的网络亲社会得分由高到低依次为:紧急型、利他型、情绪型、匿名型、依从型、公开型。

最后,互联网为青少年的文化娱乐活动带来了新的特点。研究发现,青少年网上音

---

① "找借口"指对消极事件进行口头上的推卸责任,并指出一个不可抗拒的理由。"事先声明"指在窘境出现之前事先给出声明。"自我提升"指个体希望网友关注他的成就和能力,希望他们认为他是有能力的。"逢迎"指为了赢得网友的好感和帮助而说出一些让他们喜欢的言语或表现出对方喜欢的行为,包括讨好、赞同、恭维、附和等。"榜样化"指为表现出自己有道德而做出相应的言语表达,必要时会做出牺牲,以得到网友的尊敬和赞扬。

乐使用体现在三个方面,即"音乐信息""音乐社交""音乐欣赏",使用最多的是音乐欣赏,其次是音乐信息,最后是音乐社交。此外,网络游戏之所以能够吸引大量的青少年群体,既有技术层面的原因,也有心理需求层面的原因;而且网络游戏对青少年既会带来消极影响,也可能有积极影响。

互联网一方面给青少年的学习、交往带来极大便利,使他们在网络的虚拟世界里尽情地享受着现代科技文明所带来的前所未有的便利和快乐。另一方面,网络作为科技的"双刃剑",其负面效应对青少年心理发展的多方面影响也是不容忽视的,其中最引人关注的就是"网络成瘾"现象。研究提出,青少年"健康上网"可以体现在以下几方面:抵制不良、不可沉迷、不扰常规、控制时间、健康时限、放松身心、辅助学习、长远获益。

一、网络身体映像

(一) 网络与身体映像建构

如前所述,青少年由于处在身体成长的迅猛时期,身体映像的改变容易对其情绪情感、自我效能感、人际交往能力等心理健康发展产生深刻影响。

在社交网站和社交软件的使用过程中,很多可以上传头像、照片或者进行装扮,也就是说,用户可以在网络上呈现一个真实、半真实(如美化修饰过的照片)或虚拟(某些游戏中角色的选择)的面孔或身体,选择怎样的化身以及如何评价它,需要一个新的概念,这就是"网络身体自我呈现"。

网络的出现为青少年的身体自我呈现提供了新的可能,在这个具有随意创造性的新平台上,青少年可以根据自己的意愿,创造自己的网络形象。网名、年龄、外貌、身体、性别……只要个体愿意,他们都可以利用互联网的特点来按照自己想要的方式呈现。这种身体自我呈现的新模式,或是被压抑自我的一种投射,或是现实自我的一种补充,可能影响青少年个体的身体映像以及自我认同的形成,也可能对身体映像与自我认同的关系进行调节。

网络身体自我呈现具体的表现形式可以分为三类(陈月华,毛璐璐,2006):

一是直接的身体与身体临场性。直接的身体是指通过视频装置未加编辑直接"映射"到网络中的身体界面,实现了一对一的身体交流。

二是再现的身体与身体不确定性。再现的身体是指把现实中的身体影像通过数码加工的方式上传到网络中的身体界面,既可以是完全依照现实,如真实的照片;也可以是源于现实但高于现实,即利用网络技术对身体进行修饰和美化。

三是虚拟的身体与身体的替代性。这类身体是指计算机直接制作生成的、只存在于网络中的、数字化的虚拟身体界面,既可能是基于现实而在网络上反映自己的身体状态,同时又可能是在某种程度上弥补了用户在现实生活中对自身身体的不满意部分。

网络提供了扮演多重角色的机会,网民则通过虚拟身体获得对自我身体的认同。

(二) 网络身体自我呈现的特点

有研究考察了青少年网络身体自我呈现的特点,结果表明,青少年网络身体自我呈现的修饰程度比较低,修饰行为比较少,但是青少年对网络化身修饰的知觉稍高一点(杜岩英,雷雳,2010)。这表明,目前青少年在网络上呈现身体的状况及修饰程度并没有设想中那么多。

其次,青少年网络身体自我呈现总体和网络化身修饰知觉这一维度在年级上有显著的线性变化趋势:随着年级的升高,网络身体自我呈现总体水平和网络化身修饰知觉水平降低,高三显著低于初一、初二和高一。这说明在高三的时候青少年网络身体自我呈现水平,尤其是网络化身身体特征的修饰知觉有了明显的减少。

同时,研究发现青少年总体身体映像与网络身体自我呈现有着显著的反向相关,这说明对体形越不满意的青少年,其对网络化身的修饰程度越高;对自己现实身体越满意的个体,其网络身体呈现的程度越低。这十分符合当今社会的现实情况,例如在生活中,体形肥胖或"太平公主"的女性都难免会遭人嘲笑,这也是为什么越来越多的年轻女性愿意冒风险并且花费大量财力、物力去减肥或隆胸的原因,而通过网络的化身修饰,创造出美丽动人的化身或头像,则可以掩盖真实生活中的身体缺陷,减少了因身体问题而造成的交流障碍,从而在网络上赢得关注和尊重。

而对自己现实身体越满意、体形越好的青少年,越愿意在网络中进行身体呈现,但是在网络化身选择上,则认为其如实反映了自身的真实情况,所以网络化身知觉程度比较低,而且,由于身体映像与身体自我密切相关,身体自我又是自我的重要组成部分,所以身体映像水平比较高的人,往往具有较强的自我意识,对自己的认可度也比较高,并不需要更多的网络身体修饰和美化。

(三) 网络身体自我呈现的作用

对青少年网络身体自我呈现与总体身体映像和自我认同之间关系的分析表明,网络身体自我呈现对总体身体映像与自我认同之间的关系有细微影响。此外,网络身体自我呈现不影响体形与自我认同之间的关系,有网络身体修饰行为和网络化身修饰知觉对体形与自我认同的关系有轻微影响。尽管如此,这样的结果同样具有现实意义,至少能够说明,对青少年自我认同造成影响的变量除了认知发展、教养方式、学校教育、社会文化之外,又有了新的变量——网络身体修饰行为。相对于加速认知发展、改善教养方式、提高教育水平、变革社会文化来促进自我认同的实现,网络身体修饰行为更容易做到,也更少费工夫。

对于那些身体映像比较差的个体,如果在网络上对其身体进行修饰,弥补现实的缺陷,令网络上的身体更贴近于自己的理想标准,并将这种网络上虚拟美化后的身体纳入自己的身体映像范畴,获得满足感,那么就会在一定程度上提升自我认同的水平。对自我差异与自我认同的研究发现,自我认同扩散型的个体其现实自我与理想自我的差异更大(Makros & McCabe, 2001)。对于网络身体修饰行为和网络化身修饰知觉而言,对网络上身体的美化,进而在网络上得到欣赏和认可,能够缓解现实身体的负面影响,相当于美化了身体自我,进而改善了现实自我,从而减少了现实自我与理想自我的差异,也就可能促进自我认同的完成。只不过,这样的自我认同完成是否具有在现实社会中的适应性,仍需关注。

二、虚拟自我

虚拟自我是个体在互联网这个虚拟世界中主动构建的一个"我",这个"我"可能是与现实世界中的"我"完全不同的,也可能是以现实中的"我"为脚本构建出来的在互联网世界中得到认可的"我"。

(一)虚拟自我的出现

互联网出现后,就成了一个"心理实验室",为人们提供了一个与现实生活环境完全不同的理想的自我表现平台。网络虚拟世界的匿名性、视觉和听觉线索的缺失、去抑制性等特点激发了一系列五花八门的角色扮演、欺诈、半真半假和夸大的游戏,促进了虚拟自我的出现。

互联网的匿名性给人们提供了一个探索和实验不同的自我的实验室,使个体能够在互联网上共享自我的不同方面,而不用付出很大的代价和面临被识别的危险(Amichai-Hamburger & Furnham, 2007),不用担心受到现实生活中其他人的批评(Bargh, McKenna, & Fitasimons, 2002)。

虚拟世界中视觉线索的缺失也是互联网匿名性的一个特点,但是它还有另外一层含义,即非言语线索和生理外表线索的缺失。沟通过程中非言语线索的缺失,可以使社交焦虑个体免于焦虑,因此在互联网上表现出另外一种完全不同的我。而生理线索的缺失,可以使生理外表上有不足的个体便于摆脱现实生活中出现的问题,更好地表现自己。

罗杰斯认为,个体能够意识到他们在社交环境中是哪一种类型的人,同时他们也会保留一些与所属类型不同的、不能够表达的特质和人际能力(如机智、不服从、攻击性等),这些特质是他们想要表达但是又不能够表达的。然而,在去抑制性显著的互联网上,所有这些都是可以表达的。

在网络人际沟通中,个体可以主动地控制人际交往发生的过程,信息发送者可以有充分的时间思考、修改和回复信息,使这种沟通由同步性转变为非同步性的。通过这种方式,使用者可以很好地控制人际交往的节奏,有更多的时间进行充分的思考,构建自己期望建构的形象。研究发现,当人际沟通对象对个体有重要意义时,个体会花费更多的时间进行言语的修饰,会根据不同的交流对象调整自己的言语模式和言语的复杂性,这说明了互联网上选择性的自我表现的存在。

(二) 虚拟自我的特点

研究者通过对青少年虚拟自我和现实自我描述的内容进行对比分析(马利艳,雷雳,2008),发现青少年虚拟自我和现实自我的特点如下:

不论是青少年的虚拟自我还是现实自我,都主要集中在"心理类型"和"人际类型"两种类别上,这说明青少年对自我的心理状态和人际关系比较关注,而对自我的生理特征等方面关注相对较少。即他们会用一些心理特质词汇描述自我,而较少对外部特征进行描述,这与以往关于青少年自我概念的研究结果是一致的,也是与青少年心理发展特点相符合的。青少年期正处于抽象思维发展时期,他们更多地用心理术语对自我的内部特征进行描述,而不是对外部特征进行简单的描述。

进一步分析表明,青少年的虚拟自我和现实自我的内容呈现出不同的特点,青少年虚拟自我更多的是对个体内部心理特征的描述,如高兴、快乐、愉快、沮丧、镇定、轻松等,集中于个体自身,关注自身状态。而青少年现实自我更多的是对人际过程的描述,个体更多地用友好、亲切、热情、大方、慷慨等词汇对现实自我进行描述。

虚拟自我和现实自我的这种差异性可能源于互联网上的人际交往与现实生活中人际交往的区别。从"社会线索滤掉理论"来看,在以计算机为媒介的人际交往中人们更关注自身,而较少关注人际交往中的对方,较少关注自己对待他人是否友好,是否热情。而个体的自我认识是在人际交往过程中形成的,因此,当要求青少年用五个词描述网络世界中的我时,有关个体自身特质的词汇凸显出来,这些词汇具有更高的认知通达性。

"双自我意识理论"也认为,在以计算机为媒介的人际沟通中,使用者有更高的私我意识和更低的公我意识,使用者更关注自己的思想、意识。在对青少年的虚拟自我词汇和现实自我词汇的分析中可以看到,在虚拟自我中,对自身进行描述的词汇占到了总词汇量的37.6%,对人际过程进行描述的词汇量仅为8.7%。

同时,研究发现青少年的虚拟自我中,有一类专门用于描述个体使用互联网时的独特状态的词汇呈现出来,这些词汇在个体的现实自我描述中没有出现,如刺激、痴迷、迷恋等。它们是人们在上网过程中体验到的,也体现了互联网对使用者的吸引力。

此外,性别和年级的主效应和交互作用均不显著,表明青少年虚拟自我的表现并未受到性别及年级的影响。

(三) 虚拟自我的作用

研究考察青少年人格的维度与虚拟自我和病理性互联网使用之间的关系,结果发现：一方面，虚拟自我能够显著正向预测个体的病理性互联网使用，说明个体的虚拟自我与现实自我差异越大，越倾向于表现出病理性互联网使用倾向。

个体在互联网上体验到不同于现实自我的虚拟自我可能出于两方面的原因：一是个体出于好奇心而主动在互联网上尝试不同的自我认同角色，构建另一个虚拟自我；另一种是出于对现实自我的不满，为了逃避现实，个体沉浸于虚拟世界，体验另一个虚拟自我，这个虚拟自我吸引着个体全身心投入到互联网世界。有研究发现，经常采用幻想、逃避现实等消极应对方式的青少年更可能卷入病理性互联网使用（李宏利，雷雳，2005）。低自尊的中学生将互联网作为获得虚拟自尊、缓解不良情绪的理想途径，从网络行为中获得他人的赞赏、肯定、认可、关注、接纳，产生成就感、归属感、自我效能感，借以补偿、替代现实中自尊感的缺失（肖汉仕等，2007）。

不管是哪一种原因，虚拟自我对个体都有巨大的吸引力，而且会对个体产生重要的影响，尤其对于那些因为对现实自我不满而在互联网上体验虚拟自我的个体，沉浸于虚拟世界容易导致病理性互联网使用。

另一方面，善良、处世态度能够反向预测虚拟自我，说明善良和处世态度高分者（目标明确坚定、有理想求卓越）其虚拟自我和现实自我的差异可能更小，他们能够通过虚拟自我间接预测病理性互联网使用，对病理性互联网使用起到抑制作用。

虚拟世界的价值评价标准与现实世界的评价标准是不尽相同的，在互联网上得到赞赏、认可的行为在现实生活中可能是不被认可、甚至是被严厉禁止的，如在面对面的交往中表达消极的或者不被社会认可的自我会让个体付出沉重的代价（Bargh, McKenna, & Fitasimons, 2002）。对虚拟世界价值评价标准的适应可能会进一步加剧个体对现实生活的适应问题，形成一种恶性循环，导致个体进一步卷入病理性互联网使用。

三、在线自我表现策略

（一）在线自我表现的过程

互联网为人们提供了可以展示理想自我的最佳平台，可以自由地塑造自己想要成为的自我，当然，也有人在互联网上展示的是自己最真实的一面，而这些在生活中通常是被个体隐藏的部分。与面对面的交流相比，网上交流会让人更好地表达他们真实的自己——他们在现实中想要表达、但又觉得不能表达的关于自己的部分（Bargh et al., 2002）。甚至，由于在线交流的相对匿名和共享的社会网络的缺失，在线交流可能会让人展示自我概念中潜在的消极方面。

当然，这些通常只是针对陌生人的交流，如果是熟悉的朋友之间，那么互联网只是提供了一个便捷的交流通道，在线和离线是一样的，只是由于视觉线索的缺失导致人们之间的交流变得更容易掩饰，比如表情、语气。

另外，研究者采用在线的深度交流访谈法，研究了网络聊天室里的印象管理行为，发现印象管理的三个动机分别是："社会接纳"——即在聊天文化中被接纳的愿望；"关系发展与维持"——即在聊天室中发展与维持在线关系，进而通过面对面或电话进行交流；"自我认同实验"——即在线构建自己的理想自我。

这三个动机与互联网为媒介的人际沟通本身的特点影响了四种交流行为：展示、相似性和交互性、使用屏显姓名，以及选择性自我表现。其中"展示"指的是表现自己对网络聊天文化的掌握，显得经验老到，技巧熟练，比如使用网络流行语、表情符号等。"相似性与交互性"指的是人们在网络聊天时往往选择与自己有相似性的聊天对象，也就容易导致相互认可和激励。"使用屏显姓名"是指聊天时使用自己个性化的"网名"。"选择性自我表现"是指聊天时可能故意表现出某种个性，而这可能是其现实生活中并不具备的，目的是为了使自己更有吸引力。

（二）在线自我表现策略的特点

1. 青少年的自我表现策略中西有别

研究考察青少年网络交往中的自我表现策略的总体情况（任小莉，2009），发现青少年网络交往中的自我表现策略使用的频繁程度大致为：事先声明＞逢迎＞找借口＞榜样化＞自我提升，最频繁使用的是事先声明和逢迎，最不经常使用的是自我提升和榜样化。

这与国外的研究结果并不完全一致，国外学者研究发现，个体在网络交往中最频繁使用的是自我提升和榜样化，这可能跟东西方文化的差异有关，东方文化更强调谦虚中庸(Connolly-Ahern & Broadway, 2007)。在中国文化背景下，自我提升的过分使用可能比较容易招致对方的反感，并不利于建立和维系人际关系，网络人际交往同样如此。相反，事先声明成了青少年网络交往中经常采用的自我表现策略，在言语交流中，避免窘境出现之前给予声明，使得对方有相应的思想准备，会更容易接纳自己。

2. 自我表现策略男生更常用，年级无差异

从性别差异来看，男生在网络交往中自我表现策略使用的频繁程度依次为：事先声明＞逢迎＞找借口＞榜样化＞自我提升，最经常使用的是事先声明和逢迎，最不经常使用的是自我提升和榜样化。女生与男生略有不同，女生更多地采用事先声明和找借口，最不经常使用的是榜样化和自我提升，趋势大致为：事先声明＞找借口＞逢迎＞榜样化＞自我提升。

进一步考察青少年网络交往中的自我表现策略的性别、年级差异，结果发现，男生比女生更频繁地使用自我表现策略。年级对青少年在网络交往中使用自我表现策略的频繁程度上没有显著影响。

具体而言，男生比女生更频繁地使用自我提升、逢迎、榜样化策略。这三种自我表

现策略均属于张扬性的自我表现策略。侯丹（2004）对现实中自我表现策略的研究也发现了类似的结果。这种特点也与传统性别角色比较吻合。在防御性的两种自我表现策略（即找借口和事先声明）上不存在显著的性别差异，且得分均较高，即男女生均较频繁地使用这两种自我表现策略。可见，现实情境中的人际交往与网络情境下的交往也是有相通之处的。

3. 网络老手对自我表现策略运用自如

考察网龄对青少年网络交往中自我表现策略的影响，结果显示，网龄不同的青少年网络交往中自我表现策略在找借口和自我提升两种策略上差异显著。随着青少年网龄的增加，使用找借口的频繁程度在显著增加，呈现出显著的线性增长趋势；在自我提升策略使用的频繁程度上整体上也呈显著增加的趋势。

进一步的检验表明，三年以上网龄的青少年比一年以内网龄的青少年在网络交往中使用找借口策略的频繁程度更高；一年至三年网龄的青少年比半年以下网龄的青少年使用找借口策略更频繁。在自我提升策略上，三年以上网龄的青少年在网络交往中使用自我提升策略的频繁程度比半年以下和一年至三年网龄的青少年更高。

网络交往的最终目的可以归结于自我认同实现和关系发展，自我表现策略的使用是为了更好地发展网络人际和实现自我认同建构。三年以上网龄的青少年属于互联网使用的老手，他们对网络交往非常熟悉，游刃有余，所以非常清楚怎样可以迅速地建立和维系网络人际关系，或者在网络交往中实现自身自我认同的构建，他们懂得如何根据实际的交往对象和情境选择恰当的自我表现策略。

4. 面对陌生人自我表现策略更显心机

青少年网络交往的主要对象也是影响青少年选择自我表现策略的又一个重要因素。分析主要的网络交往对象对青少年网络交往中自我表现策略的影响，发现在针对陌生人时，找借口、自我提升和逢迎三种自我表现策略的使用更多，这些策略可以帮助互联网使用者建构在他人心里的特定形象，建立和维系网络人际关系。而事先声明和榜样化两种自我表现策略的使用没有受到青少年主要网络交往对象的影响。

5. 自我认同完成者的表现策略更张扬

分析自我认同与在线自我表现策略的关系发现，自我认同可以正向预测青少年网络交往中自我提升策略使用的频繁程度，即自我认同完成得越好，自我提升策略的使用就越频繁；同样，自我认同状态可以正向预测青少年网络交往中榜样化策略使用的频繁程度，即自我认同完成得越好，榜样化策略的使用就越频繁。

青少年的自我认同完成得越好，青少年就更容易肯定自己，也更自信，他们致力于建立在他人眼中的特定形象，并且对此会更加自信，也就可能更容易采用张扬性的自我表现策略。自我提升和榜样化都属于张扬性自我表现策略，在缺乏视觉线索的网络交往中更是如此，借助语言建立在他人眼中的特定形象，最好的方式无非是肯定自己，提升自己，而这两种策略刚好可以很好地达到这样的目的。

四、社交网站使用

社交网站(social network sites,SNS)是一种旨在帮助人们建立社会网络的互联网服务平台,主要目的是提供社交网络服务。社交网站是一种集留言、相册、日志、音乐、视频等技术于一体的网络服务形式。用户在社交网站中的行为,比如,更新状态、发布新照片和日志等行为都会作为新鲜事出现在好友的首页中,好友通过自己的主页进行回复,从而很容易地达到互动的效果。

现在中国大陆流行的社交网站有很多,为了确定青少年使用比较多的社交网站,研究者于 2011 年对 245 名青少年进行了调查(马晓辉,雷雳,2011)。结果显示,在当时比较受欢迎的社交网站中,有 97.1% 的被试都在使用 QQ 空间。接下来研究者以 QQ 空间作为青少年最常使用的社交网站为例进行了社交网站使用的研究。

(一)社交网站使用状况

1. 近九成青少年热衷于使用社交网站

通过对青少年使用社交网站的比例进行分析发现,所有接受问卷调查的有效被试共有 1107 名,其中拥有 QQ 空间的有 917 人,比例占到 82.8%。另有 190 人没有开通 QQ 空间服务,在这 190 人中有 69 人报告有人人网、开心网或者其他类型的社交网站账户,只有 121 人没有使用任何社交网站,所以使用社交网站的青少年所占比例为 89.1%。这表明社交网站已经成为大多数青少年网民都偏爱的网络服务之一,跟国外对于青少年群体的研究结果一致(Hargittai,2007)。可见,对于青少年群体来说,社交网站已经逐渐成为他们普遍使用的网络服务之一。

分析青少年使用 QQ 空间的频率和时间,发现有 20.7% 的青少年每天登录 QQ 空间至少一次,每周都会登录 QQ 空间的比例达到 59%,表明超过半数的青少年每周都会使用社交网站服务。分析青少年登录 QQ 空间后停留的时间,发现 32.4% 的人每次在社交网站中停留的时间为 10~20 分钟,有 10.8% 的个体每次在 QQ 空间消耗超过一个小时的时间。

2. 青少年使用社交网站意在自我和人际

分析青少年最喜欢的 QQ 空间服务,发现青少年最喜欢的 QQ 空间模块依次为日志(67.4%)、相册(58.3%)、说说(58.3%)和留言板(52.9%),这四种类型的 QQ 空间服务选择人数均超过了 50%。

进一步分析发现,青少年登录 QQ 空间后最经常做的事情为关注朋友动态、回复留言和评论、浏览好友空间和更新说说,这四种行为比例均超过了 40%,而更新皮肤和个人形象、分享信息是最少做的事情。这表明青少年使用社交网站的最主要目的还是跟朋友交流,尝试新鲜事物和分享信息则相对比较次要。

分析青少年 QQ 空间内被好友或他人留言的情况发现,经常有留言和评价占49.4%,很少留言评价占 46.2%,没有留言和评价的占 2.9%。这表明九成以上青少年的 QQ 空间有人留言和评价,他们能够通过个人主页得到他人的支持。

3. 男生偏好娱乐服务,女生则爱社交服务

在最喜欢的社交网站服务内容方面,女生比男生更喜欢相册和说说,而男生比女生更喜欢音乐盒和城市达人服务。在最常做的事情方面,女生比男生更经常更新说说、上传照片、关注朋友动态、浏览他人空间和查看回复留言,而男生比女生更经常分享信息。

这表明青少年女生更喜欢使用社交网站的社交服务,而男生更喜欢娱乐性质的服务。国外多项针对大学生的研究结果也表明,女性比男性使用社交网站的比例更高,而且女性更容易过度使用社交网络。总体上说,年轻男性和女性在使用社交网站上表现出不同的特点。对青少年在社交方面的性别差异研究显示(Valkenburg, Sumter, & Peter, 2011),男女生在自我表露的能力发展方面有显著差异,对于女生来说,无论是在网络还是在面对面交往中,她们表露的水平在 10~11 岁时显著提高,直到青少年中期开始维持比较稳定的水平;男生虽然也有同样的发展趋势,但是他们的发展时间要比女生晚两年。

4. 青少年对社交服务的重视随年级上升

首先,分析不同年级青少年最喜欢的 QQ 空间服务的差异情况,发现青少年对说说板块的喜欢程度随年级升高而增长;而对音乐盒、礼物和秀世界的喜欢程度随年级升高而呈下降趋势。这表明,随着年级的升高,青少年越来越喜欢可以随时发表心情或想法的说说服务,而对音乐盒、礼物和秀世界的兴趣则随年级升高而减少。

其次,对青少年登录 QQ 空间后最常做的事情进行年级差异比较分析发现,随着年级增长,关怀好友动态、查看和回复留言以及更新说说三种行为呈增长趋势,而分享、更新皮肤和个人形象两种行为则呈减少趋势。这种结果意味着,到了青少年后期,他们越来越将社交网站作为跟朋友交流的工具,而不是娱乐消遣的工具。

(二) 社交网站使用的特点

研究者选了 100 名青少年 QQ 空间,对他们在网站中展现的内容进行了逐个分析,可以将青少年的主要使用行为分为人际交流和娱乐消遣两方面(虽然两者也有交融),其中人际交流部分包含了青少年展示自我和与来访者互动的各种形式;娱乐消遣部分包含了青少年通过 QQ 空间服务去浏览信息、共享网络资源等形式。

1. 人际交往方面

首先,从自我展示方面来看:88.3%的青少年主动对自己的 QQ 空间进行了风格化管理,希望自己的个人主页更加绚丽多彩、与众不同,表明大部分青少年将 QQ 空间作为展示自我的一个地方。

在个人兴趣爱好方面,有 71.4%的青少年在 QQ 空间中公开了自己感兴趣的链接

信息,这些信息包括 QQ 的其他服务、明星主页、运动热点新闻等,是青少年通过 QQ 空间进行娱乐消遣和获取相关信息的体现。

有 42.9%的人使用了秀世界模块服务,这也是一种青少年展示自我的方式。国外一项对社交网站的内容分析研究结果也表明,有 8%的人在年龄问题上作假(Hinduja & Patchin, 2008),45% 的个人主页是用户自主定义的,也就是经过个性装扮的。

其次,从人际交流的服务内容方面来看:关于日志情况,青少年的大部分日志并非是自己写的,而是通过分享和转载的其他网友的日志内容。相应的,这种情况也导致了日志的被评论率不高,对青少年来说,那些分享和转载的日志更多的是一种存储感兴趣的信息的方式,并非展示自我和与他人交流的方式,因此少有人评论也很正常。

所有的青少年都发表说说,85.7%的人发表的说说会有熟人进行评论,也就是说,绝大多数青少年通过发表说说和回复评论来跟好友交流。

最后,在人际间信息交往的服务方面,从 QQ 空间的留言板内容的分析结果来看,几乎所有的空间都会有人留言,从内容看留言的人大部分是青少年熟悉的朋友和同学。

调查中的所有青少年都使用了礼物功能,即便没有送出过礼物,最少的也收到过两份礼物,可见通过 QQ 空间互送礼物是非常普遍的行为,可以促进青少年跟朋友的情感交流。

2. 娱乐消遣方面

在对 QQ 空间中的音乐盒内容进行分析时,发现有 40.3%的青少年选择了自己喜欢的音乐信息,这表明近半数的青少年通过 QQ 空间的音乐盒网络服务欣赏音乐。

青少年比较热衷于分享网络资源,80.5%的青少年都有自己的分享链接,他们比较喜欢通过分享途径来了解新信息、学习新知识;有 68.8%的人都参与过网络投票,但绝大多数人只是喜欢参与他人发起的投票,通过这种投票可以获得乐趣、获取新信息。

五、网络恋爱关系

(一) 网络恋爱关系的形成

网络(在线)给恋爱关系提供了不同的机会。比如,在某些互联网背景下并不提供关于身体吸引力方面真实的信息,而这一点对于现实生活中的爱情而言是举足轻重的成分,尤其是在刚刚开始的时候。结果,在网络上开始的一段恋爱关系更多地涉及的是沟通交流,或者是描述感受和体验。"在线吸引力"的某些因素包括:接近,共享相同的兴趣、态度和观点,幽默感,自我表露,创造性,智力,沟通能力,"虚拟的超凡魅力"以及"你喜欢我-我喜欢你-你更加喜欢我-我更加喜欢你"的螺旋状态。而可能导致在线吸引力下降的因素是被动、不当的暴露癖以及攻击性(Smahel & Vesela, 2006)。很多网络工具也可能会参与到基本的离线恋爱关系中去,尤其是诸如社交网站主页这样的工具可能会被用来寻找更多关于潜在伴侣的信息,也会被用来与之联系。

研究者对超过12000条青少年聊天室记录的分析表明,平均而言在聊天室的公共空间里每分钟就有两条找寻伴侣的请求(Smahel & Subrahmanyam, 2007)。与表达自我认同不同的是,对伴侣的找寻请求是聊天记录中最为常见的内容,甚至比问候语还多。

在线约会网站是另一种与恋爱关系有关的互联网背景。为了考察青少年的在线约会行为,研究者(Smahel et al., 2008)调查了一个捷克样本:在483名12~18岁的青少年中,大约43%的青少年报告说他们"有时候"会访问约会网站,23%的青少年在那些网站上有个人主页,并且为了约会而与另一个人联系过。在约会网站的使用上没有性别差异。年龄大一些的青少年(16~18岁)报告他们访问约会网站比年幼一些的青少年(12~15岁)更为频繁(52%比35%)。在约会网站上拥有个人主页的青少年中,30%给他们的伴侣打过电话,9%使用过视频,8%交换过情色图片,35%与在线伴侣见过面。令人感兴趣的是,在拥有个人主页的青少年中,只有22%认可他们是在寻求"严肃的约会",64%要的是没有承诺的约会,46%是"纯粹的虚拟关系",7%报告说他们是为了发生性关系而寻求一次离线会面。在这一研究中,大多数捷克青少年好像参与在线约会,或是为了摸索,或是为了乐趣,或是为了与潜在的伴侣进行交往而不想真正投入或给予承诺。

另一项对16名14~25岁的捷克互联网用户的质性研究,揭示了年轻人使用互联网进行约会和发展在线关系的原因(Šmahel, 2003),例如无限制的关系来源、无关地理位置的形成关系的能力,以及开始一段关系的容易度;参与者也认为在线约会和关系对有社交障碍的青少年有着特别的价值,因为他们过分害羞或有社交焦虑。

(二) 网络恋爱关系的特点

自从互联网让用户能够与完全陌生的人轻而易举且毫无代价地进行交往以来,就有人认为这种交往并不能提供足够丰富的社交信息,会导致"弱联系"。一脉相承的是,考虑到网络恋爱关系对于年轻人来说到底有多真实,也是很重要的。看起来尽管青少年喜好网络约会,并且偶尔会结识陌生人并与他们聊天,但是,他们大多数人都认为网络关系"并不真实"或"不是真的"。这一点与先前的发现是一致的,即网络关系是被认为质量较低的(Mesch & Talmud, 2007)。

尽管青少年会和网络恋爱伴侣交换亲密的信息,但是他们声称这种关系并非真实和有效。他们似乎进退维谷:这是一种关系,然而并不"真实",亲密的细节彼此感同身受,但是,他们仍然觉得拥有在任何时候退出关系的自由。

这一研究中的年轻人也似乎相信,与现实关系相比,网络恋爱关系通常是昙花一现,非常肤浅的。他们并不认为纯粹的虚拟关系是非常严肃的,并且在他们严肃地看待这些关系时,他们会试着把自己的虚拟关系转变为现实世界的、面对面的友谊或恋爱关系。

总而言之,尽管青少年会使用互联网来结识新的伴侣,但是他们并不把这种关系看成是与现实中的伴侣关系一样的。他们似乎知道,网络世界无法替代现实世界的关系。相反,他们使用互联网,尤其是诸如社交网站和即时通信这样的工具,似乎只是为了形成或延续与在现实生活中认识的人的恋爱关系。比如,刚刚踏入大学校门的新生通常使用社交网站的个人主页来获取关于室友的信息,并形成相应的看法。当青少年的恋爱对象完全限于网上的人,且与其现实生活无关时,对于父母、监护人和专业人士而言,就应该予以警惕了。

(三) 依恋与网恋的关系

随着年龄的增长,尽管青少年寻求与依恋对象的亲近行为不如以前那样紧张和频繁,但是象征性的交流(如电话、书信、互联网)在提供安慰时越来越有效。有人曾用"电子朋友"的概念来描述把电子游戏当作同伴(Selnow,1984),后来这个概念延伸到互联网使用者,用以说明青少年会把互联网当作朋友,也会把互联网当作扩大交友范围的重要手段。也就是说,青少年有可能把互联网当作新的依恋对象,也可能通过互联网来寻求新的依恋对象,如网上友谊的形成等。

研究考察不同性别青少年在网恋卷入倾向上的差异,结果表明,在青少年网恋卷入倾向上,与女生相比,男生有更多的网恋卷入倾向。这与男生对情绪事件的分享倾向有关,并且男性在操作电脑的熟练性、实用性和自发性上都远远高于女性。而不同年级青少年网恋卷入倾向并无差异(Lei & Wu,2007;孟庆东,雷雳,马利艳,2009)。

考察青少年网恋卷入倾向、依恋和社会支持之间的关系,结果表明,性别、反映同伴依恋的"同伴沟通""同伴疏离"能够显著正向预测青少年网恋卷入倾向,反映亲子依恋的"母子沟通"能够显著反向预测青少年网恋卷入倾向。即男生比女生更容易卷入网恋;与同伴的沟通水平、疏离水平越高,与母亲的沟通水平越低,越容易卷入网恋。

同伴沟通和同伴疏离均能够正向预测网恋卷入倾向,这可能反映两种青少年更易卷入网恋:一种是平时与同伴沟通较好的青少年;另一种是平时疏离同伴的青少年。前者善于交际的特点使他们能够非常容易地在网上建立起自己的社交圈,在网络社交中更具吸引力(杨洋,雷雳,2007)。后者由于现实人际交往不够顺畅,需要寻找发泄对象和空间,网络为其提供了自由的时间和空间(程燕,余林,2007)。

从母子沟通能够反向预测青少年网恋卷入倾向来看,与母亲沟通水平越低,就越无法体验到与母亲之间的那种亲密感及母亲所给予的温暖和支持。亲子间的共同观点越少,亲子关系质量越差,个体的孤独感就越高(李彩娜,邹泓,2007),所以青少年也更加倾向于寻找一个情感寄托,从而避免孤独感。在互联网这一匿名环境中和其他人聊天更有安全感,为减少孤独感提供了机会,而倾向于在网上寻求情感支持的人,可能会有更多的网恋卷入倾向。

六、网络亲社会行为

一般而言,"网络亲社会行为"是指在互联网中发生的亲社会行为。网络亲社会行为由于发生环境的特别,跟现实中的亲社会行为有所不同。网络环境中的亲社会行为主要表现在以下几个方面:① 无偿提供信息咨询;② 免费提供资源共享;③ 免费进行技术或方法指导;④ 提供精神安慰或道义支持;⑤ 提供虚拟资源援助;⑥ 宣传与发动社会救助;⑦ 提供网络管理义务服务(彭庆红,樊富珉,2005;王小璐,风笑天,2004)。

网络利他行为并非仅仅是把现实中的利他行为放到网络环境里进行,其在数字化、电子化等技术的影响下呈现出不同于现实生活的独特性质:① 广泛性,网络亲社会行为的参与面极广,基本不受到地域、民族、时间等的限制;② 及时性,网络利他行为从求助信号的发出到利他行为反馈的过程基本上可以同步进行;③ 公开性,除了网民身份信息匿名外,网络利他行为过程都公开地反映在网络上;④ 非物质性,由于网络空间本身的虚拟性,助人者和求助者之间传递的不是物质,而是信息。同时,网络环境对亲社会行为的激励机制也是非物质性的。

(一)网络亲社会行为的表现

有研究考察青少年网络亲社会行为的基本特点,发现在五点计分量表中,网络亲社会行为总平均分和各类网络亲社会行为的平均数均分布在3~4之间,说明青少年在网络环境中发生亲社会行为水平是较高的(马晓辉,雷雳,2011)。

通过比较不同类型亲社会行为的平均数可以看到,青少年的网络亲社会行为得分由高到低依次为:紧急型、利他型、情绪型、匿名型、依从型、公开型。这表明,在紧急、高情绪唤醒、有人求助的网络情境下,青少年更容易产生亲社会行为;此外,青少年的功利色彩较淡,更容易表现出利他型亲社会行为,在网络环境中助人的时候并不期待对方有所回报。

国外对于现实中青少年亲社会行为倾向的研究显示,青少年报告最多的亲社会行为倾向是利他型、紧急型和情感型,最少的是公开型(Carlo,Hausmann,Christiansen,& Randall,2003)。国内一项研究也显示,在现实生活中青少年的利他型亲社会行为倾向最高,其次是紧急型、情绪型、依从型、匿名型和公开型(寇彧等,2003)。

由此可见,在网络环境中紧急型和匿名型亲社会行为的排名比现实生活中高。这可能是由于网络环境的匿名性和开放性等特点,网络环境中出现匿名型亲社会行为情境更多,青少年在不显露自己真实身份的条件下助人的可能性也更大。

(二) 网络亲社会行为的性别及年级特点

考察青少年网络亲社会行为的性别和年级特点,结果表明,一方面,女生做出利他型网络亲社会行为多于男生,并且在网络中帮助别人的时候比男生更少考虑能否得到回报。

进一步考察青少年网络亲社会行为的年级变化,结果表明,情绪型、利他型、匿名型、依从型和公开型网络亲社会行为在年级上均有显著的线性变化趋势。随着年级的升高,青少年的这五种类型的网络亲社会行为均在减少。并且在五种网络亲社会行为上,高二学生的得分最低,其他年级之间差异不显著。这说明青少年的网络亲社会行为在高二的时候发生质变,有了明显的减少。

这与现实中的亲社会行为研究结果有所不同,研究显示,青少年随着年龄的增长,表现出依从型、利他型、紧急型和利他型亲社会行为的倾向均是增加的(Carlo et al.,2003)。国内多项研究显示,现实生活中青少年的亲社会行为在年级之间没有显著的差异(余娟,2006;刘志军,张英,谭千保,2003)。这说明,青少年在网络环境中的亲社会行为表现和发展有其独特之处。曾有研究表明,青少年在网络环境中表现出一定水平的欺骗行为(Li & Lei,2008),随着年级升高和使用互联网时间的增长,青少年对网络环境中存在的欺骗行为会有更多的认识,不会再轻易相信网络中的求助信息,并可能因此而表现出越来越少的网络亲社会行为。

七、网上音乐

随着互联网的发展,出现了数字音乐,使得青少年接触音乐更加方便快捷。在线听音乐成了青少年热衷的一项网络服务,2014年第33次《中国互联网络发展状况统计报告》显示,网民对网上音乐的使用率为73.4%,位居中国各项网络应用第四位。

网上音乐与传统的音乐产品相比,有其自身的优势。首先是它的经济性,传统音乐产品经过了层层的制销环节,而网上音乐通过互联网这一载体,就可以直接通过软件公司在网上流通,成本大大低于传统的CD、磁带等音乐产品。其次,在线听音乐方便快捷,只要点击相关的网站,就可以随时聆听自己喜爱的音乐。再次,网上音乐的产品相当丰富,无论老歌、新歌,还是古典的、流行的,各个时代、各种风格的音乐应有尽有,选择性很强。最后,网上音乐的活动形式多样,不仅包括网上音乐的主要形式在线听赏、下载音乐等,还包括搜索关于音乐或者歌手的信息、加入音乐论坛等。

(一) 网上音乐使用的结构特点

国内有研究者编制了"青少年网上音乐使用问卷",并用其对青少年的网上音乐使用进行了探索(雷雳,2010;尹娟娟,雷雳,2011)。研究发现青少年的网上音乐使用体现在三个方面,即"音乐信息""音乐社交""音乐欣赏"。

比较青少年对三种网上音乐使用形式的使用情况,从结果中可以看出(图 9-1),在"从未使用"至"总是使用"的五级评分中,青少年使用最多的是音乐欣赏,其次是音乐信息,最后是音乐社交。

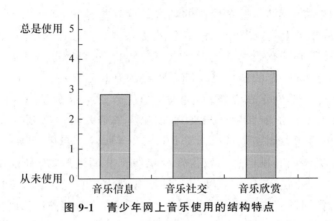

图 9-1 青少年网上音乐使用的结构特点

音乐欣赏主要是在线听歌、下载音乐等活动。青少年喜爱音乐,以前只能是听磁带CD、看电视,随着互联网网上音乐的发展,互联网音乐逐渐取代传统的听赏音乐形式,在互联网上听歌、下载到 MP3 随身听中已经成为青少年新的聆听音乐方式。

音乐信息包括了搜索歌星的信息、浏览音乐新闻和图片、浏览音乐排行榜等活动。很多青少年都有自己喜欢的歌星、喜欢的音乐风格,在无聊或者情绪低落时就可能会使用音乐信息,一方面了解相关的娱乐信息;另一方面可以打发时间,调节情绪。

音乐社交是青少年较少使用的一项服务,可能是因为互联网中关于社交服务的活动不仅局限于网上音乐使用中,其他的一些互联网服务中也存在,如 QQ 聊天、博客、电子邮箱等,而这些服务与社区论坛等服务相比使用起来更方便、更直接。所以,青少年使用音乐社交更少一些。

(二) 网上音乐使用的性别及年级特点

对青少年网上音乐使用中的性别差异和年级差异的分析表明,只有在音乐欣赏维度上的性别和年级的交互作用明显。对男生来说,初中一年级使用音乐欣赏显著低于职高一年级和职高二年级;而女生在音乐欣赏使用上没有显著差异。

从生理发展角度来说,由于女生发育成熟早,由此带来的烦恼和挑战也会比男生来得早,因此,她们会寻求一些方式调节那些不安的情绪,例如,通过听音乐、倾诉等方式对不良情绪进行排解。而音乐欣赏主要包括在线听音乐、下载音乐等与音乐有关的互联网活动,女生使用音乐欣赏从初一到高中并无显著差异。

对于男生来说,初一刚刚步入青春期,由于发育的滞后性,烦恼和消极情绪都会来得相对晚一些,随着年龄的增长和烦恼的增多,他们也会借助音乐调节一些消极情绪,所以会出现随着年级的升高,男生越来越多地使用音乐欣赏。

另一方面,青少年在音乐信息、音乐社交和音乐欣赏方面都没有显著的性别差异,说明不论男生还是女生都能在互联网中找到自己感兴趣的音乐活动,所以,网上音乐使用可能存在使用内容的不同,但是使用的频次是没有差异的。

再者,单纯从年级上看,音乐信息、音乐社交和音乐欣赏的年级差异都达到了显著水平。总之,三种服务都有明显的相似特点,就是初一年级网上音乐使用的水平都显著低于高年级。不过,青少年的音乐社交随着年级的升高而升高。

对于初一年级的青少年来说,刚刚进入初中这个新的环境,在学习、师生关系、同伴关系等方面还没有完全适应和发展起来,他们比小学阶段面临更多压力源,承受更大压力。因此,他们更可能参加网上音乐活动。同时,参加网上音乐活动也是社交的需要,熟知最新的娱乐资讯和音乐信息可以为青少年找到共同话题,为青少年带来友谊和优越感。但是初一与职高三年级相比使用三种服务都没有显著差异。到了职高三年级,青少年面临着工作和毕业的双重压力,时间上也不像平时那么充裕,网上音乐服务使用的时间会有所减少。

(三) 网上音乐使用与孤独感的关系

考察青少年网上音乐使用与其人格、孤独感的关系,发现网上音乐使用具有调节作用:① 音乐信息可让外向性青少年减少孤独感,使用音乐信息越频繁,外向性的个体体验到的孤独感越少;② 音乐社交可让外向性青少年减少孤独感,使用音乐社交越频繁,外向性的个体体验到的孤独感越少;③ 音乐欣赏可让有神经质倾向的青少年更加孤独,使用音乐欣赏越频繁,其体验到的孤独感越多;④ 外向性通过音乐信息影响孤独感,高外向性的个体,使用音乐信息越频繁,体验到的孤独感越少;⑤ 音乐欣赏可让外向性青少年减少孤独感,也就是说,高外向性的个体,使用音乐欣赏越频繁,体验到的孤独感越少。

八、网 络 游 戏

(一) 网络游戏的特点

网络游戏(online games),简称网游,是电子游戏与互联网结合而成的一种新型娱乐方式。我们通常说的网络游戏一般指"大型多人在线角色扮演游戏",它是以互联网为传输基础,能够使多个用户同时进入某个游戏场景,操作具有某种社会特性的游戏角色,并且能与其他游戏用户控制的角色实现实时互动的游戏产品。目前,中国网络游戏市场中男孩比较喜欢的游戏有《穿越火线》《特种部队》《疯狂赛车》《街头篮球》等。其他类型的游戏还包括"多人在线游戏""休闲类网络游戏"(张国华,雷雳,2013)。

网络游戏之所以能够吸引大量的青少年,跟它所具有的一些特点有关。

首先,从技术层面上看,网络游戏采用最先进的技术手段,呈现逼真的虚拟情景,将虚幻世界展示得美轮美奂、令人心旷神怡、流连忘返。网络游戏中所运用的三维(3D)技术,可以演绎出壮观的场面、优美的画面和动听的音乐,游戏玩家则以数字化的虚拟身份来展示或想象主体身临其境的状态。网络游戏所营造的空间为玩家提供了一种更直观精细、更接近真实世界的认知方式,使玩家在游戏世界中产生更为真切的感觉。

其次,从心理需求层面看,网络游戏将网络和传统电子游戏相结合,具有以往单机游戏所不具备的人际互动性、情节开放性、更大的情感卷入等特点(郑宏明,孙延军,2006)。研究者认为,玩家之所以喜欢玩网络游戏,是因为他们在玩游戏的时候既可以进行社会交往也可以独自玩耍、享受暴力带来的乐趣、没完没了地玩下去,而且可以在游戏过程中进行探险、策略性思考和角色建构等(Griffiths et al.,2004)。

(二)网络游戏的消极影响

现在,有关暴力网络游戏对攻击行为的影响成为研究的焦点。研究表明,暴力游戏会引起游戏玩家的不良生理反应(刘桂芹,张大均,2010;郭晓丽,江光荣,2007);启动攻击性认知、情绪和行为(Anderson & Dill,2000);提升其内隐攻击性(陈美芬,陈舜蓬,2005;崔丽娟等,2006)。游戏中频繁出现的暴力会使玩家敏感性降低,对现实生活中的暴力采取漠视的态度,也可能让青少年对暴力行为更加宽容,并使青少年改变"暴力行为是不好的"观念,在现实生活中出现攻击行为并且减少助人行为。

对暴力游戏的横向和纵向研究结果大致相同。研究发现,网络游戏的攻击和暴力内容在短期内可能导致对暴力脱敏(郭晓丽,江光荣,朱旭,2009)以及敌意倾向的提高(刘桂芹,张大均,2010),并唤起个体的攻击倾向,启动个体已有的攻击性图式、认知,提高个体的生理唤醒、自动引发对观察到的攻击性行为的模仿,其长期效应可能导致个体习得攻击性图式和攻击性信念,减少个体对攻击性行为的消极感受(Bushman & Huesmann,2006)。对暴力游戏与攻击性关系的元分析研究也表明,暴力游戏增加了被试在现实生活和实验室情境中的攻击性认知、情绪、生理唤起及行为(Anderson & Bushman,2001),其他的消极影响还包括降低同情心与亲社会倾向等。对有些青少年来说,暴力网络游戏甚至会促使他们做出一些犯罪行为。

此外,虽然网络游戏不像烟、酒、毒品等物质的依赖性大,但在虚拟游戏的刺激下,青少年会感受到在现实世界体会不到的快感,无法抑制游戏带来的乐趣,很多青少年会出现网络游戏成瘾(Mehroof & Griffiths,2010)。通常来说,网络游戏使人成瘾的因素包括:想完成游戏的动力、竞争的动力、提高操作技巧的动力、渴望探险的动力、获得高分的动力(张璇等,2006)。网络游戏成瘾者常常在虚拟世界的象征中去"实现"对权力、财富等需求的满足,并逐步代替现实中的有效行为,从而导致他们情绪低落、志趣丧失、生物钟紊乱、烦躁不安、丧失人际交往能力等(Peters & Malesky,2008),从而对玩家的心理健康产生消极影响(南洪钧,钱俊平,吴俊杰,2011)。

(三) 网络游戏的积极影响

目前,绝大多数研究者认为网络游戏会对青少年起消极作用,但也有少数研究表明网络游戏可能对青少年产生积极影响。网络游戏之所以盛行,跟它能够满足人们的心理需求是分不开的。有研究者指出,网络游戏可以让青少年宣泄在现实生活中产生的不良情绪,满足缺失型需要(Suler,2001)。此外,网络游戏可以让玩家舒缓压力、放松身心,达到宣泄郁闷的目的。

同时,在网络游戏中还可以和其他玩家交流(Greitemeyer & Osswald,2010),接触到许多在现实生活中无法碰到的人和事,增加对他人和社会的了解,锻炼个体的社会交往能力。在很多社交性的亲社会型网络游戏(甚至是合作性的暴力游戏)中,青少年可以通过团队合作来学习协作的技巧,培养团队合作意识、集体主义观念以及亲社会行为(Greitemeyer,Traut-Mattausch,& Osswald,2012),增加共情并减少攻击性行为(Greitemeyer,Agthe,Turner,& Gschwendtner,2012),有些研究甚至发现接触攻击性媒体会对个体产生积极影响(Adachi & Willoughby,2011)。

此外,网络游戏还可以为青少年提供丰富的角色扮演机会,使青少年可以通过体验不同的角色来更好地把握现实生活中的角色选择和定位。国外的很多研究都表明,适量玩网络游戏可以培养青少年的收集、整理、分析、计划、创新等方面的能力,帮助青少年从压力和紧张中恢复过来,促进心理健康和社会性发展(Greitemeyer & Osswald,2010)。

总的来说,网络游戏影响的具体性质和强度取决于游戏量、游戏内容、游戏情景、空间结构和游戏技巧(赵永乐,何莹,郑涌,2011)。网络游戏对青少年成长有一定的积极作用,适当的游戏方式能够起到促进他们的社会化进程的作用。

(四) 网络游戏体验

有研究发现,获得网络游戏体验是青少年网络游戏玩家最为重要的游戏目的和动机之一,玩家在过去经历过的游戏体验能够显著预测后来的网络游戏行为。

研究者选取有代表性的青少年群体为研究样本(共计1217人次),综合采用文献综述、访谈法、问卷法和追踪研究设计等研究方法,系统考察青少年的网络游戏体验,揭示青少年网络游戏体验的结构和特点,探索网络游戏体验对网络游戏成瘾影响的内在心理机制,澄清网络游戏体验与网络游戏成瘾之间的因果关系(张国华,雷雳,2013)。结果发现:

青少年网络游戏体验包括社交体验、控制体验、角色扮演、娱乐体验、沉醉体验和成就体验六个维度,这可以作为识别和筛查青少年网络游戏成瘾者的辅助工具。

青少年网络游戏体验总体处于偏低的水平,说明青少年对网络游戏的体验程度较低。

从人口统计学方面来看,高二年级分数显著低于其他年级,男生的分数显著高于女生分数,男生的网络游戏体验强于女生。对青少年网络游戏体验相关影响因素的分析表明,网络游戏时间越长、网络游戏难度与技能匹配度越高,青少年的网络游戏体验就越强。

网络游戏品质和网络游戏体验能够直接预测网络游戏成瘾,同时两者通过对网络游戏的态度间接预测网络游戏成瘾,即网络游戏品质越高,青少年游戏成瘾的倾向越低,但对网络游戏的态度越积极,则可能削弱网络游戏品质对网络游戏成瘾的保护作用。

有用感也能通过对网络游戏的态度间接预测网络游戏成瘾,即青少年认为网络游戏有助于提升自己表现,不会直接提高网游成瘾倾向(即可能不会选择网络游戏来提升自我表现,有可能选择现实生活中的活动),但如果对网络游戏态度积极的话,则可能选择网络游戏来提升自我表现,增加网络游戏行为,导致成瘾水平提高。

追踪研究表明,青少年的网络游戏体验强度在追踪期间有所下降,网络游戏成瘾倾向保持稳定。回归分析表明,在更大程度上是网络游戏体验影响青少年的网络游戏成瘾。

九、健康上网

互联网快速普及成为现代人生活的一部分,对青少年也是如此,更成为影响他们心理社会成长的重要因素之一。与此同时,伴随网络成瘾等带来的心理、教育和社会问题也变得严峻起来。由此,普及宣传青少年健康上网的观念和行动也悄然而起。

公众是怎样理解健康上网的呢?研究者(郑思明,雷雳,2006)在调查青少年健康上网的公众观时,有些人直言不讳地说,"你要是调查青少年使用互联网的坏处,我可以说一堆给你听";"健康上网是什么样的,乍一想,脑子里真没想法,没有思考过"。在访谈教师时,有的教师说"我亲眼目睹过好些孩子由于沉迷互联网荒废学业不算,以后都完了,我希望尽可能地让孩子避免使用互联网"。但又有许多公众提到了"不久的将来,学校、社区、社会广泛地使用互联网这个现代化工具是个必然趋势"。青少年使用互联网引发的一系列心理、社会问题极度困扰着家庭和社会。可见,家长和教师在这个势不可挡的网络时代带来更强烈的冲击面前,尚未做好足够的心理和行动准备。而健康上网对青少年个体的成长和发展乃至个人潜能的发挥,都可能具有非常重要的作用。

研究者(郑思明,2007)主要采用质性研究方法,对青少年做深入的半结构访谈。在此基础上,运用扎根理论、个案分析,并结合量化测量、统计分析等多种研究手段,建构了青少年健康上网行为的概念、结构,以及有利影响因素、各个因素之间的关系结构。

(一)健康上网的表现

通过对青少年健康上网行为概念进行统计分析,经过开放编码——主轴编码的反

复比较、分析归类,抽象概括出类别,研究提取了青少年"健康上网"概念的大体内容:

(1) 抵制不良:不登录黄色、暴力等网站,限制浏览不良网页及信息等;
(2) 不可沉迷:尤其是不沉迷网络游戏、不依赖、不成瘾等;
(3) 不扰常规:不影响正常学习生活,不带来消极影响,或最起码不要有害;
(4) 控制时间:由家长帮忙限制、控制上网的时间;
(5) 健康时限:给定一个健康上网的"健康"时间限度,自觉控制自己;
(6) 放松身心:愉快身心、释放压力、调节自己;
(7) 辅助学习:利用互联网,大部分用在学习上,帮助学习、拓展知识等;
(8) 长远获益:从长期来看有积极影响,给学习、生活和身心带来积极的影响,有益发展。

可以看到,时间对青少年科学健康地使用互联网有着指导和测量的作用。因此,研究提取了一个"健康时限"维度,即,针对我国目前青少年的日程常规来说,每天使用互联网不超过一个半小时、每周不超过十小时,这可以作为衡量青少年健康上网行为的参照标准。

(二) 健康上网行为的形态

结合以上概念,按照控制的内-外方向和个体寻求有益影响的现实-虚拟倾向,研究形成了青少年健康上网行为结构的两个维度。第一个维度可以命名为"控制性"维度,其正向是由内部控制的行为特征,命名为"内控型";其负向为受外部控制的行为特征,命名为"外控型"。第二个维度可以命名为"有益度"维度,其正向含义包括利用资源,拓展知识,获得对学习、生活、身心发展有益的结果,命名为"现实型";其负向为"虚拟型",包括代偿满足、追求虚拟生活。

进一步,由这两个维度构成的二维空间可以把青少年的健康上网行为分为"健康型""成长型""满足型"和"边缘型"。

从对个案的分析中也可以归纳出每个典型个案的关键特点,具体表现如下:健康型的突出特点是能自觉控制自己、利用互联网学习和主动寻求有益发展;成长型的突出特点是能够有效利用互联网帮助学习、寻求发展、自我的约束能力稍弱,而这种情况可能跟成长有关;满足型的突出特点是利用互联网代偿需求、心情愉快、自我控制、利用互联网帮助现实(学习)少、无不良影响;边缘型的突出特点是追求虚拟生活、利用互联网帮助现实(学习)少、自觉性较差、无不良影响。

综合来看,这四种类型既是不同的,又有两两相似的特点,它们之间会互相转化。也就是说,对个体而言,其有可能同时具有两种有相似性类型的健康上网行为,比如健康型和满足型都具有自我控制性,健康型和成长型都具有寻求现实发展的积极性。

（三）健康上网行为的影响因素

在分析青少年多次提及的重要影响因素的基础上，研究分别整理出教师与学校、家长与社会、自身与同伴三组因素发挥作用的关键特征。

第一，教师和学校因素对青少年的作用是显然的，来自教师和学校的因素是"教育指导作用"。教师、学校发挥特有的教学功能，对孩子怎样正确使用互联网、如何有效利用互联网等各个方面都可以起到积极的作用。

第二，来自家长和社会的"经验引导作用"。由于许多家长本身对互联网的了解极为有限，在孩子应该如何使用互联网的问题上，他们借助于电视、报纸等各种媒体上的各种事实、案例，以这些为替代的经验引导孩子们健康地上网。

第三，自身与同伴为一组突出反映的是青少年个体及群体的特点，也强调了同伴关系在青少年的发展中起着成人无法替代的独特作用，称为"心理参照作用"。青少年同伴群体是一个联合而成的群体，在其中，学生交互作用，并获得一个评价个人态度、价值和行为的参考性框架；现如今使用互联网的行为方式已然成为独特的青少年同伴群体文化内容之一，青少年的思想和行为在与同伴群体文化规范的对照中得以调整和修正。

另一方面，虽然澄清有利于青少年健康上网行为的影响因素很重要，但是澄清那些不利于健康上网行为的因素也同样是极有意义的。访谈过程中研究者发现，不少青少年在提到有利因素的同时，也提到了不利因素。归纳起来，不利于健康上网行为的因素主要有两个：

一是社会的消极作用，比如大肆宣传网络成瘾而损害了互联网的形象，网吧的泛滥、网吧的不良环境等。

二是青春期问题带来的消极影响，以逆反心理为主，正如有些孩子谈到的那样"开始就是觉得，你们说不好啊，我觉得很好呀，就不相信了，然后我就验证给你们看看，肯定是很好的事""他偏不让我们干，我们就去，比如说，他说不要去摸电门，青少年都不要摸，我们就在想凭什么不让我们摸，我们就过去摸，反正这种意思，都是这个"。

10

青少年心理的进化解析

过去的几个世纪里,许多学者以进化观点来理解人类的行为与认知,例如,自然选择理论的提出者达尔文曾经根据自己养育后代的经验于1877年出版了一本名为《一个婴儿的传略》(A Biographical Sketch of an Infant)的书,然而从进化观点出发来研究人类心理行为发展的文献却不多见。发展心理学关注人类个体的毕生发展,然而,很多学者不能清晰地说明为什么人类会如此发展。为什么人类会经历较长的幼儿期?为什么人类到十多岁才有繁衍后代的能力?为什么人类有繁衍后代的能力后,还要用很长一段时间来完成社会性发展?为什么儿童能够对动物和植物进行分类和区分?为什么青少年与父母间的冲突会明显地增多?回答这些问题对发展心理学家来说是一件非常困难的事情。然而,发展心理学的研究如果不能回答为什么有"如此这般"的发展时间表(developmental timing),人类心理行为变化的本质就难以得到深入理解。实际上,上述问题都是与"进化设计"有关的人类心理发展问题。

从进化的观点看,"发展"的代价和进化环境中的"利益选择",都是非常重要的。随着进化心理学与发展心理学的日益融合,这些问题可以从正在兴盛的进化发展心理学中找到答案。

一、进化发展心理学要义

进化发展心理学(evolutionary developmental psychology)是20世纪80年代出现的一种研究人类发展的新的理论视角。进化发展心理学采用了进化心理学的许多基本假设,是许多不同学科的综合,包括发育生物学、行为遗传学、人类学、生态学以及神经科学。所有这些学科都涉及人类随时间的发展和变化。进化发展心理学假设儿童青少年的行为与认知是进化过程中受到自然选择影响的产物,环境与基因相互作用促使个体不断地成熟和繁衍后代。研究者认为基因进化并不意味着遗传在儿童和青少年发展中具有决定性作用,儿童青少年的身心发展机制既是自然选择或性选择约束下的产物,同时也是特定环境条件激活特定机制的表现,即基因和环境的交互作用推动着儿童青少年心理行为由较低的阶段向较高的阶段发展。进化发展心理学重视人类儿童青少年进化来的行为(如冒险行为)或特质(如害怕陌生人)的功能。同时,儿童青少年的发展不仅仅指身体机能的发展,还包括认知能力和社会认知技能(如与他人沟通的能力)的发展。

进化发展心理学是运用达尔文的进化论原理,尤其是自然选择的理论来解释人类发展的一种理论模型,其目标是确认社会能力和认知能力发展的一般遗传机制和环境机制,以及使这些能力适应于特定条件的进化进程(基因-环境的相互作用)。

首先,进化发展心理学涉及进化的、渐成的程序的表达。进化发展心理学关注生物和环境因素在多重组织水平上如何相互作用,以产生特定的个体发生的模式。从这种观点来看,新的形态结构或行为的出现并不单纯是遗传蓝图的表达,而是作为所有从遗传到文化的生物和经验因素之间持续且双向互动的结果涌现出来的。因此,进化发展心理学不是遗传决定论或生物决定论,它只是强调"人类本性的发展是与物种典型环境相互作用的进化倾向在个体发生过程中的表达"。

朴素心理学(如心理理论)和朴素生物学(如认识动物与植物的本质),恐惧、焦虑情绪以及冒险行为等可能都是受到自然选择的进化产物。从进化与发展心理学结合的角度可以获得更多的认识。"心智并不是对各种问题都解决得同样好的通用装置,而是由一组独立的、专门化的模块构成"(Bjorklund & Pellegrini,2000)。模块涉及物理知识(如客体永存性)、数学、语言、心理理论等。可以说,新生儿是有准备地来到世界的,由于具有特定模块,他们处理和学习某些信息要比另一些信息更容易。婴儿和幼童的某些特征不仅是被选择出来的,而且在发展的特定时间起着适应作用。

其次,进化发展心理学指出人类进化出一种不成熟适应(deferred adaptations)机制。儿童心理行为的许多方面是为成年期做准备的,是进化过程中选择的结果,称之为不成熟适应。人类成长期是个体掌握日渐复杂的社会文化技术的时期,人类成长期的延长对大脑进化和发展以及心理发展都具有重要意义。人类成长期的延长需要养育者以及社区付出更多的投入(与其他动物相比),从表面看来人类的发展要比其他动物落后,但是根据进化遵循的收益大于损失这一基本原则,人类成长期延长的收益应大于损失。因此,虽然人类成长期的延长需要抚养者做出更多的投入,但是人类却有了比任何一种动物都复杂得多的认知结构和行为系统。

在人类与动物相区别的诸多特征中,人类成长期的大大延长是一个最明显的特征。为什么人类要付出这样的进化代价?进化发展心理学家认为收益肯定要大于成本,这些收益包括学习社会的习俗、规范和制度以及必要的技能与知识,掌握人类社会群体的复杂性。童年期的延长多方面地与社会联系着,它使得社会文化的基本结构有可能整合到个人的大脑中,又把大脑的基本结构整合到社会文化的结构中,它使得个体的智力和感情有可能同时得到发展。

最后,对儿童青少年来说,进化机制不都是适应性的。某些社会、行为或认知倾向对我们史前的祖先是适应性,并不意味着这些倾向对现代人也是适应性的。Bjorklund和Pellegrini(2000)认为正式的学校教育就是"进化机制并不总是当前适应"原则的一个很好的例子。从进化发展心理学的角度来看,我们今天在学校教儿童的任务和知识是我们的祖先从未遇到过的,而且某些在行为上"正常的"个别差异在现代社会中也是高度非适应的。想想一个小孩动手能力很强,阅读能力比较弱,而另一个小孩阅读能力很强,动手能力比较弱,他们在我们现代社会的境遇可能会有天壤之别。由于人类进化进程中的生活条件(进化适应性环境)与现代人类的生活环境有巨大的差异,人类进化形成的许多与繁衍、抚养后代相关的行为适应和认知适应已经不适合现代生活,并且可能造成适应不良。

二、朴素心理学的进化

在儿童与青少年群体中识别与发现进化机制塑造的不同的认知模式是进化发展心理学的主要任务。儿童与青少年在进化历史进程中需要解决很多的问题,例如,识别有毒的食物,识别环境中危险的陌生人,维护自身生存所必需的资源,促使父母给自身更多的关照等,这些问题都是与他们生存和繁衍成功有关联的能力。发展心理学中的心理理论研究、负性情绪发展以及父母教养研究都曾探讨了这方面的问题。整合了进化观点的进化发展心理学研究为这些问题提供了一些新的看法和见解。

朴素心理学即心理理论(theory of mind),是近年来在发展心理学、社会认知神经科学中一项新兴的热点研究。所谓心理理论,简言之,就是一种表征自己或他人的心理状态(如意图、信念、期望、知识和情绪),并据此推断他人行为的能力。由于它是在社会进化中形成的,在社会成员交往中发展的,同时区别于一般的智力,因此往往被称为一种"社会智力"(social intelligence)(Gerrans, 2002)。

人类从远古祖先开始就是群居动物,儿童与青少年都是在群居生活背景下成长与发展的。群体生活的一大好处是个体可以形成联盟来提高狩猎成功率和降低受到外敌攻击的风险。然而,合作需要互惠,假设在一个群体中大多数个体都相信互惠,若其中某一个体进行欺骗,它就能得到最大的利益,因为它接受了别人的恩惠但自己却不用回报,因此在群居生活中必须有探测欺骗的能力。个体在进行社会交换时,要懂得看清他人、避免被欺骗,也就是说,在与外界环境发生相互作用的过程中,个体需要理解他人的愿望、意图和信念,能预测他人将来的行为,并预测自己行为将会带来的结果,这样才能获得更高的生存和繁殖机会(Povinelli & Preuss, 1995)。能够理解他人心理状态的个体有很大的生存优势,这些优势包括更好地合作、影响和操纵他人,以及防止被他人欺骗和控制。心理理论就是这种自然选择下的产物。二十多年来,心理学家一直在心理理论的框架下,研究对自我和他人的心理理解以及与此相关的能力和行为。

一般以儿童通过错误信念任务(false belief task)作为其心理理论发展程度的标志。经典的错误信念任务包括意外内容任务(unexpected content tasks)和意外地点任务(unexpected location task)。在意外内容任务中,实验者向儿童呈现一个糖果盒子,然后询问儿童盒子里装的是什么。儿童通常回答糖果的名字。之后,实验者让儿童打开盒子,让他们知道盒子里装的不是糖果,而是别的东西(如玻璃球),然后问儿童"其他人会认为盒子里装的是什么"。经典的意外地点任务也称"莎丽-安任务"。莎丽和安是实验者跟儿童做游戏用的两个娃娃。游戏过程如下:莎丽把一个小球放入容器 A 中并离开了房间,然后安走进房间,把小球从容器 A 中取出,玩了一会儿后,放入容器 B 中。然后,实验者问儿童"当莎丽回来时,她会到哪里寻找小球"。

国外研究表明儿童在 4 岁左右能通过错误信念任务,这是有进化意义的。根据由来已久的先天-后天论之争,如果心理理论代表了一种习得行为,那么即使是年龄较小的儿童,也应该能通过训练获得心理理论;相反,如果心理理论代表了一种进化而来的心理结构,那么它是预先设定好的一种能力,到了特定时候就会表现出来,就像儿童到了六七岁就开始换牙齿一样。与由遗传决定的特质相比,习得行为更容易受文化和环境的影响,即受后天因素影响比较大。按照进化心理学的观点,由遗传决定的特质是在持续和稳定的环境中通过自然选择保留下来的,能用于解决生存和繁衍的问题,这些遗传特质在人类的进化过程中比较稳定,在不同文化下有一致性。

研究者训练 3 岁的儿童理解关于信念和愿望的概念,结果表明,训练只对年龄较大的儿童才有效。能从训练中获益的儿童平均年龄将近 4 岁,而没能从训练中获益的儿童平均年龄只有 3.5 岁。如果心理理论是一种习得的能力,无论是年龄较大还是年龄较小的儿童,都应该能够通过学习获得它。但实验结果表明,年龄小的儿童即使接受了有关信念和愿望理解的训练,也不能通过错误信念任务(Perner & Lang, 1999)。换句话说,心理理论更可能是一种预设的能力,在特定的时候表现出来,如果未达到一定的年龄,就算有意去促发儿童这种能力,收效也不大。

为什么儿童大约在 3.5~4 岁时开始掌握错误信念,而不是更早? 如果先天决定一切,那么,我们生来就应该有能力熟练地解决客观世界中持续出现的问题。这是由于人类直立行走后,女性变得狭窄的产道和胎儿较大的头颅,胎儿需要较早地从母体中脱离出来。然而,婴儿出生之后需要很多生理和心理机制来应对客观世界,形成这些机制需要很多的能量,而个体所拥有的能量有限,这就要求个体科学地分配其拥有的有限能量。在分配能量时,个体必然优先把能量分配到那些急需解决的问题上。而发展心理理论在生命的头几年不是必要的,所以它不可能占用有限的能量。因此,从进化上来看,儿童不会在 3 岁之前发展其心理理论。那么,儿童在3.5~4 岁时开始掌握心理理论的直接原因是什么呢?答案可能是同胞竞争。最短的生育间隔是一年。因此,在儿童 3.5~4 岁时,他的弟妹已经发展出一定的智力,此时就会产生最早的同胞竞争,兄弟姐妹之间争夺父母的有限资源、关爱和注意等。为了解决这种最早的竞争,心理理论在此时发展出来。同胞的存在使个体发展心理理论的动机更强,因为理解同胞的心理状态能使个体成功预测同胞的愿望和信念,从而促使个体更好地与之竞争。

现有的非进化心理学框架下的心理实验恰恰证明了这一观点。有研究表明,非孪生同胞在心理理论任务中的得分高于独生子女和孪生同胞,有兄弟姐妹的孪生同胞的得分高于没有兄弟姐妹的孪生同胞。这说明,心理理论的一个进化功能是处理同胞竞争。非孪生同胞(拥有50%的相同基因)之间的竞争比孪生同胞(拥有100%的相同基因)之间的竞争更激烈,独生子女则不用面临这种竞争。也就是说,非孪生同胞比孪生同胞和独生子女面临更强的由同胞竞争产生的选择压力,因此他们更早地形成心理理论,以解决这个问题。

三、朴素生物学的进化

人类在远古环境下生存下来面临的一个重要挑战是获取食物,他们必须识别什么东西可以吃,而什么东西不可以吃。现代的儿童与青少年都是远古祖先成功解决食物问题的后代。有观点认为,儿童进化出一种生物本质论(essentialism),研究发现儿童对于生物本质的看法在很多文化中都会自动地出现(Atran, 1998)。生物本质论指儿童把动物和植物看作生物,他们认为动植物拥有一些共同本质,这些本质可以遗传,物种的一些典型特征反映了这些本质的存在。例如,他们认为一些动物,比如"狗"或"猫"一旦没有嘴也就不是狗或猫了,它们有嘴才能吃东西,才能活下来。在不同文化下,儿童都拥有这样一种常识,那就是每个物种都有一个内在本质,内在本质反映在该物种的独特外形、行为和生态属性方面。尽管人们可能不知道什么是生物本质,但他们会有一个朴素的想法,那就是本质应该是根本属性,是物种外表和某些属性的根本原因。

研究发现,婴儿能区分生物的自发动作和非生物运动,学前儿童能运用"自发运动"来区分动物和人造物。这说明人类从小就有关于生物本质的朴素知识,即生物能自发地做出动作,而非生物则需要借助外部力量运动。Gelman 和 Wellman(1991)发现幼儿可以根据动物的本来面貌来判断相关物种的典型特征。在实验中,他们给儿童呈现了一只生活在猪圈中的牛,猪妈妈抚养这只牛,研究者问儿童这只牛会有什么特征。4岁的儿童知道,尽管这只牛在猪圈中长大,但它还是有牛的特征,而没有猪的特征。研究者认为,儿童对物种的本质有朴素认识,他们知道物种本质决定了该种生物的发展特点,生物的生活环境不影响物种的发展特点。这个开拓性的实验在方法上遭到一些质疑,例如,在实验过程中,实验者直接告诉儿童小牛和母牛属于同一种生物,这样可能间接地告诉了儿童小牛属于哪个物种。但是,改进方法后的实验结果与最初类似,这说明儿童确实能根据物种本质来区分生物。

四、情绪认知和识别

识别危险也是人类在进化过程中需要解决的一个问题。在人类个体的发展过程中,人的害怕反应似乎是和危险出现的时间保持一致的。比如,怕高和怕陌生人一般出现在婴儿6个月大的时候,而这个月龄的婴儿刚刚开始试着离开妈妈去爬行和探索。有一项研究调查了学习爬行超过40天的婴儿,其中有80%的婴儿都拒绝爬过"视崖"(visual cliff,看起来是悬崖,其实铺有坚固的玻璃)到妈妈那边去。婴儿学会爬行后,有时候妈妈未能在身边给予保护,那婴儿就可能会从高处摔下来,或者遇到陌生人。所以,在这个发展时期,婴儿表现出对高度和陌生人的害怕,似乎和适应性问题的出现是相一致的。而且,许多不同的文化中都有关于人类婴儿害怕陌生人的记载,甚至包括危地马拉、赞比亚的丛林地带和霍皮人(Hopi)居住的地方。事实上,婴儿遭到陌生人的杀害确实是一种常见的"恶劣的自然条件",这在人类和非人类灵长目动物中都是如此。有趣的是,人类的儿童通常更加害怕陌生的男人,而不是女人。这种反应模式完全符合这样的事实:从历史上来看,陌生的男人通常比陌生的女人更加危险。

分离焦虑(separation anxiety)是另一种害怕反应,它在9个月到13个月大的婴儿身上最为常见,而且具有广泛的跨文化证据。在一项跨文化研究当中,实验者让小孩的妈妈离开房间,然后记录哭泣的小孩所占的比例。在分离焦虑的高峰年龄段,62%的危地马拉小孩、60%的以色列小孩、82%的安提瓜岛小孩和100%的非洲丛林小孩都表现出这种明显的分离焦虑。

害怕动物通常出现在小孩两岁左右的时候,这个时候小孩开始广泛地探索他周围的环境。广场恐惧症(agoraphobia)则出现得较晚,它是指当身处公共场合或那些难以逃生的地方所产生的害怕反应,通常在小孩能够离开家里的时候才出现。总之,出现害怕反应的发展时期,似乎是和适应性问题的出现准确对应的,因为这些适应性问题往往会对我们的生存带来威胁。这就解释了这样的观点:能称之为进化适应器的心理机制,并不一定要在"出生"时就表现出来。特定的害怕反应就像青春期一样,只有到了一定的年龄发展阶段才会出现。

可以看出,婴儿来到这个世界上并非是一块白板,他们已经通过进化得到一些情绪情感机制,尤其环境危险线索的敏感性可能会让他们本身就会建立起适应机制。从进化角度来看,父母也进化出同儿童发展问题相适应的协同机制,以确保子女成长到性成熟。父母或其他长辈教养后代的过程其实就是控制后代达到性成熟的过程,但是儿童在发展过程中并不全然被动。儿童也继承了很多模块化的"知识系统",它们对于儿童主动适应自然或社会环境具有重要作用。一般来说,儿童生来就具有朴素生物学(如怎样看待生、老、病、死等生物现象)与朴素心理学(如理解他人的意图、愿望及信念)等模块化的"知识系统"。这些模块化的"知识系统"可以帮助未成熟的个体初步形成应对自然界与人类社会挑战的能力。

五、亲子关系的进化基础

　　Bjorklund 和 Yunger(2001)用进化发展的观点阐述了人类教养行为的进化与发展。他们指出,如果儿童生活的家庭环境不稳定、缺乏资源而且父母采取高压的教养方式,这些儿童到达青春期的时间和性行为发生的时间就早,并且对后代的投资较少。这些行为从社会学、发展心理病理学的角度来看是适应不良的行为,但从进化发展的观点来看,这些儿童成年以后对后代投资少是一种繁衍策略,是对不确定环境的适应性反应。

　　按照遗传进化的逻辑,后代是父母的一种媒介,父母深厚之爱的原因是可以理解的。通过子女,父母的基因得以成功繁衍;没有子女的传承,个体的基因很快就会消亡。特别是对于人类来说,相较于其他生物,人类的幼年期要漫长得多,用以实现功能强大的大脑发展并学习各种复杂的社会生存技能,但同时幼年期的延长也使人类面临更多的风险,他们更容易受到饥饿、疾病或人为侵害而夭折。因此,成年照看者——父母的保护与抚养对于子女的存活和发展是必不可少的。因此,无论何时从本质上看人类的亲代抚育现象,其繁衍收益都必然远远超过其代价,从而自然选择成功设计了这种心理机制——强烈的父母抚育动机,以确保宝贵基因载体的生存与成功繁衍,从而保证人类个体的基因代代相传。

　　现代进化心理学理论主要基于汉密尔顿的内含适应性(inclusive fitness)理论,内含适应性不再仅仅强调个体(父母和亲属)所拥有直接的生育后代的数量(如达尔文的经典适应理论所定义的那样),而是更关注个体基因在未来可复制的可能性,也就是说,个体促进自己基因传承的方式除了生殖行为之外,还包括抚养后代,并帮助他们获得更多繁衍子孙的机会。因此,尽管从传统进化论的观点来看,个体若要增加自己的遗传概率应该尽可能多地生产基因拷贝,即子女。但事实上,人们实际拥有的子女数量远低于可能拥有的数量。家庭中孩子的数量除了受到父母特别是母亲的生育特性和生殖能力的限制,更重要的约束条件来自父母资源的有限性。较集中的父母投资增加了他们那些依赖期长、发展程度低的子女的存活机会,并赋予子女更强的社会生存和竞争能力,使他们能在以后的社会生活中获得更大的生存空间,进而拥有更多的社会资源和择偶的机会。因此,父母的繁衍策略应当符合这样的进化倾向,即在社会压力巨大的时期,通过向少数子女进行更多投资而非单纯追求数量,可以更好地提高父母的遗传适应性。从遗传适应性的角度考虑,父母赋予每个孩子的价值并不相同。有些孩子比其他孩子具有更高的遗传价值,将会有意无意地影响到父母的投资偏好。按照内含适应性原则,父母对孩子的投资主要受到子女遗传价值和基因相关性的影响,而影响父亲和母亲投资行为的主导因素又存在性别差异。

　　跨文化研究表明,母亲总是子女最主要的投资人。由于母子间几乎拥有百分之百的亲代确定性(母亲体内受孕的生理特性决定了她可以完全肯定孩子是自己的骨肉),这较好地解释了在多数文化中,母亲对子女的投资总是比父亲多得多的原因。母亲的投资主要受到孩子遗传价值因素的影响,首先是健康水平,这是一个孩子繁衍能力最明显的指标。一位母亲更愿意投资给一个健康的能成功存活到生育年龄的孩子,而不是一个病弱的可能在童年期就夭折的孩子。即使面临道德压力,母亲仍然不可避免地表现出这种适应性偏好。

母亲自身的一些特征也将影响投资决定。年轻的母亲比年老的母亲拥有更长的生育期,从而有更多的机会生育健康的有繁衍机会的孩子。从内含适应性的角度来说,年轻的母亲暂时拒绝对一个婴儿投资并不会冒太大的风险;而年长的女性由于其繁衍能力的制约,更可能投资给任何她们可能拥有的孩子。

另一方面,父亲的投资则更多受到亲代确定性影响,因为从生理角度而言,他们永远无法像母亲那样百分百确定自己的父亲身份,所以,父亲的投资与亲子关系确定性密切相关。根据跨文化研究发现,男性可能会对象征父子关系的线索表现出特殊的敏感,尤其是对于子女生理特征的相似性。他们更愿意投资给那些他们认为与自己有遗传关系的子女,而不是那些被怀疑其父另有其人的孩子。当父子关系显得不那么明显时,女性可能会使用一些社会线索尽力说服男性确认父子关系,比如,暗示子女更像父亲而不是更像母亲。社会心理学家的研究进一步表明,父亲的投资与其子女的福利密切相关:如果父亲缺失,则孩子将面临较高的死亡率和较低的社会地位。父亲的高水平支持与高度卷入与其子女的学业成就、情绪调节和社会交往能力显著正相关(Geary, 2005)。这样的孩子拥有较强的社会竞争力,进而能获得更多的择偶和繁衍机会。这与父亲提高自身内含适应性的进化需求相一致,从而促使父亲们形成更强烈地向子女投资的倾向,而放弃寻求更多择偶机会的努力。

传统发展心理学一般认为父母教养是儿童行为发展的"社会化机器",但进化发展心理学则认为使父母教养与家庭关系(包括父母与儿童关系、其他同胞与其他的亲属关系)得以维持与运转的机制都是进化的重要产物。从父母的角度来看,养育出生的孩子,或者寻求其他生育后代的机会,都是在提高自己的适应性。"亲本投资"与"性行为"之间的潜在冲突会诱发积极与消极的父母教养行为,产生亲子冲突。同时,祖父母也通过教养孙辈来增加其适应性,而这受很多条件影响。

六、亲子冲突的进化根源

亲子冲突是发展心理学中研究成果颇多的一项课题。从儿童社会性发展的角度看,亲子冲突的研究多从冲突的质(互动过程)与量(频率、强度与事件)两个角度进行,父母与子女冲突的心理社会影响因素也得到重视。一些研究者认为,亲子冲突不利于儿童的发展,而亲子冲突有利于亲子关系的证据较少。从进化的观点看,亲子冲突受到自然选择或性选择的影响,具有进化适应性。

(一) 幼儿期的亲子冲突

亲子冲突是人类解决生存与繁衍问题的产物。亲子冲突也会受到同胞冲突(siblings conflict)的影响。幼儿期的亲子冲突可能非常普遍,但父母与后代冲突的强度可能更多受到父母的控制。例如,幼儿期的断奶问题是一个受到普遍关注的亲子冲突问题;父母期望尽早给孩子断奶,但是孩子可能尽量拖延断奶的时间。母乳喂养具有避孕的作用,这可能是受到自然选择的机制。出生后的新生儿可能会利用这个机制减少竞争对手,以获得较多的亲本投资。另一方面,父母可能尽早给婴儿断奶,以便准备再次繁衍后代,因为对于父母来说,两个以上的儿女才能更多地遗传自己的基因。

断奶冲突在哺乳动物中非常普遍。所有的幼儿都会要求较多的照看,但母亲不愿意给予较多照看。断奶并不是自然发生的,断奶时间对父母与后代应该都有利,但是母亲与后代所认同的断奶时间不一致。育儿书籍都提到应该让婴儿决定母乳喂养结束的时间,这是以忽略母亲利益为代价的,因为婴儿决定断奶的时间可能会持续很多年。母亲认为当前后代和未来生育后代间的价值是相等的,但当前后代会坚持认为自己的价值是未来手足间的价值的两倍,所以他得到的亲本投资应该是未来手足的两倍。当前对母乳的获益逐渐减少,达到一定的时间后母亲会认为与其哺乳当前后代不如再生一个后代,这时候断奶冲突就会出现。从后代角度来看,当前后代得到的母亲的喂养应该是未来手足的两倍,尽管他已经具有独自吃食物的能力,母乳的便利让他不会这样做,如果任由当前后代吸食母乳,显然,他要使自己吸食的母乳是未来后代的两倍,使母亲对未来后代的投资与对自己的投资相比少一半。当前后代贬低未来后代价值受到自然选择,亲子冲突不可避免。

除了断奶之外,研究者也发现挑食与害怕黑夜可能也具有进化意义。儿童挑食行为随母乳喂养的减少而增加。可以预测,在儿童发育早期阶段让他们吃任何食物都非常困难。据研究,母亲报告儿童在2~4岁挑食非常严重。挑食行为的增加会减少偶然进食毒素的机会,年幼儿童非常容易受到毒素的伤害。挑食行为可能也具有进化机能。另外,儿童身体发育较快的时候较可能更容易受到毒素的影响,某些化学成分可能引起发育停滞。与这些事实一致,研究发现儿童在8岁的时候挑食行为减弱,而这时候他们生理上发育已经较为成熟(Cashdan,1994)。令人感兴趣的是,有些毒素尽管尝起来比较苦,被儿童憎恨,但成年人却对某些苦味的食物有些偏好。人类对苦味的偏好可能形成于成年期,因为这些苦涩食物有防止癌症等疾病的作用,这种受益完全超过了苦味的副作用。父母因为后代挑食会与其出现冲突,说明亲子冲突的进化设计有时候让后代占有优势。

西方社会中一般母亲与婴儿分开睡,这就会有一个入睡冲突的问题,父母想让儿童独自入睡,但是儿童可能会坚持与母亲同睡,这就会引起冲突。西方的父母一般会给婴儿提供一个单独的房间。为什么婴儿偏好与母亲睡在一起？原因在于更新世时期单独睡眠的儿童可能被动物吃掉，如真被吃掉他们就不可能变成我们的祖先。婴儿在黑夜哭叫能够得到父母关怀与照看。婴儿与母亲同睡会有很多益处，如随时得到喂养。这种行为对于更新世时期的生命来说是一种适应。母子同睡可能会降低婴儿猝死综合征发生。后代不愿意独自入睡与挑食可能是在吸引父母尤其是母亲较多的投资，这些行为可能都会受到进化的选择，有这些行为的儿童可能更容易达到成熟与有较高水平的生存能力。

儿童不是母爱与注意的被动接受者，后代也在积极地吸引母亲的投资。儿童想要获得妈妈较多资源而表现出较为可怜与需要投资。这解释了儿童为什么经常表现出不成熟的行为。现在较大的儿童可能反而会像婴儿那样说话，要求被怀抱而自己不走路，这是为了得到较多资源。儿童可能通过情感与行为两个方面来操控母亲意识，以获得父母对其投资的最大化。

（二）青春期的亲子冲突

进化理论认为父母应该希望后代使自己成为祖父母。然而，母亲或许不愿意看到女儿太快使自己成为外祖母，因为不成熟的女儿可能不是理想的母亲。母亲一般不希望女儿过早生育后代可能具有与基因相关的原因。Flinn 使用 Trivers 进化理论解释女孩进入青春期后所出现的母女冲突（Flinn, 2006; Flinn, Quinlan, & Ward, 2007）。这与父母较早断奶扩大适应性所导致冲突的原因相似：母亲与女儿在生殖问题上的代价与受益不对称。想象以下场景：一位 30 多岁的母亲有一个十几岁的女儿，或许女儿跟她一样也有生育潜能。在资源有限的情况下，母亲生育一个后代，还是女儿生育后代？根据内含适应性理论，她应该是自己生育后代，因为母亲所生育的后代与她的基因相关系数是 0.5，但是女儿的后代与母亲的基因相关系数仅为 0.25。在这种情况下，转变角色成为祖母没有任何意义。一旦女性超过生育年龄后，冲突可能就会消失，因为女儿生育后代对两代人都具有重要意义。

正如断奶的冲突问题，这个模型主要是理论性的，不是生活中的真实场景。然而，有证据支持这种假设。Flinn 在特立尼达发现，如果一个十几岁的女儿与母亲都具有生殖能力，两人可能会进行生殖"竞赛"。进一步说，Flinn 发现在这种社会中，母亲的最小的一个孩子四岁大的时候，已达到性成熟的长女仍未怀孕而与母亲同住。这一发现表明可能存在一种生育压制机制，这种机制可能受到母亲的控制。为什么女儿不反抗母亲压制？实际上，女儿可能觉得这样做不值得，原因是母亲与外孙有 0.25 的基因相关性，但女儿本身与弟弟或妹妹具有 0.5 的基因相关性。另外，十几岁女孩的资源与经验的缺乏可能使女儿选择延迟的生育策略，并扮演帮助者的角色。

儿童到达青春期后亲子关系的变化一直受到进化理论家的关注。进化而来的压抑（repression）是保持父母与子女关系连接的关键。青春期以前儿童的适应性利益与父母的生殖利益相互依赖,儿童较可能压抑自己父母所不能接受的一些想法,以避免亲子冲突。青春期标志着孩子有了自己独立的生殖利益,因此压抑会减弱亲子冲突。尽管我们可能对这些观点会提出疑问,但青春期压力增多不可否认。从进化的观点来看,孩子的繁衍成功直接影响父母的生殖适应性。孩子生殖失败或贬低自己的生育价值不仅使自己遗传基因处于不利的地位,可能也使父母的基因遗传处于不利的地位。青春期是后代实现自己生育价值的边缘时期,父母在这一时期对后代心理行为的控制可能达到顶峰。

亲子关系中压力的增加与月经初潮同步。初潮开始后的六个月中,女儿会感到母亲不接受这一事实,而且父母比初潮前对女儿有更多的控制。FIinn在加勒比海一个村庄对看护女儿(daughter guarding)现象进行了广泛深入的研究。他发现父亲积极监控女儿与异性交往。当女儿在11～15岁的时候父女间的争论与对抗达到顶点。与父亲一起居住的女儿待在家里的时间较多,并且两者有很多敌对行为。从进化的观点来看,这种行为可能会保证女儿能够找到一个质量较好的配偶。具有较高社会经济地位的男性倾向于寻找漂亮且没有性体验的长期配偶,因此父母的专制可能会得到回报。Flinn发现和父亲生活在一起的女儿能够较为成功地获得比较稳定的婚姻。很多原因可以解释青春期的父母与孩子的关系,但这些原因很少关注生育价值与父母的适应性。研究者不应该漠视亲子关系中的某些成分深深地受到进化历史的影响,因为这些成分可能可以解释父母和子女行为与态度背后的动机问题。

七、祖辈对后代的投资

进化心理学中的内含适应性理论与关系确定性理论可为深入理解祖辈与后代成熟发展间的关系提供一些新的认识。祖辈对后代的教养以及其他物质资源与非物质资源的投资可以概括为祖辈投资。后代的成熟与祖辈投资有关,因为后代的成熟是祖辈繁衍成功的一个间接表现。

在进化史上,人类可以使第三代亲属(如孙子女)成长到生育年龄,人们主要通过直接投资于孙子女,或间接地投资于自己所繁衍的后代。祖辈的大量投资主要给孙子女提供心理的、社会性的与身体发育的支持,这可以降低父母繁衍后代的代价。祖辈对各名孙子女的不同投资可能对祖孙与其父母的适应性有较大影响。

家庭成员关系的不确定性是指两个家庭成员间的血缘关系或基因相关性不确定,"戴绿帽"会使家庭成员关系出现严重问题。外婆在进化历史中没有关系不确定性,外婆能够确信她与女儿及其后代间的血缘关系。祖父有最大的关系不确定性,因为他以及他儿子都有可能被"戴绿帽"。以往的研究发现祖辈根据基因相关性进行投资。祖辈对后代投资的典型特点是,外婆投资最多,祖父投资最少,其原因可能是外婆能够完全确定祖孙关系,但祖父却不一定。祖辈投资可能是基因相关性与父母确定性整合的结果。

研究者 Dekey 要求美国大学生根据时间、知识获取、礼物收取与情感亲密度等评价祖辈的投资。研究假设得到较好支持：外婆给孙子女投资最多，紧接着依次是外公、祖母与祖父。情感亲密性也表现为相似模式。Euler 和 Weitzel(1996) 对德国样本的研究也重复了这种代际关系模式。祖辈投资的这种模式在希腊也得到验证，该研究显示，祖辈投资模式比较稳定，与祖辈居住的距离、祖辈年龄以及在世的祖辈数量等其他因素无关。

远古时的男性可能因为配偶的"戴绿帽"面临错误投资于竞争者后代的危险，因为并不是所有祖先都能够确保家庭成员的基因相关性。但远古时的女性则很少分配资源给与自己无血缘关系的后代，因为她们非常确切地知道自己所生育的后代携带自己的基因。远古时的母性确定性与父性不确定性产生了祖辈对孙子女投资的差异。进化心理学家认为关系不确定性的选择压力内化为祖辈的一种心理机制，这引起祖辈投资的差异。个体间基因相关的差异是人类进化历史上持续的选择压力，进化促使个体根据稳定的基因相关线索来投资。祖辈投资的机制是对这种选择压力的适应。

（一）祖辈的内含适应性

内含适应性理论是一种元理论，有助于理解与预测家庭交往。家庭存在的最终目的是扩大各个成员的内含适应性，但繁衍期已过的动物应该出现完全不同的利他行为。当自己的基因载体无法将基因传递给下一代的时候，把所有精力集中在能把基因传递给下一代的基因载体上是最好的做法。年长的女性大半处于生育期已过的状态，这使她们比年长的男性更经常对亲族显露关心之意。为亲人奉献资源的单身姑姑或姨妈，比单身叔伯或舅舅更为普遍。

人类寿命比其他哺乳动物的寿命要长，尤其是现代社会中人类的平均寿命显著增加。人类经历较长时间才能达到性成熟，以至于父母需要生存较长时间才能使后代达到性成熟。父母生命延长具有重要意义。狮子与狒狒的寿命在其生育能力停止后就会终止，而人类在生育能力终止后仍然活得较为长久。对于女性来说，生殖机能在身体机能终止前的几十年会终止。在自然选择过程中，人类寿命较长，却不能再繁衍自己的后代，这是为什么？较长的寿命可能有一些直接的适应价值。从基因的观点看，如果个体当前没有直接养育自己的后代，持续地投资于其他亲属可能带来很多好处。尽管男性的生殖能力随年龄下降，但不像绝经后的女性那样突然停滞。研究者假设女性在生育后代上的较多投资在特定时间停止是具有适应性的，因为她能够投资给亲属的后代（如孙子女、侄子与侄女等）。另一方面，男性对子孙的直接投资相对较少，他们的投资可以分为直接投资于子女与子女的后代。

祖辈投资假设主要认为过去进化环境中有祖辈提供帮助的后代比没有祖辈帮助的后代有更多的选择优势。一些人类学家的数据倾向于支持这种假设。例如，研究发现在哈扎（Hadza）部落的猎户中，生育了后代的女性种植活动显著减少，这给年轻的母亲与孩子带来较大的压力,除非她们得到祖辈的帮助(Hawkes,2004)。有祖辈帮助的女性留下后代的人数显著地增多。尽管存在这些证据,但是祖辈的投资假设有较大争议,在完全信任乐于助人的祖辈是重要的选择优势之前,还需要进行较多的研究。

(二) 祖辈投资的影响

祖辈投资有利于后代达到成熟。然而,后代成熟发展的过程中其心理行为特质(如社会认识与情感)的共同进化(coevolution)较少受到研究者关注,这方面的研究资料较为缺乏,但Hrdy从人类进化的角度提出"协作养育模型"(cooperative parenting model)可能为认识祖辈投资与后代成熟及其他心理行为特质间的关系提供一些新的认识。同时,应该注意到父母与祖辈投资的进化心理学研究多以父母或祖辈为中心,突出强调了父母(或祖辈)对子女的积极影响;另一方面后代作为基因遗传的载体可能也对父母与祖辈的心理行为特质的进化有影响,但进化心理学的研究中较难发现这方面的成果。

Hrdy(1999)认为,人类区别于其他类人猿的地方不在于人类社会的激烈竞争,而在于人类通过遗传获得较多的合作能力。协作养育模型认为养育系统中的群体成员,而不仅仅是亲生父母,对养育后代也具有积极影响。协作养育系统中出生的婴儿能够得到较多亲属的照看,而且母亲的责任也随"异母亲"(allomothers)支持而变化。Hrdy认为协作养育系统的婴儿擅长监控养育者,擅长阅读养育者的心理与动机以及吸引他们的关爱。

Chisholm(1998)也认为,心理理论减轻了婴儿所处环境的不确定性,可以帮助他们预测母亲与异母亲的可能反应。通过实际与条件性的奖赏,婴儿逐渐能够较好地读懂养育者心理,学会如何与照看者进行交往。"读心术"(mind reading)在婴儿期可能就具有神经基础,这为儿童心理理论的发展做了良好的铺垫。这些特质在表现型中得到表达后,自然选择就会支持基因的微弱变化,以至于这些特质可能在基因中得到表达。

祖辈可以像母亲一样成为婴儿"读心"的重要对象,这对婴儿的认知情感发展会产生重要的影响。汉密尔顿提出协作养育可能导致儿童成熟较慢。当生活条件比较恶劣的时候,如母亲教养的能力缺乏、配偶缺失与资源缺乏,异母亲的支持可能更为重要,这可能会影响到儿童的社会认知技巧。例如,收入较低的未婚青少年母亲的孩子,如果得到祖辈的照顾,其认知能力就会得到较好的发展。异母亲在养育儿童中具有重要作用是自然选择的结果,异母亲的生活史特质(如停经与长寿)表现得更为明显,这可能也是自然选择的结果。

亲本投资对儿童发展的影响得到很多研究者的重视。因此,现有关于父母投资(或父母教养)与儿童发展的研究资料非常丰富,但祖辈与儿童发展的关系研究较为少见。根据协作养育系统假设、内含适应性理论与关系确定性理论,某些心理行为特质的共同进化与祖辈投资有关,这使祖辈教养的研究有了新的理论基础,这三种理论模型可能有助于形成新的祖辈教养的研究思路。

八、儿童期的不成熟适应

人类个体发展的一个引人注目的现象就是新生儿极度缺乏能力并依赖父母(成人)的照料,同时,人类的童年或不成熟期极大地延长了。"在所有生物中,人类的幼年期、童年期和少年期绝对是最延迟的。也就是说,人类是不成熟适应的或生长期长的动物。他的整个生命周期几乎都用于生长。"教育心理学家布鲁纳则指出:灵长类动物的进化是以不成熟时间的增加为标志。从人类学、进化生物学的资料来看,在灵长类动物中,狐猴、恒河猴、大猩猩和人类的幼仔期(不成熟期)分别是 2 年半、7 年半、10 年和 20 年。显然,与其他灵长类动物相比,人类有一个长得不成比例的不成熟期(Bjorklund, 1997)。

从孩子出生到性成熟,父母要在孩子身上投入大量的时间、精力和资源。这不仅是因为人类要使用语言、发展高级认知能力、继承文化传统或学习社会风俗习惯,最主要的原因是幼小的后代出生后要经历较长时间的不成熟期。所有哺乳动物的孩子都是先在母亲体内孕育,出生后吃食母亲乳汁,最终达到成熟能够自己觅食。然而,相对于其他类人猿来说,人类幼儿的不成熟期与依赖期比较长。这种延长的儿童期看起来是出自人类学习的需要,因为没有经过学习的儿童不可能有效地适应群体生活。智力上的不成熟伴随身体上的不成熟使儿童更需要父母投入时间和精力来教养,这种需求与其他哺乳动物相比要多。人类幼儿的这种发展特点塑造了父母对待孩子的方式、家庭结构以及两性关系。

人类儿童的发展期很长,这增加了个体生存的风险,因为个体可能还没到达生育年龄就死亡。所以,除非人类在较长的发展期中的获益大于其应对生存危险的代价,否则较长的发展期不会被自然选择保留下来。比较研究显示,延迟成熟的重要适应性目的在于个体的身体、社会性与认知能力的发展对生存与繁衍有利。所有哺乳动物都要经历一段较长时间的发育期,而且,物种的社会系统越复杂,个体所经历的发育期就越长。这些模式表明儿童期的存在是为了让个体学习与发展社会认知能力,例如,语言和其他社会交往技巧。总而言之,延迟成熟能够锻炼与生存(如打猎)和繁衍(如父母教养技巧)有关的身体技巧以及社会性和认知能力。儿童的游戏、社会交往与探索环境等,似乎是发展期间习得与锻炼社会认知能力的机制。儿童自主的探险游戏和社会性游戏,都与认知能力和神经系统的发展相联系,因为这些活动为儿童提供了社会及自然界中的经验。另外,这些经验又与先天认知模块的框架和结构相互联系,以保证儿童能适应当地的环境,拥有正常的发展过程。在生物学意义上,儿童有一种与生俱来的倾向去学习自然界中的事物以及与人交往,另外,他们还具有内在动机去寻求能促进这种学习的经验。

长期以来,人们倾向于把成熟和发展看作进步,因为儿童的生理与心理机能是从不成熟向成熟转变的。所以,个体在早期发展中的不成熟时期便被视为发展的低级阶段。但 Bjorklund(1997)提出了一种新的发展观点,他们认为发展的不成熟并非发展的不良状态,这种不成熟在儿童的成长中具有独特的价值。

首先,发育不成熟有适应作用,是儿童对当时环境的一种适应。比如说,年幼儿童有限的运动能力,使他们不能远离父母到处走动,因此,减少了遇到风险的可能性。另外,婴儿受限而不成熟的感觉系统使他们不用处理多余的信息,这有助于他们适应一个简单而且可理解的世界。元认知研究也显示,儿童较低水平的元认知能力具有适应性。一般的元认知研究主要关注个体对自己思维的认知及其影响因素,元认知能力随年龄而提高。在元记忆方面,研究发现年幼儿童倾向于高估自己的记忆能力,高估的频率和程度随着年龄增长而下降。例如,4~5岁儿童在无法回忆记忆材料的情况下,仍进行一些不实际的预测,表明此时儿童盲目乐观地高估了自己的认知表现。尽管一般人认为元认知能力较差是一种认知缺陷,但对于年龄较小的儿童来说,在某些情况下,元认知能力较差可能具有适应性,因为它可能具有动机作用。儿童对自己能力和行为的不切实际的评估,可以让他们学习一些技巧,提高他们从事某种活动的效能,而这些技巧不能在精确的元认知能力监控下习得。在模仿能力方面,研究发现3~5岁儿童倾向高估自己的模仿能力,因此他们经常模仿一些超出他们能力范围的行为。习得无助很少出现在幼儿的活动中,他们一般预期自己的行为会成功,这种乐观的态度让他们勇于尝试一些新行为,而这些行为可能是正确判断自身能力的个体所不愿尝试的。儿童对自身能力不足的忽视,有利于他们尝试当前没有掌握的复杂多样的行为,这样使他们能在最大限度上练习各种技巧,为未来的认知和行为发展做准备。

其次,不成熟期具有准备作用。刚出生的婴儿与动物幼畜相比要软弱无能得多(许多动物一出生就能独立行走),不成熟期的延长使人类能更充分地掌握高级认知行为能力。由此可见,较长的儿童期不是其他选择过程的副产品或不足之处。要最终成为一名聪明的成人,儿童要发展出足够的社会交往能力,以应付错综复杂的人际关系,因此延长的儿童期是必要而且有用的。个体需要社会化的大脑,因为文化与社会的"军备竞赛"规定与限制着成年人的行为。因此,一个有文化可塑性的有机体在进入繁衍竞争之前,需要高水平的智力,而要获得这些智力,就需要一个较长的儿童期。高度互动的社会活动要求儿童必须有一定的社会心智,而复杂的社会活动则需要高水平的智力。

最后,成长的缓慢与不成熟期为人类发展提供了易变性与可塑性。如果儿童出生以后就具备成熟的大脑,或立即进入快速的发展过程,那么他们将会失去智力、情感与社会性发展的可塑性。在一般发展过程中,可塑性随年龄增长而降低。儿童认知系统是不成熟的,尤其是他们没有能力迅速而高效地加工信息。研究认知发展的学者有一个基本共识,那就是儿童期的信息加工速度随年龄而变化;与年幼儿童相比,年龄较大的儿童能加工更高水平的认知任务。年幼儿童缓慢的信息加工速度表明他们的信息加工在很大程度上需要主观努力,这会消耗很多心理资源。相比较来看,大多数年长儿童以及成年人的认知加工是自动的,能够在较少的意识参与下自发进行。儿童期与幼儿期较缓慢的信息加工速度可能意味着年幼儿童具有较大的可塑性,这是在为适应未来复杂多变的环境做准备。个体如果在儿童期就能自动化地加工信息,这可能对个体日后的认知发展没有任何好处,甚至对其成年期应对不同的认知任务有害。认知可塑性在不成熟的认知神经系统中得以维持,信息处理逐渐自动化,能同时进行较多的心理操作。

儿童的认知系统在元认知能力上的表现可能比成年人差,尤其在效率上大大低于成年人,但这一现象并不适用于儿童的语言学习。相反,语言学习与早期不成熟的认知系统相互匹配,也就是说,早期认知不成熟对人类的语言学习来说是高度适应的。语言学习主要发生在儿童早期,一般在性成熟后语言的学习就会变得非常困难。对学习第二语言的研究也显示,第二语言的好坏与开始学习的年龄有关,儿童学习语言的能力是逐渐减弱的,随着儿童认知能力的发展,儿童的语言学习也变得相当困难。

九、青春期与不成熟适应

青春期(puberty)是个体身体发育的一个重要时期。一般来说,青春期是个体身体发育的第二次高峰,个体在这一阶段获得性成熟,具有生育能力。青少年期(adolescence)是从儿童逐渐转变为成年人的过程。很多研究者认为,青少年期是一个逐渐转变的过程,而青春期仅是其中的一部分,在这转变过程中儿童身体发育为成人身体。Bogin(1994;1999)通过物种比较的研究发现儿童期与青少年期可能是人类所特有的现象。他们在身高与体重两方面加速发展。尽管非人灵长类动物的性成熟受到与人类一样多相同激素的影响,但非人灵长类动物与人类可能具有不同的身体发育和成熟模式。人类儿童期的延长、青春期的加速发育、成年期的推迟等身体发育模式是人类受到自然选择的结果。简单来说,身心的突然发育能够增加适应性。

青少年期是个体身体突然快速发育的时期,这使青少年越来越像成年人。尽管不同个体进入青春期的时间不同,但他们的行为发展模式有一定的相似性。从生理发展的角度看,青春期后个体已经达到性成熟,能够繁衍后代。然而,人类的进化史表明,个体虽然有能力繁衍后代,但是人类社会中的个体,尤其是女性,在性成熟后一般还要经历五年左右才能正式繁衍后代。对一些物种来说(如黑猩猩、啮齿动物等),雌性个体性成熟后,就要迁徙到相同物种的其他种群中争取繁殖后代的机会。但一般情况下,人类的繁衍方式是女性通过婚姻迁移到男性配偶家庭中。

人类繁衍后代的时间与其他物种相比较晚。人类祖先可能在18~20岁才完全发育成熟,具备生育能力。进化适应性环境中很多儿童可能在性成熟之前就夭折。因此从进化角度来看,自然选择应该偏好较短的发育期,以便个体较快地达到性成熟。只有在能得到较多生存利益的情况下,物种才会延长儿童期或生育准备期。人类儿童期的延长和成熟期的推迟相应地增加了死亡和繁衍失败的风险。种系比较研究显示较晚的性成熟可能具有重要的进化意义，它有助于个体加强身体活动和行为能力，以及发展认知和调节能力，有助于成年期的生存与繁衍。

与其他动物相比，人类的社会结构复杂，大脑容量较大。但是人类社会的复杂并不意味着人类以外的动物没有儿童期到成年期的转变过程。青春期身体发育（如身高与骨骼）的突然加速，可能并非人类独有。人类以外的哺乳动物、类人猿和啮齿类动物可能也有青少年期，主要原因是这些动物也会经历一个从依赖父母养育到独立生活的转变，在这一转变过程中啮齿动物也会经历一个快速发育期。从大脑结构的发育来看，包括啮齿动物和类人猿在内的很多物种，处于青春期的个体，其前额叶会有明显的变化。事实上，一些研究者也指出，哺乳动物和其他一些动物个体，在经历了身体发育缓慢的少年期后，都会进入身体发育的突增期。这些动物个体在由儿童期到成熟期的转变过程中，面临着相同的挑战和发展任务，例如，增加了同伴交往、要寻求新异刺激、喜欢冒险行为等，这些行为都出现了短暂的增加，个体要在这段时期内掌握脱离父母后独自生活的技巧。因此，动物个体短暂的身体发育和行为转变可能会促进个体发展过程，这些心理行为机制其实是经过长期进化而获得的适应性。

冒险行为是会给个体或他人带来负面影响的行为活动。很多实证研究都发现冒险行为有年龄和性别差异。一般来说，处于儿童期的男孩比女孩进行更多的冒险活动，他们的冒险倾向更为明显；而女孩的冒险行为较少，在绝大多数的冒险活动中，她们都表现出回避冒险的倾向（Ellis et al.，2011a）。冒险活动在青少年期与成年早期的性别差异显著，男孩比女孩从事的冒险活动种类更多，频率更高，强度更大。很多研究证实冒险行为在青少年期达到顶峰，步入成年期以后，冒险行为会明显地减少。总体来看，冒险行为随年龄发展的变化趋势可能呈倒 U 形。另外，性别可能在这种变化趋势中起调节作用。随着进化的观点逐渐渗透到冒险行为的研究中，以进化理论为基础的有关冒险行为及其影响因素的理论与实证研究不断出现。

儿童的冒险行为是探索外部世界的重要活动方式，但这样可能带来意外的身体伤害，因此父母需要监控儿童的冒险活动，以防出现危险。现有关于儿童冒险的认知实验研究似乎忽略了父母在儿童冒险中的作用，未来的研究可能需要探讨儿童的冒险行为与亲子依恋以及父母教养方式之间的关系。遗传行为学的研究已经证实冒险行为受遗传因素的影响，一般认为家庭中父母进行冒险行为的数量与后代的冒险活动数量呈正相关。从进化起源上来看，冒险行为可能与人类的繁衍策略有关，而人类的繁衍策略源于早期经验。对 5～7 岁儿童社会化与繁衍策略的研究显示，儿童早期经验可能影响其繁衍策略，进化机制可以诱导儿童理解资源的可预测性和易得性，对他人的信任和保持人际关系等，而这些经验会影响他们未来的繁衍策略。例如，如果儿童在家庭生活中知觉到家庭资源不可预测或资源较少，人际关系不稳定，他人不可信任，这些个体可能会比其他个体更早成熟，在繁衍策略上偏好短期性行为（Ellis et al.，2011a；Volk et al.，2012）。

参 考 文 献

Abrams, K. K., Allen, L. R., & Gray, J. J. (1993). Disordered eating attitudes and behaviors, psychological adjustment, and ethnic identity: A comparison of black and white female college students. *International Journal of Eating Disorders*, 14, 49—57.

Adachi, P. J., & Willoughby, T. (2011). The effect of video game competition and violence on aggressive behavior: Which characteristic has the greatest influence? *Psychology of Violence*, 1 (4), 259.

Alexander, G. M., & Hines, M. (1994). Gender labels and play styles. The relative contribution to children's selection of playmates. *Child Development*, 65, 869—879.

Allgood-Merten, B., Lewinsohn, P. M. & Hops, H. (1990). Sex differences and adolescent depression. *Journal of Abnormal Psychology*, 99, 55—63.

Alsaker, F. D. (1992). Pubertal Timing, Over-weight, and Psychological Adjustment. *Journal of Early Adolescence*, 12, 396—419.

Alsaker, F. D. (1995). Timing of puberty and reactions to pubertal changes. In M. Rutter (Ed.), *Psychosocial disturbances in young people: Challenges for prevention* (37—82). Cambridge, UK: Cambridge University Press.

American Psychiatric Association (1994), *Diagnostic and Statistical Manual of Mental Disorders, 4th edition (DSM-IV)*. Washington, DC: Author.

Amichai-Hamburger, Y., & Furnham, A. (2007). The positive net. *Computers in Human Behavior*, 23, 1033—1046.

Anderson, C. A., & Bushman, B. J. (2001). Effects of violent video games on aggressive behavior, aggressive cognition, aggressive affect, physiological arousal, and prosocial behavior: A meta-analytic review of the scientific literature. *Psychological Science*, 12, 353—359.

Anderson, C. A., & Dill, K. E. (2000). Video games and aggressive thoughts, feelings, and behavior in the laboratory and in life. *Journal of Personality and Social Psychology*, 78, 772—790.

Apter, T. (1990). *Mothers on a seesaw: Friends and peers. Altered loves: Mothers and daughters during adolescence*. New York: St. Martin's Press.

Aquilino, W. S. (2006). Family relationships and support systems in emerging adulthood. In J. J. Arnett & J. Tanner (Eds.), *Coming of age in the 21st century: The lives and contexts of emerging adults* (pp.193—218) Washington, DC: American Psychological Association.

Archer, S. L. (2000). Intimacy. In A. Kazdin (Ed.), *Encyclopedia of psychology*. Washington. DC, and New York: American Psychological Association and Oxford University Press.

Arnett, J. J. (1990). Contraceptive Use, Sensation Seeking, and Adolescent Egocentrism. *Journal of Youth and Adolescence*, 19, 171—180.

Artar, M. (2007). Adolescent egocentrism and theory of mind: In the context of family relations. *Behavior and Personality*, 35(9), 1211—1220.

Asarnow, J. R. et al. (2011). Suicide attempts and nonsuicidal self-injury in the Treatment of Resistant Depression in Adolescents: Findings from the TORDIA study. *Journal of the American Academy of Child Adolescent Psychiatry*, 50(8), 772—781.

Asher, S. R., Parhurst, J. T., Hymel, S., & Williams, G. A. (1990). Peer rejection and loneliness in childhood. In S. R. Asher, & J. D. Coie (Eds.), *Peer rejection in childhood* (253—273). New York: Cambridge University Press.

Atran, S. (1998). Folk biology and the anthropology of science: Cognitive universals and cultural particulars. *Behavioral and Brain Sciences*, 21, pp.547—569.

Auslander, B. A., Short, M. B., Succop, P. A., & Rosenthal, S. L. (2009). Associations between parenting behaviors and adolescent romantic relationships. *Journal of Adolescent Health*, 45, 98—101.

Bagwell, C. L., Newcomb, A. F., & Bukowski, W. M. (1998). Preadolescent friendship and peer rejection as predictors of adult adjustment. *Child Development*, 69, 140—153.

Bandura, A. (2001). Social cognitive theory: an agentic perspective. *Annual Review of Psychology*, 52, 1—26.

Bandura, A. (1999). Social cognitive theory of personality. In L. A. Pervin (Ed.), *Handbook of personality: theory and research* (pp.154—196). New York: Guilford.

Bargh, J. A., McKenna, K. Y. A., & Fitzsimons, G.M. (2002). Can you see the real me? "Activation and expression of the true self" on the Internet. *Journal of Social Issues*, 58, 33—48.

Barrera, M., Biglan, A., Ary, D., & Li, F. (2001). Replication of a problem behavior model with American Indian, Hispanic, and Caucasian youth. *The Journal of Early Adolescence*, 21(2), 133—157.

Barry, H., Bacon, M., & Chind, I. (1957). A cross-culture survey of some sex differences in socialization. *Journal of Abnormal and Social Psychology*, 55, 327—332.

Bartle, S. E., Anderson, S. A., & Sabatelli, R. M. (1989). A Model of Parenting Style, Adolescent Individuation, and Adolescent Self-Esteem: Preliminary Findings. *Journal of Adolescent Research*, 4, 283—298.

Baumrind, D. (1987). A developmental perspective on adolescent risk taking in contemporary America. In C. E. Irwin, Jr. (Ed.), Adolescent social behavior and health. *New Directions for Child Development*, 37, 93—125.

Baumrind, D. (1978). Parental disciplinary patterns and social competence in children. *Youth Society*, 9, 239—276.

Beck, A. T., & Clark, D. A. (1997). An information processing model of anxiety: Automatic and strategic processes. *Behaviour Research and Therapy*, 35, 49—58.

Becker-Stoll, F., Fremmer-Bombik, E., Wartner, U., Zimmermann, P., & Grossmann, K. E. (2008). Is attachment at ages 1, 6 and 16 related to autonomy and relatedness behavior of adolescents in interaction towards their mothers? *International Journal of Behavioral Development*, *32*(5), 372—380.

Benin, M. (1997). *A longitudinal study of marital satisfaction*. Paper presented at the meeting of the American Sociological Association, Toronto.

Bergin, D. A. (1989). Student Goals for Out-of-School Learning Activities. *Journal of Adolescent Research*, *4*, 92—109.

Berk, L. (2009). *Development through the lifespan*. Boston: Allyn & Bacon.

Berkman, N. D., Lohr, K. N., & Bulik, C. M. (2007). Outcomes of eating disorders: A systematic review of the literature. *International Journal of Eating Disorders*, *40*(4), 293—309.

Berzonsky, M. D. (1997). Identity Development, Control Theory, and Self-Regulation: An Individual Differences Perspective. *Journal of Adolescent Research*, *12*, 347—353.

Beyers, J. M., & Loeber, R. (2003). Untangling developmental relations between depressed mood and delinquency in male adolescents. *Journal of Abnormal Child Psychology*, *31*(3), 247—266.

Bjorklund, D. F., & Pellegrini, A. D. (2000). Child Development and Evolutionary Psychology. *Child Development*, *71*(6), 1687—1708.

Bjorklund, D. F. (1997). The role immaturity in human development. *Psychological Bulletin*, *122*(2), 153—169.

Bjorklund, D. F., & Yunger, J. (2001). Evolutionary Developmental Psychology: A Useful Framework for Evaluating the Evolution of Parenting. *Parenting*, *1*(1—2), 63—66.

Blain, M. D., Tompson, J. M., & Whiffen, V. E. (1993). Attachment and Perceived Social Support in Late Adolescence. The Interaction between Working Models of Self and Others. *Journal of Adolescent Research*, *8*, 226—241.

Blakemore, S. J., & Choudhury, S. (2006). Development of the adolescent brain: Implications for executive function and social cognition. *Journal of Child Psychology and Psychiatry*, *47*, 296—312.

Blinn, L. M. (1987). Phototherapeutic Intervention to Improve Self-Concept and Prevent Repeat Pregnancies among Adolescents. *Family Relations*, *36*, 252—257.

Bogin, B. (1994). Adolescence in evolutionary perspective. *Acta Pædiatrica*, *83*, 29—35.

Bogin, B. (1999). Evolutionary Perspective on Human Growth. *Annual Review of Anthropology*, *28*, 109—153.

Bolognini, M., Plancherel, B., Bellschart, W., & Halfon, O. (1996). Self-Esteem and Mental Health in Early Adolescence: Development and Gender Differences. *Journal of Adolescence*, *19*, 233—245.

Bostic, J. Q., Rubin, D. H., Prince, J., & Schlozman, S. (2005). Treatment of depression in children and adolescents. *Journal of Psychiatric Practice*, *11*(3), 141—154.

Boyatzis, C. J., Baloff, P., & Durieux, C. (1998). Effects of Perceived Attractiveness and Academic Success on Early Adolescent Peer Popularity. *Journal of Genetic Psychology*, *159*, 337—344.

Bozzi, V. (1986). Gotta Ring, Gotta Car! *Psychology Today*, *20*, 3.

Bradford, K., Barber, B. K., Olsen, J. A., Maughan, S. L., Erickson, L. D., Ward, D., & Stolz, H. E. (2004). A multi-national study of interparental conflict, parenting, and adolescent functioning: South Africa, Bangladesh, China, India, Bosnia, Germany, Palestine, Colombia, and the United States. *Marriage & Family Review*, 35(3—4), 107—137.

Breivik, K., Olweus, D., & Endresen, I. (2009). Does the quality of parent-child relationships mediate the increased risk for antisocial behavior and substance use among adolescents in single-mother and single-father families? *Journal of Divorce & Remarriage*, 50(6), 400—426.

Brent, D. (2007). Antidepressants and suicidal behavior: Cause or cure? *The American Journal of Psychiatry*, 164(7), 989—991.

Brown, B. B., & Lohr, M. J. (1987). Peer-group affiliation and adolescent self-esteem: An integration of ego-identity and symbolic-interaction theories. *Journal of Personality and Social Psychology*, 52, 47—55.

Brown, B. B., Mory, M. S., & Kinney, D. (1994). Casting adolescent crowds in relational perspective: Caricature, channel, and context. In R. Montemayor, G. R. Adams, & T. P. Gullotta (Eds.), *Advances in adolescent development: Personal relationships during adolescence*: Vol.6. (123—167). Newbury Park, CA: Sage.

Brown, F. T., Daly, B. P., & Stefanatos, G. A. (2008). Learning disabilities: Complementary views from neuroscience, neuropsychology, and public health. *Neuropsychological perspectives on learning disabilities in the era of RTI: Recommendations for diagnosis and intervention*, 159—178.

Bruch, M. & Cheek, J. (1995). Developmental factors in childhood and adolescent shyness. In R. Heimberg, M. Liebowitz, D. Hope, F. Schneier, (Ed.), *Social phobia: Diagnosis, assessment, and treatment* (pp.163—182). New York: Guilford Press.

Bryant, A. L., Schulenberg, J. E., O'Malley, P. M., Bachman, J. G., & Johnston, L. D. (2003). How Academic Achievement, Attitudes, and Behaviors Relate to the Course of Substance Use During Adolescence: A6-Year, Multiwave National Longitudinal Study. *Journal of research on adolescence*, 13(3), 361—397.

Bucx, F., & Seiffge-Krenke, I. (2010). Romantic relationships in intra-ethnic and inter-ethnic adolescent couples in Germany: the role of attachment to parents, self-esteem, and conflict resolution skills. *International Journal of Behavioral Development*, 34, 128—135.

Bukowski, W., Sippola, L., & Newcomb, A. (2000). Variations in patterns of attraction to same-and other-sex peers during early adolescence. *Developmental Psychology*, 36, 147—154.

Bulcroft, R., Carmody, D., & Bulcroft, K. (1996). Patterns of parental independence giving to adolescents: Variations by race, age, and gender of child. *Journal of Marriage and the Family*, 58(4), 866—883.

Bulik, C. M., Berkman, N. D., Brownley, K. A., Sedway, L. A., & Lohr, K. N. (2007). Anorexia nervosa treatment: A systematic review of randomized controlled trials. *International Journal of Eating Disorders*, 40, 310—320.

Burke, P. J. (1991). Identity Processes and Social Stress. *American Sociological Review*, 56, 836—849.

Bushman, B. J., & Huesmann, L. R. (2006). Short-term and long-term effects of violent media on aggression in children and adults. *Archives of Pediatrics & Adolescent Medicine*, 160(4), 348—352.

Buss, D. M. (2000). Evolutionary psychology. In A. Kazdin (Ed.), *Encyclopedia of psychology*. Washington, DC, and New York: American Psychological Association and Oxford University Press.

Buss, D. M., & Schmitt, D. R (1993). Sexual strategies theory: An evolutionary perspective on human mating. *Psychological Review*, 100, 204—232.

Calati, R., Pedrini, L., Alighieri, S., Alvarez, M. I., Desideri, L., Durante, D., & De Girolamo, G. (2011). Is cognitive behavioural therapy an effective complement to antidepressants in adolescents? A meta-analysis. *Acta Neuropsychiatrica*, 23(6), 263—271.

Caldera, Y., Huston, A., & O'Brien, M. (1989). Social interactions and play patterns of parents and toddlers with feminine, masculine, and neutral toys. *Child Development*, 60, 70—76.

Calzada, E. J., Fernandez, Y., & Cortes, D. E. (2010). Incorporating the cultural value of respeto into a framework of Latino parenting. *Cultural Diversity and Ethnic Minority Psychology*, 16(1), 77—86.

Capaldi, D. M., Forgatch, M. S., & Crosby, L. (1994). Affective expression in family problem-solving discussions with adolescent boys. *Journal of Adolescent Research*, 9, 28—49.

Carlo, G., Hausmann, A., Christiansen, S., & Randall, B. A. (2003). Sociocognitive and behavioral correlates of a measure of prosocial tendencies for adolescents. *The Journal of Early Adolescence*, 23(1), 107—134.

Carver, K., Joyner, K., & Udry, J. R. (2003). National estimates of adolescent romantic relationships. In P. Florsheim (Ed.), *Adolescent romantic relations and sexual behavior: Theory, research, and practical implications* (pp.23—56). Mahwah, NJ: Erlbaum.

Cashdan, E. (1994). A sensitive period for learning about food. *Human Nature*, 5(3), 279—291.

Caspi, A. et al. (2003). Children's behavioral styles at age 3 are linked to their adult personality tasks at age 26. *Journal of Personality*, 71, 495—513.

Cassidy, J., & Kobak, R. (1988). Avoidance and its relation to other defensive processes. In J. Belsky, & T. Nezworski (Eds.), *Clinical implications of attachment*. Hillsdale: Erlbaum.

Castillo, E. M., & Comstock, R. D. (2007). Prevalence of Use of Performance-Enhancing Substances among United States Adolescents. *Pediatric Clinics of North America*, 54(4), 663—675.

Chang, L. (1997). Factor interpretations of the Self-Consciousness Scale. *Personality and Individual Differences*, 24, 635—640.

Chang. L. (1999). Gender role egalitarian attitudes in Beijing, Hong Kong, Florida, and Michigan. *Journal of Cross-Cultural Psychology*, 30, 722—741.

Chang, L., Hau, K.T., & Guo, A. (2001). The effects of self-consciousness on the expression of gender views. *Journal of Applied Social Psychology*, 31, 340—351.

Chang, L., Stewart, S., McBride-Chang, C., & Au, E. (2003). Life satisfaction, self-concept, and family relations in Chinese adolescents and children. *International Journal of Behavioral Development*, 27, 182—190.

Chan, K., Tufte, B., Cappello, G., & Williams, R. B. (2011). Tween girls' perception of gender roles and gender identities: a qualitative study. *Young Consumers*, 12(1), 66—81.

Chen, X., Chang, L., & He, Y. (2003). The peer group as a social context: Mediating and moderating effects on relations between academic achievement and social functioning in Chinese children. *Child Development*, 74, 710—727.

Chen, Z. Y., Guo, F., Yang, X. D, Li, X. Y., Duan, Q., Zhang, J., & Ge, X. J. (2009). Emotional and behavioral effects of romantic relationships in Chinese adolescents. *Youth Adolescence*, 38, 1282—1293.

Chisholm, K. (1998). A Three Year Follow-up of Attachment and Indiscriminate Friendliness in Children Adopted from Romanian Orphanages. *Child Development*, 69(4), 1092—1106.

Cillessen, A. H. N., & Rose, A. (2005). Understanding popularity in the peer system. *Current Directions in Psychological Science*, 14, 102—105.

Cillessen, A. H. N., Van Ijzendoorn, H. W., Van Lieshout, C. F. M., & Hartup, W. W. (1992). Helerogeneity among peer-rejected boys: Subtypes and stabilities. *Child Development*, 63, 893—905.

Cole, P. M., Michel, M. K., & Teti, L. O. D. (1994). The development of emotion regulation and dysregulation: A clinical perspective. *Monographs of the Society for Research in Child Development*, 59, 73—100.

Collins, W. A., & van Dulmen, M. (2006). Friendships and romance in emerging adulthood: Assessing the distinctiveness in close relationships. In J. J. Arnett & J. L. Tanner (Eds.), *Emerging adults in America: Coming of age in the 21st century* (pp. 219—234). Washington, DC: American Psychological Association.

Compton, K., Snyder, J., Schrepferman, L., Bank, L., & Shortt, J. W. (2003). The contribution of parents and siblings to antisocial and depressive behavior in adolescents: A double jeopardy coercion model. *Development and Psychopathology*, 15, 163—182.

Comstock, J. (1994). Parent-Adolescent Conflict: A Developmental Approach. *Western Journal of Communication*, 58, 263—283.

Connolly-Ahern, C., & Broadway, S. C. (2007). The importance of appearing competent: An analysis of corporate impression management strategies on the World Wide Web. *Public Relations Review*, 33(3), 343—345.

Connolly, J. A., Craig, W., & Pepler, D. P. (2004). Mixed-gender group, dating, and romantic relationship in early adolescence. *Personal Relationships*, 3, 185—195.

Connolly, J., & McIsaac, C. (2008). Adolescent romantic relationship: Beginning, ending, and psychological challenges. *International Society for the Study of Behavioral Development Newslet-*

ter, *1*, 1—5.

Connolly, J., & McIsaac, C. (2009). Adolescents' explanations for romantic dissolutions: a developmental perspective. *Journal of Adolescence*, *32*, 1209—1223.

Connolly, J., Nocentini, A., Menesini, E., Pepler, D., Craig, W., & Williams, T. S. (2010). Adolescent dating aggression in Canada and Italy: a cross-national comparison. *International Journal of Behavioral Development*, *34*, 98—105.

Cooper, L., Shaver, P., & Collins, N. (1998) Attachment styles, emotion regulation, and adjustment in adolescence. *Journal of Personality and Social Psychology*, *74*(5), 1380—1397.

Costello, D. M., Swendsen, J., Rose, J. S., & Dierker, L. C. (2008). Risk and protective factors associated with trajectories of depressed mood from adolescence to early adulthood. *Journal of Consulting and Clinical Psychology*, *76*, 173—183.

Crow, S. J., Mitchell, J. E., Roerig, J. D., & Steffen, K. (2009). What potential role is there for mediation treatment in anorexia nervosa? *International Journal of Eating Disorders*, *42*(1), 1—8.

Cummings, E. M., & Davies, P. T. (1994). Maternal depression and child development. *Journal of Child Psychology and Psychiatry*, *35*, 73—112.

Damon, W. & Hart, D. (1988). *Self-understanding in child-hood and adolescence*. New York: Cambridge University Press.

deMoor, C., & Golden, M. H. (1992). The Association between Teacher Attitudes, Behavioral Intentions, and Smoking, and the Prevalence of Smoking among 7th-Grade Students. *Adolescence*, *27*, 565—578.

Denmark, F L., & Paludi, M. A. (Eds.). (1993). *Handbook on the psychology of women*. Westport, CT: Greenwood Press.

Denny, S. J., Robinson, E. M., Utter, J., Fleming, T. M., Grant, S., Milfont, T. L., & Clark, T. (2011). Do schools influence student risk-taking behaviors and emotional health symptoms? *Journal of Adolescent Health*, *48*(3), 259—267.

DeRose, L.M., & Brooks-Gunn, J. (2006). Transition into adolescence: The role of pubertal process. In L. Balter & C. S. Tami-LeMonda (Eds.), *Child psychology: A handbook of contemporary issues* (2nd ed., pp.385—414). New York: Psychology Press.

Dijkstra, J. K., Lindenberg, S., & Veenstra, R. (2008). Beyond the class norm: Bullying behavior of popular adolescents and its relation to peer acceptance and rejection. *Journal of Abnormal Child Psychology*, *36*(8), 1289—1299.

Dishion & Patterson. (2006). The development and ecology of antisocial behavior in children and adolescents. In D. Cicchetti & D. J. Cohen (Eds.), *Developmental Psychology*, Vol.3.

Dishion, T. J., Andrews, D. W., & Crosby, L. (1995). Antisocial boys and their friends in early adolescence: Relationship characteristics quality, and interactional process. *Child Development*, *66*, 139—151.

Dishion, T. J., & Dodge, K. A. (2005). Peer contagion in interventions for children and adolescents:

Moving towards an understanding of the ecology and dynamics of change. *Journal of Abnormal Child Psychology*, *33*(3), 395—400.

Dishion, T. J., Nelson, S. E., & Kavanagh, K. (2003). The family check-up with high-risk young adolescents: Preventing early-onset substance use by parent monitoring. *Behavior Therapy*, *34*(4), 553—571.

Dix, T. (1991). The affective organization of parenting: Adaptive and maladaptive processes. *Psychological Bulletin*, *110*, 3—25.

Dolan, B. (1994). Why Women? Gender Issues and Eating Disorders: An Introduction. In B. Dolan, & I. Gitzinger (Eds.), *Why Women? Gender Issues and Eating Disorders* (1—11). London: Athlone Press.

Dorner, D., & Wearing, A. J. (1995). Complex problem solving: Towards a (computer simulated) theory. In P. A. Frensch, & J. Funke (Eds.), Complex problem solving. *The European perspective. Hillsdale*, NJ: Erlbaum.

Dowdy, B. B., & Kliewer, W. (1998). Dating, Parent-Adolescent Conflict, and Behavioral Autonomy. *Journal of Youth and Adolescence*, *27*, 473—492.

Dozier, M., & Kobak, R. R. (1992). Psychophysiology in attachment interviews: Converging evidence for deactivating strategies. *Child Development*, *63*, 1473—1480.

Drevets, R. K., Benton, S. L., & Bradley, F. O. (1996). Students' Perceptions of Parents' and Teachers' Qualities of Interpersonal Relationships. *Journal of Youth and Adolescence*, *25*, 787—802.

Dreyer, T. H., Jennings, C., Johnson, F., Evans, D. (1994). *Culture and Personality in Urban Schools: Identity Status, Self-Concepts, and Loss of Control among High School Students and Monolingual and Bilingual Homes.* Paper presented at the meeting of the Society for Research on Adolescents, San Diego.

Droege, K. L., & Stipek, D. J. (1993). Children's use of dispositions to predict classmates' behavior. *Developmental Psychology*, *29*, 646—654.

Due, P., Holstein, B. E., Lynch, J., Diderichsen, F., Gabhain, S. N., Scheidt, P., & Currie, C. (2005). The Health Behavior in School-Aged Children Bullying Working Group. (2005). Bullying and symptoms among school-aged children: International comparative cross-sectional study in 28 countries. *European Journal of Public Health*, *15*(2), 128—132.

Durbin, D., Darling, N., Steinberg, L., & Brown, B. (1993). Parenting style and peer group membership among European-American adolescents. *Journal of Research on Adolescence*, *3*(1), 87—100.

Dusek & McIntyre. (2003). Self-concept and self-esteem development. In G. R. Adams & M. D. Berzonsky (Eds.), *Blackwell handbook of adolescence* (pp.290—309).

Eagly, A. H. (1995). The science and politics of comparing men and women. *American Psychologist*, *50*, 145—158.

Eaton, D. K., Davia, K. S., Barrios, L., Brener, N. D., & Noonan, R. K. (2007). Associations of dating violence victimization with lifetime participation, co-occurrence, and early initiation of risk behaviors among U. S. high school students. *Journal of Interpersonal Violence*, 22, 585—602.

Eggermont, S. (2006). Television viewing and adolescents' judgment of sexual request scripts: A latent growth curve analysis in early and middle adolescence. *Sex Roles*, 55(7—8), 457—468.

Eisenberg. N., Martin, C. L., & Fabes, R. A. (1996). Gender development and gender effects. In D. C. Berliner & R. C. Calfee (Eds.), *Handbook Of educational Psychology*. New York: Macmillan.

Eisenberg, N., Valiente, C., Morris, A. S., Fabes, R. A., Cumberland, A., Reiser, M., et al. (2003). Longitudinal relations among parental emotional expressivity, children's regulation, and quality of socioemotional functioning. *Developmental Psychology*, 39(1), 3—19.

Eisenberg, Zhou, & Koller. (2001). Brazilian adolescents' prosocial moral judgment and behavior: Relations to sympathy, perspective taking, gender-role orientation, and demographic characteristics, *Child Development*, 72, 518—534.

Elkind, D. (1967). Egocentrism in adolescence. *Child Development*, 38, 1025—1034.

Elkind, D. (1985). Egocentrism redux. *Developmental Review*, 5, 218—226.

Elliott, D. S., & Menard, S. (1996). Delinquent Friends and Delinquent Behavior f Temporal and Developmental Patterns. In J. D. Hawkinds (Ed.), *Delinquency and Crime: Current Theories* (28—67). New York of Cambridge University Press.

Ellis, B. J., Del Giudice, M., Dishion, T. J., Figueredo, A. J., Gray, P., Griskevicius, V., et al. (2011a). The evolutionary basis of risky adolescent behavior: Implications for science, policy, and practice. *Developmental psychology*, 48(3), 598—623.

Ellis, B. J., Shirtcliff, E. A., Boyce, W. T., Deardorff, J., & Essex, M. J. (2011b). Quality of early family relationships and the timing and tempo of puberty: Effects depend on biological sensitivity to context. *Development and Psychopathology*, 23(1), 85—99.

Engstrom, C. A., & Sedlacek, W. E. (1991). A Study of Prejudice toward University Student Athletes. *Journal of Counseling and Development*, 70, 189—193.

Enright, R. D., Shukla, D., & Lapsley, D. K. (1980). Adolescent egocentrism-sociocentrism and self-consciousness. *Journal of Youth and Adolescence*, 9, 101—116.

Epstein, Y. (1981). Crowding stress and human behavior. *Journal of Social Issues*, 37(1), 126—144.

Escobedo, L. G., Marcus, S. E., Holtzman, D, & Giovino, G. A. (1993). Sports participation, age at smoking initiation, and risk of smoking among U.S. high school students. *Journal of the American Medical Association*, 269, 1391—1395.

Euler, H., & Weitzel, B. (1996). Discriminative grandparental solicitude as reproductive strategy. *Hu Nat*, 7(1), 39—59.

Fagot, B. I., Leinbach, M. D., & O'Boyle, C. (1992). Gender labeling and the adoption of sex-typed behaviors. *Developmental Psychology*, 28, 225—230.

Feldman, S. & Wood, D. (1994). Parents' expectations for preadolescent sons' behavioral autonomy: A longitudinal study of correlates and outcomes. *Journal of Research on Adolescence*, 4(1), 45—70.

Fertman, C. I., & Chubb, N. H. (1992). The Effects of a Psycho educational Program on Adolescents' Activity Involvement, Self-Esteem, and Locus of Control. *Adolescence*, 27, 517—533.

Fitzgerald, D. R., & White, K. J. (2003). Linking children's social worlds: Perspective-taking in parent-child and peer contexts. *Social Behavior and Peer Contexts*, 31, 509—522.

Flinn, M. V. (2006). Evolution and ontogeny of stress response to social challenges in the human child. *Developmental Review*, 26(2), 138—174.

Flinn, M. V., Quinlan, R. J., & Ward, C. V. (2007). Evolution of the human family: Cooperative males, long social childhoods, smart mothers, and extended kin networks. *Family Relationships*, 16—38.

French, D. C., Jansen, E. A., & Pidada, S. (2002). United States and Indonesian children's and adolescents' reports of relational aggression by disliked peers. *Child Development*, 73(4), 1143—1150.

French, S. A., Story, M., Downes, B., Resnick, M. D., & Blum, R.W. (1995). Frequent dieting among adolescents: Psychosocial and health behavior correlates. *American Journal of Public Health*, 85, 695—701.

Frick & Kimonis. (2008). Externalizing disorders of childhood. *Psychopathology: Foundations for a contemporary understanding* (2nd ed, pp.349—374).

Fuhrman, T., & Holmbeck, G. (1995). A contextual-moderator analysis of emotional auto- nomy and adjustment in adolescence. *Child Development*, 66, 793—811.

Furman, W., & Buhrmester, D. (1992). Age and sex differences in perceptions of networks of personal relationships. *Child Development*, 63, 103—115.

Garber, J., Braafladt, N., & Zeman, J. (1991). The regulation of sad affect: An information-processing perspective. In J. Garber & K. A. Dodge (Eds.), The development of emotion regulation and dysregulation (pp.208—240). New York, US: Cambridge University Press.

Garber, J., Kriss, M. R., Koch, M., & Lindholm, L. (1988). Recurrent depression in adolescents: A follow-up study. *Journal of the American Academic of Child and Adolescent Psychiatry*, 27, 49—54.

Garber, J. & Little, S. (2001). Emotional Autonomy and Adolescent Adjustment. *Journal of Adolescent Research*, 16(4), 355—371.

Garber, J., Weiss, B., & Shanley, N. (1993). Cognitions, depressive symptoms, and development in adolescents. *Journal of Abnormal Psychology*, 102, 47—57.

Gaylord-Harden et al. (2007). Perceived support and internalizing symptoms in African American adolescents: Self-esteem and ethnic identity as mediators. *Journal of Youth and Adolescence*, 36(1), 77—88.

Geary, D. C. (2005). *The origin of mind: Evolution of brain, cognition, and general intelligence*. Washington, DC: American Psychological Association.

Gelman, S. A., & Wellman, H. M. (1991). Insides and essences: Early understandings of the non-obvious. *Cognition*, 38(3), 213—244.

Gentile, B., Grabe, S., Dolan-Pascoe, B., Twenge, J. M., Wells, B. E., Maitino, A. (2009). Gender differences in domain-specific self-esteem: A meta-analysis. *Review of General Psychology*, 13(1), 34—45.

Gerardi, R., Keane, T., Cahoon, B., & Klauminzer, G. (1994). An in vivo assessment of physiological arousal in posttraumatic stress disorder. *Journal of Abnormal Psychology*, 103(4), 825—827.

Gerrans, P. (2002). The theory of mind module in evolutionary psychology. *Biology and Philosophy*, 17(3), 305—321.

Ge, X., Elder, G. H., Regnerus, M., & Cox, C. (2001). Pubertal transitions, perspectives of being overweight, and adolescents' psychological maladjustment: Gender and ethnic differences. *Social Psychology Quarterly*, 64, 363—375.

Ghang, J., & Jin, S. (1996). Determinants of Suicide Ideation: A Comparison of Chinese and American college Students. *Adolescence*, 31, 451—467.

Gilligan, C. (1996). The centrality of relationships in psychological development: A puzzle, some evidence, and a theory. In G. G. Noam & K. W Fischer (Eds.), *Development and vulnerability in close relationship*. Hillside, NJ: Erlbaum.

Giorgio, A., Watkins, K. E., Chadwick, M., James, S., Winmill, L., et al. (2010). Longitudinal changes in grey and white matter during adolescence. *NeuroImage*, 49(1), 94—103.

Gjerde, P. F. (1986). The interpersonal structure of family interaction settings: Parent-adolescents relations in dyads and triads. *Developmental Psychology*, 22, 297—304.

Goldstein, S. E., & Tisak, M. S. (2006). Early adolescents' conceptions of parental and friend authority over relational aggression. *The Journal of Early Adolescence*, 26(3), 344—364.

Gonzales, N., Cauce, A., & Mason, C. (1996). Interobserver agreement in the assessment of parental behavior and parent-adolescent conflict: African American mothers, daughters, and independent observers. *Child Development*, 67(4), 1483—1498.

Gorman, A. H., Schwartz, D., Nakamoto, J., & Mayeux, L. (2011). Unpopularity and disliking among peers: Partially distinct dimensions of adolescents' social experiences. *Journal of Applied Developmental Psychology*, 32(4), 208—217.

Gottman, J. M., & Parker, J. G. (Eds.). (1987). *Conversations with friends*. New York: Cambridge University Press.

Graber, J. A., Lewinsohn, P M., Secley, J. R., & Brooks-Gunn, J. (1997). Is Psychopathology Associated with the Timing of Pubertal Development? *Journal of the American Academy of Child and Adolescent Psychiatry*, 36, 1768—1776.

Graber, J. A., Nichols, T. R., & Brooks-Gunn, J. (2010). Putting pubertal timing in development tal context: Implications for prevention. *Developmental Psychobiology*, 52(3), 254—262.

Gray-Little, B., & Hafdahl, A. R. (2000). Factors influencing racial comparisons of self-esteem: A quantitative review. *Psychological Bulletin*, 126, 26—54.

Greene, K., Krcmar, M., Walters, L., Rubin, D., Jerold, & Hale, L.(2000). Targeting adolescent risk-taking behaviors: the contributions of egocentrism and sensation-seeking. *Journal of Adolescence*, 23, 439—461.

Greene, K., Rubin, D. L., Walters, L. H. & Hale, J. L. (1996). The utility of understanding adolescent egocentrism in designing health promotion messages. *Health Communication*, 8, 131—152.

Greene & Way. (2005). Self-esteem trajectories among ethnic minority adolescents: A growth curve analysis of the patterns and predictors of change. *Journal of Research on Adolescence*, 15, 151—178.

Greenfield, P., Maynard, A., & Childs, C. (2000). History, culture, learning, and development. *Cross-Cultural Research*, 34, 351—374.

Greitemeyer, T., Agthe, M., Turner, R., & Gschwendtner, C. (2012). Acting prosocially reduces retaliation: Effects of prosocial video games on aggressive behavior. *European Journal of Social Psychology*, 42(2), 235—242.

Greitemeyer, T., & Osswald, S. (2010). Effects of prosocial video games on prosocial behavior. *Journal of personality and social psychology*, 98(2), 211.

Greitemeyer, T., Traut-Mattausch, E., & Osswald, S. (2012). How to ameliorate negative effects of violent video games on cooperation: Play it cooperatively in a team. *Computers in Human Behavior*, 28(4), 1465—1470.

Griffiths, M. D., Davies, M. N. O., & Chappell, D. (2004). Breaking the stereotype: The case of online gaming. *Cyber psychology & Behavior*, 6(1).

Gross, J. J., Sutton, S. K., & Ketelaar, T. V. (1998). Relations between affect and personality: Support for the affect-level and affective-reactivity views. *Personality and Social Psychology Bulletin*, 24, 279—288.

Grossmann, K. E., Grossmann, K., & Zimmermann, P. (1999). A wider view of attachment and exploration: Stability and change during the years of immaturity. In J. Cassidy, & P. Shaver (Eds.), *Handbook of attachment theory and research* (760—786). New York: Guilford Press.

Grotevant, H. (1998). Adolescent development in family contexts. See Eisenberg 1998, 1097—1149.

Grotevant, H. D. (1992). Assigned and chosen identity components: A process perspective on their integration. In G. R. Adams, T. P. Gullotta, & R. Montemayor (Eds.), *Adolescent identity formation: Advances in adolescent development* (pp.73—90). Newbury Park CA: Sage.

Grotevant, H. D., & Cooper, C. R. (1998). Individuality and connectedness in adolescent development: Review and prospects for research on identity, relationships, and context. In E. Skoe & A. von der Lippe (Eds.), *Personality development in adolescence: A cross-national and life-span perspective*. London: Routledge.

Grunbaum, J. A., Kann, L., Kinchen, S., Ross, J., Hawkins, J., & Lowry, R., et al. (2004). Youth risk behavior surveillance—United States, 2003. *Morbidity and Mortality Weekly Report*, *53*, SS-2.

Gur, R., Mozley, D., Resnick, S., Mozley, L., et al. (1995). Resting cerebral glucose metabolism in first-episode and previously treated patients with schizophrenia relates to clinical features. *Archives of General Psychiatry*, *52*(8), 657—667.

Hardway, C., & Fuligni, A. J. (2006). Dimensions of family connectedness among adolescents with Mexican, Chinese, and European backgrounds. *Developmental Psychology*, *42*(6), 1246.

Hare-Muston, R., & Maraceh J. (1988). The meaning of difference: Gender theory) postmodernism, and psychology. *American Psychologist*, *43*, 455—464.

Hargittai, E. (2007). Whose space? Differences among users and non-users of social network sites. *Journal of Computer-Mediated Communication*, *13*(1).

Harrington, R. C., Fudge, H., Rutter, M., Pickles, A., & Hill, J. (1990). Adult outcomes of childhood and adolescent depression: I. Psychiatric status. *Archives of General Psychiatry*, *47*, 465—473.

Harrist, A. W., Zaia, A. F., Bates, J. E., Dodge, K. A., & Pettit, G. S. (1997). Subtypes of social withdrawal in early childhood: sociometric status a social-cognitive differences across four years. *Child Development*, *68*, 278—292.

Harter, S., Marold, D.B., Whitesell, N.R., & Cobbs, G. (1996). A model of the effects of perceived parent and peer support on adolescent false self behavior. *Child Development*, *67*, 360—374.

Harter, S. (1986). Processes underlying the construction, maintenance, and enhancement of the self concept of children. In J. Suls & A. Greenwald (Eds.), *Psychological perspective on the self* (Vol.3). Hillsdale: Erlbaum.

Harter, S. (1999). *The construction of the self: A developmental perspective*. New York: Guilford.

Harter, S. (1998). The development of self-representations. In N. Eisenberg (Ed.), *Handbook of child psychology: Vol.3. Social emotional, and personality development* (5th Ed., pp.553—618). New York: Wiley.

Harter, S. (2006). The self. In N. Eisenberg (Ed.), *Handbook of child psychology: Vol.3. Social, emotional, and personality development* (6th ed., pp.505—570). Hoboken, NJ: Wiley.

Harter, S., Waters, P., & Whitesell, N.R. (1998). Relational self-worth: differences in perceived worth as a person across interpersonal contexts among adolescents. *Child Development*, *69*, 756—766.

Hartup, W. & Abecassis, M. (2004). Friends and enemies. In P. K. Smith & C. H. Hart (Eds.), *Blackwell handbook of childhood social development* (pp.285—306). Malden, MA: Blackwell.

Hartup, W., & Collins, A. (2000) Middle childhood: Socialization and social contexts. In A. Kazdin (Ed.), *Encyclopedia of psychology*. Washington, DC, & New York: American Psychological Association and Oxford U. Press.

Ha, T., Overbeek, G., Greef, M. D., Scholte, R. H. J., & Engels, R. C. M. E. (2010). The importance of relationships with parents and best friends for adolescents' romantic relationship quality: differences between indigenous and ethnic Dutch adolescents. *International Journal of Behavioral Development*, 34, 121—127.

Hawkes, K. (2004). Human longevity: The grandmother effect. *Nature*, 428(6979), 128—129.

Haywood, K. M., & Getchell, N. (2005). *Life span motor development* (4th Ed.). Champaign, IL: Human Kinetics.

Heath, S. B., & McLaughlin, M. W. (Eds.). (1993). *Identity and inner-city youth*. New York: Teachers College Press.

Hecht, D. B., Inderbitzen, H. M., & Bukowski, A. L. (1998). The relationship between peers status and depressive symptoms in children and adolescents. *Journal of Abnormal Child Psychology*, 26, 153—160.

Henry, C. S., Stephenson, A. L, Hanson. M. F, & Hargett, W. (1993). Adolescent Suicide in Families: An Ecological Approach. *Adolescence*, 28, 291—308.

Herman, M. R., Dornbusch, S. M., Herron, M. C., & Herting, J. R. (1997). The influence of family regulation connection, and psychological autonomy on six measures of adolescent functioning. *Journal of Adolescent Research*, 12, 34—67.

Heyman, G., & Legate, C. (2004). Children's beliefs about gender differences in the academic and social domains. *Sex Roles*, 50, 227—239.

Hightower, E. (1990). Adolescent interpersonal and familial precursors of positive mental health at midlife. *Journal of Youth and Adolescence*, 19(3), 257—275.

Hinduja, S., & Patchin, J. W. (2008). Personal information of adolescents on the internet: A quantitative content analysis of myspace. *Journal of Adolescence*, 31, 125—146.

Hitlin, S., Brown, J. S., & Elder, G. H. (2006). Racial self-categorization in adolescence: Multiracial development and social pathways. *Child Development*, 77, 1298—1308.

Ho, C. S., Lempers, J. D., & Clark-Lempers, D. S. (1995). Effects of Economic Hardship on Adolescent Self-Esteem. A Family Mediation Model. *Adolescence*, 30, 117—131.

Hodges, E. & Perry D G. (1999). Personal and interpersonal antecedents and consequences of victimization by peers. *Journal of Personality and Social Psychology*, 76, 677—685.

Holmbeck, G. N. (1996). A model of family relational transformations during the transition to adolescence: parent-adolescent conflict. In J. Graber, J. Brooks-Gunn, A. Peterson (Eds.) *Transitions Through Adolescence: Interpersonal Domains and Contexts*, 167—199. Mahwah: Erlbaum.

Hrdy, S. B. (1999). *Mother nature: A history of mothers, infants, and natural selection*. New York: Pantheon Books.

Ialongo, N., Edelsohn, G., Werthamer-Larsson, L., Crockett, L., & Kellam, S. (1996). The course of aggression in first-grade children with and without comorbid anxious symptoms. *Journal of Abnormal Child Psychology*, 24, 445—456.

Jaccard, J., Blanton, H., & Dodge, T. (2005). Peer influences on risk behavior: an analysis of the effects of a close friend. *Developmental Psychology*, 41(1), 135.

Jackson, L. M., Pratt, M. W., Hunsberger, B., & Pancer, S. M. (2005). Optimism as a mediator of the relation between perceived parental authoritativeness and adjustment among adolescents: Finding the sunny side of the street. *Social Development*, 14(2), 273—304.

Johnston, L., Bachman, J., & O'Malley, P. (1997). *Monitoring the Future*. Ann Arbor, MI: Inst. Soc. Res.

Joshi, S. P., Peter, J., & Valkenburg, P. M. (2011). Scripts of sexual desire and danger in US and Dutch teen girl magazines: A cross-national content analysis. *Sex roles*, 64(7—8), 463—474.

Jouriles, E. N., Garrido, E., Rosenfield, D., & McDonald, R. (2009). Experiences of psychological and physical aggression in adolescent romantic relationships: links to psychological distress. *Child Abuse & Neglect*, 33, 451—460.

Kalodner, C. R. (1997). Media influences on male and female non-eating disordered college students: A significant issue. *Eating Disorders*, 5, 47—57.

Kan, M. L., McHale, S. M., & Crouter, A. C. (2008). Interparental incongruence in differential treatment of adolescent siblings: links with marital quality. *Journal of Marriage and Family*, 70(2), 466—479.

Kapadia, S. (2008). Adolescent-parent relationships in Indian and Indian immigrant families in the US: Intersections and disparities. *Psychology and Developing Societies*, 20(2), 257—275.

Keating, D. P. (2004). Cognitive and brain development. In R. M. Lerner & L. Steinberg (Eds.), *Handbook of adolescent psychology* (2nd Ed., pp.45—84). Hoboken, NJ: Wiley.

Keelan, J. R., Dion, K. K, & Dion, K. L. (1992). Correlates of Appearance Anxiety in Late Adolescence and Early Adulthood among Young Women. *Journal of Adolescence*, 15, 193—205.

Kenny, M. E., Lomax, R., Brabeck, M., & Fife, J. (1998). Longitudinal Pathways Linking Adolescent Reports of Maternal and Paternal Attachments to Psychological Well-Being. *Journal of Early Adolescence*, 18, 221—243.

Kerpelman, J. L., Pittman, J. F., & Lamke, L. K. (1997b). Toward a microprocess perspective on adolescent identity development: An identity control theory approach. *Journal of Adolescent Research*, 12, 325—346.

Kerr, M., Stattin, H., & Trost, K. (1999). To Know You Is to Trust You: Parents' Trust Is Rooted in Child Disclosure of information. *Journal of Adolescence*, 22, 737—752.

Klein, H. A. (1995). Self Perception in Late Adolescence: An Interactive Perspective. *Adolescence*, 30, 579—591.

Klein, H. A. (1992). Temperament and Self-Esteem in Late Adolescence. *Adolescence*, 27, 689—694.

Kling, K. C., Hyde, J.S, Showers, C.J., & Buswell, B.N. (1999). Gender differences in self-esteem: a meta-analysis. *Psychological Bulletin*, 125, 470—500.

Kloep, M. & Hendry, L. (1999). Challenges, risks and coping in adolescence. In D. Messer & S. Millar(Ed.), *Exploring developmental psychology: From infancy to adolescence*. London: Arnold.

Kohlberg, L., & Ullian, D. (1974). Stages in the development of psychosexual concepts and attitudes. In R. Friedman, R Richard, & R. Van Wiele (Eds.), *Sex Differences in Behavior*. New York: Wiley.

Kovacs, D. M., Parker, J. G., & Homan, L. W. (1996). Behavioral, affective, and social correlates of involvement in cross-sex friendship in elementary school. *Child Development*, 67, 2269—2286.

Kowalski, R. (2008). *Cyber bullying: Bullying in the digital age*. Malden, MA: Blackwell.

Kroger, J. & Green, K. (1996). Events associated with identity status change. *Journal of Adolescence*, 19, 477—490.

Kupersmidt, J. B., Coie, J. D., & Dodge, K. A. (1990). The role of poor peer relationships in the development of disorders. In S. R. Asher & J. D. Coie (Eds.), *Peer rejection in childhood* (274—305). New York: Cambridge University Press.

Laird, R. D., Pettit, G. S., Dodge, K. A., & Bates, J. E. (2005). Peer relationship antecedents of delinquent behavior in late adolescence: Is there evidence of demographic group differences in developmental processes? *Development and Psychopathology*, 17(1), 127—144.

Lamborn, S. D., & Steinberg, L. (1993). Emotional autonomy redux: Revisiting Ryan and Lynch. *Child Development*, 64, 483—499.

Landsheer, H., Maasen, G. H., Bisschop, P, & Adema, L. (1998). Can Higher Grades Result in Fewer Friends? A Re-examination of the Relation between Academic and Social Competence. *Adolescence*, 33, 185—191.

Lapsley, D. K., & Murphy, M. (1985). Another look at the theoretical assumptions of adolescent egocentrism. *Developmental Review*, 5, 201—217.

Lapsley, D. K. (1993). Toward an integrated theory of adolescent ego development: The "new look" at adolescent egocentrism. *American Journal of Ortho Psychiatry*, 63, 562—571.

Larson, R., & Asmussen, L. (1991). Anger, worry, and hurt in early adolescence: An enlarging world of negative emotions. In M. E. Colton, & S. Gore (Eds.), *Adolescent stress, social relationships, and mental health*. New York: Aldine de Gruyter.

Larson, R. (1989). Beeping children and adolescents: A method for studying time use and daily experience. *Journal of Youth and Adolescence*, 6, 511—530.

Larson, R., & Richards, M. H. (1991). Daily companionship in late childhood and early adolescence: Changing developmental contexts. *Child Development*, 62, 284—300.

Larson, R., & Richards, M. H. (1994). *Divergent realities: The emotional lives of mothers, fathers, and adolescents*. New York: Basic Books.

Larson, R. W., Richards, M. H., Moneta, G., Holmbeck, G., & Duckett, E. (1996). Changes in adolescents' daily interactions with their families from 10 to 18: Disengagement and transformation. *Developmental Psychology*, 32, 744—754.

Laursen, B., & Collins, W. A. (1994). Interpersonal conflict during adolescence. *Psychological Bul-

letin, *115*, 197—209.

Laursen, B. (1995). Conflict and social interaction in adolescent relationships. *Journal of Research on Adolescence*, *5*, 55—70.

Laursen, B., Coy, K., & Collins, W. A. (1998). Reconsidering changes in parent-child conflict across adolescence: A meta-analysis. *Child Development*, *69*, 817—832.

Laviola, G., & Marco, E. M. (2011). Passing the knife edge in adolescence: Brain pruning and specification of individual lines of development. *Neuroscience and Biobehavioral Reviews*, *35*(8), 1631—1633.

Lazarus, R. (1996). The role of coping in the emotions and how coping changes over the life course. In C. Magai, & S. H. McFadden (Eds.), *Handbook of emotion, adult deve-lopment and aging* (*289—306*). San Diego: Academic Press.

LeBlanc, M.(1993). Late adolescence deceleration of criminal activity and development of self social control. *Studies on Crime and Crime Prevention*, *2*, 51—68.

Lei, L., & Wu, Y. (2007). Adolescents' Paternal Attachment and Internet Use. *CyberPsychology & Behavior*, *10*(5), 633—639.

Lemerise, E. A., & Arsenio, W. F. (2000). An integrated model of emotion processes and cognition in social information processing. *Child Development*, *71*, 107—118.

Lerner, H., Lerner, J. V., Hess, L. E., et al. (1991). Physical Attractiveness and Psychosocial Functioning among Early Adolescence. *Journal of Early Adolescence*, *11*, 300—320.

Lerner, R. M., Delaney, M., Hess, L E., Jovanovic, J., & von Eye, A. (1990). Early Adolescent Physical Attractiveness and Academic Competence. *Journal of Early Adolescence*, *10*, 4—20.

Levine, M. P., Smolak, L., Moodey, A. F., Shuman, M. D., & Hessen, L. D. (1994). Normative developmental challenges and dieting and eating disturbances in middle school girls. *International Journal of Eating Disorders*, *15*, 11—20.

LeVine, R. A., & New, R. S. (2010). Anthropology and child development: a cross-cultural reader. *Infancia Y Aprendizaje*, *38*(4), 248—253.

Liben, L. S., & Bigler, R. S. (2002). The developmental course offender differentiation. *Monographs of the Society for Research in Child Development*, 67 (Serial No.269).

Li, D. M., & Lei, L. (2008). The Deviant Behaviors on the Internet among Chinese Adolescents. In S. Hall & M. Lewis (ed.), *Education in China: 21st Century Issues and Challenges*. New York: NOVA.

Limber, S. P. (1997). Preventing violence among school children. *Family Futures*, *1*, 27—28.

Liu, D., Sabbagh, M. A., Gehring, W.J., & Wellman, H. M. (2009). Neural correlates of children's theory of mind development. *Child Development*, *80*(2), 318—326.

Li, Z. H., Connolly, J., Jiang, D, Pepler, D., & Craig, W. (2010). Adolescent romantic relationships in China and Canada: a cross-national comparison. *International Journal of Behavioral Development*, *34*, 113—120.

Luthar, S. S., & Goldstein, A. S. (2008). Substance use and related behaviors among suburban late adolescents: The importance of perceived parent containment. *Development and Psychopathology*, 20(2), 591—614.

Maccoby, E. (1998). *The two sexes: Growing up apart, coming together*. Cambridge, MA: Belknap Press.

MacDermid, S., & Crouter, A. C. (1995). Midlife, adolescence, and parental employment in family systems. *Journal of Youth and Adolescence*, 24, 29—54.

Maggs. (1999). Alcohol use and binge drinking as goal-directed action during the transition to post-secondary education. *Health risks and developmental transitions during adolescence* (pp.345—371).

Main, M. (1991). Metacognitive knowledge, metacognitive monitoring and singular (coherent versus multiple incoherent) model of attachment: Findings and directions for future research. In C. M. Parkes, J. Stevenson-Hinde, & P. Marris (Eds.), *Attachment across the life cycle* (pp.127—159). London/New York: Tavistock/Routledge.

Makros, J., & McCabe, M. P. (2001). Relationships between identity and self-representations during adolescence. *Journal of Youth and Adolescence*, 30(5), 623—639.

Malone, P. S., Lamis, D. A., Masyn, K. E., & Northrup, T. F. (2010). A dual-process discrete-time survival analysis model: Application to the gateway drug hypothesis. *Multivariate Behavioral Research*, 45(5), 790—805.

Marcia, J. E. (2002). Identity and psychosocial development in adulthood. *Identity*, 2, 7—28.

Marcia, J. E. (1991). Identity and self-development. In R. M. Lerner, A. C. Petersen, & J. Brooks-Gunn (Eds.), *Encyclopedia of adolescence* (Vol.1). New York: Garland.

Marcia, J. (1993). The status of the statues: Research review. In J. Marcia & A. Waterman, D. Matteson, S. Archer, & J. Orloffsky (Eds.), *Ego identity: A handbook for psychological research* (pp.22—41). New York: Springer-Verlag.

Markus, H. R., & Kitayama, S. (2003). Culture, self, and the reality of the social. *Psychological inquiry*, 14(3—4), 277—283.

Martin, C. L. (1990). Attitudes and expectations about children with non-traditional gender roles. *Sex Roles*, 22, 151—165.

Martin, C. L., & Ruble, D. (2004). Children's search for gender cues: Cognitive perspectives on gender development. *Current Directions in Psychological Science*, 13, 67—70.

Martin, L., & Halverson, C. F. (1981). A schematic processing model of sex typing and stereotyping. *Child Development*, 52, 1119—1134.

Mayer, J. E. (1988). The Personality Characteristics of Adolescents Who Use and Misuse Alcohol. *Adolescence*, 23, 383—404.

McGue, M. (1999). Behavioral genetic models of alcoholism and drinking. In K. E. Leonard, & H. T. Blane (Eds.), *Psychological theories of drinking and alcoholism* (pp.372—421). New York: Guilford Publications.

McHale, S. M., Crouter, A. C., & Whiteman, S. D. (2003). The family contexts of gender development in childhood and adolescence. *Social Development*, *12*(1), 125—148.

McHale, S. M., Updegruff, K. A., Helms-Erikson, H., & Crouter, A. C. (2001). Sibling influences on gender development in middle childhood and early adolescence: A longitudinal study. *Developmental Psychology*, *37*, 115—125.

Mehroof, M., & Griffiths, M. D. (2010). Online gaming addiction: the role of sensation seeking, self-control, neuroticism, aggression, state anxiety, and trait anxiety. *Cyberpsychology, behavior, and social networking*, *13*(3), 313—316.

Mesch, G. S., & Talmud, I. (2007). Similarity and the quality of online and offline social relationships among adolescents in Israel. *Journal of Research on Adolescence*, *17*(2), 455—465.

Midgley, C. & Urdan, T. (1995). Predictors of middle school students' use of self-handicapping strategies. *Journal of Early Adolescence*, *15*(4), 389—411.

Moriguchi, Y., Ohnishi, T., Mon, T., Matsuda, H., & Komaki, G. (2007). Changes of brain activity in the neural substrates for theory of mind during childhood and adolescence. *Psychiatry and Clinical Neurosciences*, *61*(4), 355—363.

Morris, A. S., Silk, J. S., Steinberg, L., Myers, S. S., & Robinson, L. R. (2007). The role of the family context in the development of emotion regulation. *Social Development*, *16*, 361—388.

Murphy K., & Schneider, B. (1994). Coaching socially rejected early adolescents regarding behaviors used by peers to infer liking: A dyad-specific intervention. *Journal of Early Adolescence*, *14*, 83—95.

Nelson-Steen, S., Wadden, T. A., Foster, G. D., & Anderson, R. E. (1996). Are obese adolescent boys ignoring an important health risk? *International Journal of Eating Disorders*, *20*, 281—286.

Noom, M. J., Dekovic, M., & Meeus, W. (1999). Autonomy, Attachment and Psychosocial Adjustment during Adolescence: A Double-Edged Sword? *Journal of Adolescence*, *22*, 771—783.

O'Connor, B. P. (1995). Identity development and perceived parental behavior as sources of adolescent egocentrism. *Journal of Youth and Adolescence*, *24*, 205—227.

Ollendick, Shortt, & Sander. (2008). Internalizing disorders in children and adolescents. *Psychopathology: Foundations for a contemporary understanding* (2nd Ed., pp.375—399).

Oltmanns, T. F., & Emery, R. E. (2010). Abnormal psychology. (6th Ed.) Upper Saddle River, NJ: Prentice Hall.

Olweus, D. (1980). Familial and temperamental determinants of aggressive behavior in adolescent boys: A causal analysis. *Developmental Psychology*, *16*, 644—660.

Orr, D. P. & Ingersoll, G. (1991). Cognition and health. In Lerner, R. M., Petersen, A. C. & J. Brooks-Gunn (Eds.) *Encyclopedia of adolescence* (pp.130—132). New York: Garland.

Oyserman, D., Bybee, D., & Terry, K. (2006). Possible selves and academic outcomes: How and when possible selves impel action. *Journal of Personality and Social Psychology*, *91*(1), 188—204.

Oyserman, D., & Fryberg, S. (2006). The possible selves of diverse adolescents: Content and function across gender, race and national origin. *Possible selves: Theory, research and applications* (pp.17—39).

Palmonari, A., Pombeni, M., & Kirchler, E.(1989). Peer groups and evolution of the self-system in adolescence. *European Journal of Psychology of Education*, 4(1), 3—15.

Papini, D. & Sebby, R. (1988). Variations in conflictual family issues by adolescent pubertal status, gender, and family member. *Journal of Early Adolescence*, 8(1), 1—15.

Parker, J. & Asher, S. (1993). Friendship and friendship quality in middle childhood: Links with peer group acceptance and feelings of loneliness and social dissatisfaction. *Developmental Psychology*, 29, 611—621.

Pascoe, C. J. (2007). *Dude, you're a fag: Masculinity and sexuality in high school*.

Paul, E. L., & White, K. M. (1990). The development of intimate relationships in late adolescence. *Adolescence*, 25, 375—400.

Paulson-Karlsson, G., Engström, I., & Nevonen, L. (2009). A pilot study of a family-based treatment for adolescent anorexia nervosa: 18-and 36-month follow-ups. *Eating Disorders*, 17(1), 72—88.

Pepler, D., Craig, W., Yuile, A., & Connolly, J. (2004). Girls who bully: A developmental and relational perspective. In M. Putallza & K. Bierman (Eds.), *Aggression, antisocial behavior, and violence among girls: A developmental perspective* (pp.90—109). New York: Guilford.

Pepler, D. J., Craig, W. M., Connolly, J. A., Yuile, A., McMaster, L., & Jiang, D. (2006). A developmental perspective on bullying. *Aggressive Behavior*, 32(4), 376—384.

Pepler, D., Jiang, D., Craig, W., & Connolly, J. (2008). Developmental trajectories of bullying and associated factors. *Child Development*, 79(2), 325—338.

Perner, J., & Lang, B. (1999). Development of theory of mind and executive control. *Trends in Cognitive Sciences*, 3(9), 337—344.

Peters, C. S., & Malesky Jr, L. A. (2008). Problematic usage among highly-engaged players of massively multiplayer online role playing games. *CyberPsychology & Behavior*, 11(4), 481—484.

Petersen, A. C., & Crockett, L. (1985). Pubertal timing and grade effects on adjustment. *Journal of Youth and Adolescents*, 14, 191—206.

Petersen, A. C., & Taylor, B. (1980). The biological approach to adolescence: Biological change and psychological adaptation. In J. Adelson (Ed.), *Handbook of adolescent psychology* (pp.117—155). New York: John Wiley.

Phinney, J. S., & Alipuria, L. L. (1990). Ethnic identity in college students from four ethnic groups. *Journal of Adolescence*, 13, 171—183.

Phinney, J. S. (2000). *Identity formation among U.S. ethnic adolescents from collectivist cultures*. Paper presented at the biennial meeting of the society for research on adolescents, Chicago, IL.

Phinney, J. S., Kim-Jo, T., Osorio, S., & Vilhjalmsdottir, P. (2005). Autonomy and relatedness in adolescent-parent disagreements ethnic and developmental factors. *Journal of Adolescent Research*, *20*(1), 8—39.

Phinney, J. S. (1989). Stages of Ethnic Identity Development in Minority Group Adolescents. *Journal of Early Adolescence*, *9*, 34—49.

Phinney, J. (1992). The multigroup ethnic identity measure: A new scale for use with adolescents and young adults from diverse groups. *Journal of Adolescent Research*, *7*, 156—176.

Piaget, J. (1932). *Moral judgement of the child*. London: Routledge & Kegan Paul.

Pinker. (2011). *The better angels of our nature: Why violence has declined*. New York: Viking.

Pleck, J. H., Sornenstein, E, & Ku L. (1994). Problem behaviors and masculine ideology in adolescent males. In R. Ketterlinus & M. E. Lamb (Eds.), *Adolescent problem behaviors*. Hillsdale, NJ: Erlbaum.

Poletti, M. (2009). Adolescent brain development and executive functions: A prefrontal framework for developmental psychopathologies. Clinical Neuropsychiatry: *Journal of Treatment Evaluation*, *6*(4), 155—166.

Popp, D., Lauren, B., Kerr, M., Stattin, H., & Burk, W. K. (2008). Modeling homophily over time with an actor-partner independence model. *Developmental Psychology*, *44*(4), 1028—1039.

Povinelli, D. J., & Preuss, T. M. (1995). Theory of mind: evolutionary history of a cognitive specialization. *Trends in Neurosciences*, *18*(9), 418—424.

Prinstein, M. J., & La Greca, A. M. (2004). Childhood peer rejection and aggression as predictors of adolescent girls' externalizing and health risk behaviors: a 6-year longitudinal study. *Journal of Consulting and Clinical Psychology*, *72*(1), 103—112.

Prokopcakova, A. (1998). Drug Experimenting and Pubertal Maturation in Girls. *Studia Prychologica*, *40*, 287—290.

Psathas, G. (1957). Ethnicity social class, and adolescent independence. *Sociological Review*, *22*, 415—523.

Rice, P. & Dolgin, K. (2002). *The adolescent: Development, relationships, and culture* (10th ed.). Needham Heights: Allyn and Bacon.

Richards, M. H., Crowe, P. A., Larson, R., & Swarr, A. (1998). Developmental pat terns and gender differences in the experience of peer companionship during adolescence. *Child Development*, *69*, 154—163.

Richman, C., Clark, M., & Brown, K. (1985). General and specific self-esteem in late adolescent students: Race × gender × SES effects. *Adolescence*, *20*(79), 555—566.

Rierdan, J., Koff, E., & Stubbs, M. L. (1989). A longitudinal analysis of body image as a predictor of the onset and persistence of adolescent girls' depression. *Journal of Early Adolescence*, *9*, 454—466.

Rivas-Drake et al. (2008). The relationship between body and image, physical attractiveness and body mass in adolescents. *Child Development*, *70*, 50—64.

Roberts, L R., & Petersen, A. C. (1992). The Relationship between Academic Achievement and Social Self-image during Early Adolescence. *Journal of Early Adolescence*, 112, 197—219.

Rodgers, C. (2000). Gender schema. In A. Kazdin (Ed.), *Encyclopedia of psychology*. Washington, DC, and New York: American Psychological Association and Oxford University Press.

Rogers, A. (1987). *Questions of gender differences: Ego development and moral voice in adolescence*. Unpublished manuscript, Department of Education, Harvard University.

Rogers, C. R. (1950). The significance of the self regarding attitudes and perceptions. In M. L. Reymart (Ed.), *Feeling and emotions*. New York: McGraw-Hill.

Rosenberg, M. (1986). Self concept from middle childhood through adolescence. In J. Suls & A. G. Greenwald (Eds.), *Psychological perspective on the self* (Vol.3). Hillsdale, NJ: Erlbaum.

Rosenthal, S. L., & Simeonsson, R. J. (1989). Emotional Disturbances and the Development of Self Consciousness in Adolescence. *Adolescence*, 24, 689—698.

Rowley, S. J., Kurtz-Costes, B., Mistry, R., & Feagans, L. (2007). Social status as a predictor of race and gender stereotypes in late childhood and early adolescence. *Social Development*, 16(1), 150—168.

Rubin, K., Bukowski, W., & Parker, J. (2006). Peer interaction and social competence. In W. Damon, & R. M. Lerner (Eds.), *Handbook of child psychology: Vol.3* (6th ed.). New York: Wiley.

Ruble, D. N., & Martin, C. L. (1998). Gender development. In N. Eisenberg (Ed.), *Handbook of child psychology: Vol.3. Social, emotional, and personality development* (5th Ed., pp.933—1016). New York: Wiley.

Rutter, M. & the English and Romanian Adoptees (ERA) study team. (1998). Developmental catch-up, and deficit, following adoption after severe global early privation. *Journal of Child Psychology and Psychiatry and Allied Disciplines*, 39, 465—476.

Saarni, C., Mumme, D. L., & Campos, J. (1998). Emotional development: Action, communication, and understanding. In N. Eisenberg (Ed.), *Handbook of child psychology: Vol.3. Social, emotional and personality development* (5th ed, pp.237—309). New York: Wiley.

Sabbagh, M. A., Xu, F., Carlson, S. M., Moses, L. J., & Lee, K. (2006). The development of executive functioning and theory of mind: A comparison of Chinese and U.S. preschoolers. *Psychological Science*, 17, 74—81.

Sabbagh, M., & Callanan, M. (1998). Metarepresentation in action: 3-, 4-and 5-year-olds' developing theories of mind in parent-child conversations. *Developmental Psychology*, 34, 491—502.

Sadker, M., & Sadker D. (1986, March). Sexism in the classroom: From grade school to graduate school. *Phi Delta Kappan*, 512—515.

Sagrestano, L. M., McCormick, S.H., Paikoff, R.L., & Holmbeck, G.N. (1999). Pubertal development and parent-child conflict in low-income, urban, African American adolescents. *Journal of Research on Adolescence*, 9, 85—107.

Salmivalli, C., & Voeten, M. (2004). Connections between attitudes, group norms, and behaviour in bullying situations. *International Journal of Behavioral Development*, 28, 246—258.

Saluja, G., Iachan, R., Scheidt, P. C., Overpeck, M. D., Sun, W., & Giedd, J. N. (2004). Prevalence and risk factors for depressive symptoms among young adolescents. *Archives of Pediatrics and Adolescent Medicine*, 158(8), 760—765.

Samter, W. (1992). Communicative characteristics of the lonely person's friendship circle. *Communication Research*, 19, 212—239.

Sandberg, D. E, Meyer-Bahlburg, H., Ehrhardt, A., & Yager, T. (1993). The prevalence of gender-atypical behavior in elementary school children. *Journal of the American Academy of Child and Adolescent Psychiatry*, 32, 306—314.

Santrock, J. W. (2001). *Educational psychology*. New York: McGraw-Hill.

Sargent, J. D., Tanski, S., Stoolmiller, M., & Hanewinkel, R. (2010). Using sensation seeking to target adolescents for substance use interventions. *Addiction*, 105(3), 506—514.

Sarigiani, P. A., Wilson, J. L., Petersen. A. C., & Vicary, J. R. (1990). Self Image and Educational Plans of Adolescents from Two Contrasting Communities. *Journal of Early Adolescence*, 10, 37—55.

Schwartz, C., Snidman, N., & Kagan, J. (1999). Adolescent social anxiety as an outcome of inhibited temperament in childhood. *Journal of the American Academy of Child and Adolescent Psychiatry*, 38(8), 1008—1015.

Schwartz & Pantin. (2006). Identity development in adolescence and emerging adulthood: The interface of self, context, and culture. *The Concept of Self in Psychology*, pp.45—85.

Seiffge-Krenke, I., Bosma, H., Chau, C., Cok, F., Gillespie, C., & Loncaric, D. et al. (2010). All they need is love? Placing romantic stress in the context of other stressors: A 17-nation study. *International Journal of Behavioral Development*, 34, 106—112.

Selman, R. L. (1976). Social-cognitive understanding: A guide to educational and clinical practice. In T. Lickona (Ed.), *Moral development and behavior: Theory, research, and social issues*. New York: Holt, Rinehart & Winston.

Selman, R. L. (1980). *The growth of interpersonal understanding: Developmental and clinical analyses*. New York: Academic Press.

Selman, R. & Schultz, L. (1990). *Making a friend in youth: Developmental theory and pair therapy*. Chicago: University of Chicago Press.

Selnow, G. W. (1984). Playing videogames: The electronic friend. *Journal of Communication*, 34(2), 148—156.

Shain. L., & Farber, B. A. (1989). Female Identity Development and Self-Reflection in Late Adolescence. *Adolescence*, 24, 481—392.

Shapka, J. D., & Keating, D. P. (2005). Structure and change in self-concept during adolescence. *Canadian Journal of Behavioural Science*, 37(2), 83—96.

Sharpes, D. K., & Wang, X. (1997). Adolescent Self-Concept among Han, Mongolian, and Korean Chinese. *Adolescence*, 128, 913—924.

Shaw, P., et al. (2006). Intellectual ability and cortical development in children and adolescents. *Nature, 440, 676—679.

Shih, R. A., et al. (2010). Racial/ethnic differences in adolescent substance use: Mediation by individual, family, and school factors. *Journal of Studies on Alcohol and Drugs*, 71(5), 640—651.

Shweder et al. (2006). The cultural psychology of development: one mind, many mentalities. *Handbook of child development* (5th Ed.), Vol.1, pp.865—937.

Siegel, A. & Scovill, L. (2000). Problem behavior: The double symptom of adolescence. *Development and Psychopathology*, 12, 763—793.

Siegel, J. M., Yancey, A. K., Aneshensel, C. S., & Schuler, R. (1999). Body image, perceived pubertal timing, and adolescent mental health. *Journal of Adolescent Health*, 25, 155—165.

Silk, J. S., Shaw, D. S., Skuban, E. M., Oland, A. A., & Kovacs, M. (2006). Emotion regulation strategies in offspring of childhood-onset depressed mothers. *Journal of Child Psychology and Psychiatry*, 47, 69—78.

Simons, L. G., Conger, R. D., & Simons, L. G. (2007). Linking mother-father differences in parenting to a typology of family parenting styles and adolescent outcomes. *Journal of Family Issues*, 28(2), 212—241.

Simpson, J., Rholes, W., & Nelligan, J. (1993). Support seeking and support giving within couples in an anxiety-provoking situation: The role of attachment styles. *Journal of Personality and Social Psychology*, 62, 434—446.

Sippola, L. K., et al. (2007). Correlates of false self in adolescent romantic relationships. *Journal of Clinical Child and Adolescent Psychology*, 36(4), 515—521.

Skoe, E. E., & Matcia, J. E. (1988). *Ego identity and care-based moral reasoning in college women*. Unpublished manuscript, Acadia University.

Slonje, R., & Smith, P. K. (2008). Cyber bullying: Another main type of bullying? *Scandinavian Journal of Psychology*, 49, 147—154.

Šmahel, D. (2003). *Psychologie a internet: děti dospělymi, dospěli dětmi*. Triton.

Smahel, D., Blinka, L., & Ledabyl, O. (2008). Playing MMORPGs: Connections between addiction and identifying with a character. *CyberPsychology & Behavior*, 11(6), 715—718.

Smahel, D., & Subrahmanyam, K. (2007). "Any girls want to chat press 911": Partner selection in monitored and unmonitored teen chat rooms. *CyberPsychology & Behavior*, 10(3), 346—353.

Smahel, D., & Vesela, M. (2006). Interpersonal attraction in the virtual environment. *Ceskoslovenska Psychologie*, 50(2), 174—186.

Smetana, J. G. (1988). Concepts of self and social convention: Adolescents' and parents' reasoning about hypothetical and actual family conflicts. In M. R. Gunnar & W. A. Collins (Eds.), *Minnesota Symposia on Child Psychology*. (Vol.21, pp.79—122). Hillsdale, NJ: Erlbaum.

Smetana, J. G., Daddis, C., & Chuang, S. S. (2003). "Clean your room!" A longitudinal investigation of adolescent-parent conflict and conflict resolution in middle-class African American families. *Journal of Adolescent Research*, 18(6), 631—650.

Smith, K. E. (1997). Student teachers' beliefs about developmentally appropriate practice: Pattern, stability, and the influence of locus of control. *Early Childhood Research Quarterly*, *12*(2), 221—243.

Solberg, M. E., Olweus, D., & Endresen, I. M. (2007). Bullies and victims at school: Are they the same pupils? *British Journal of Educational Psychology*, *77*(2), 441—464.

Spangler, G., & Zimmermann, P. (1999). Attachment representation and emotion regulation in adolescence: A psycho-biological perspective on internal working models. *Attachment and Human Development*, *1*, 32—46.

Spencer, M. B. (2000). Ethnocentrism. In A. Kazdin (Ed.), *Encyclopedia of psychology*. Washington, DC, and New York: American Psychological Association and Oxford University Press.

Sroufe, L A., Egeland, B., & Carlson, E. A. (1999). One social world: The integrated development of parent-child and peer relationships. In W A. Collins & B. Laursen (Eds.), *Minnesota symposium on child psychology* (Vol.31). Mahwah: Erlbaum.

Stansbury, K. & Gunnar, M. (1994). Adrenocortical activity and emotion regulation. *Monographs of the Society for Research in Child Development*, *59*(2—3), 108—134, 250—283.

Steinberg, L.(1990). Autonomy, conflict, and harmony in the family relationship. In S. Feldman & G. Elliott(Eds.), *At the threshold: The developing adolescent* (255—276). Cambridge, MA: Harvard University Press.

Steinberg, L. (1988). Reciprocal relation between parent-child distance and pubertal maturation. *Developmental Psychology*, *24*, 122—128.

Steinberg, L. & Silverberg, S. (1986). The vicissitudes of autonomy. *Child Development*, *57*, 841—851.

Steinberg & Silk. (2002). Parenting adolescents. *Handbook of Parenting*, Vol.1: Children and parenting (2nd Ed., pp.103—113).

Steinhausen. H. C., et al. (2003). The outcomes of adolescents eating disorders: Findings from an international collaborative study. *European Child & Adolescent Psychiatry*, *12*, i91—i98.

Stephens, P. C., et al. (2009). Universal school-based substance abuse prevention programs: Modeling targeted mediators and outcomes for adolescent cigarette, alcohol and marijuana use. *Drug and Alcohol Dependence*, *102*(1—3), 19—29.

Storch, E. A., et al. (2004). Association between overt and relational aggression and psychosocial adjustment in undergraduate college students. *Violence & Victims*, *19*, 689—700.

Streetman, L. G. (1987). Contrasts in Self Esteem of Unwed Teenage Mothers. *Adolescence*, *23*, 459—464.

Striegel-Moore, R. H., & Franko, D. L. (2006). Adolescent eating disorders. In C.A. Essau (Eds.), *Child and adolescent psychopathology: Theoretical and clinical implications* (pp.160—183). New York, NY: Rutledge.

Subrahmanyam, K., Greenfield, P. M., & Tynes, B. (2004). Constructing sexuality and identity in an online teen chat room. *Journal of Applied Developmental Psychology*, *25*, 651—666.

Suitor, J. J., & Reavis, R. (1995). Football, Fast Cars, and Cheerleading: Adolescent Gender

Norms, 1978 through 1989. *Adolescence*, *30*, 265—272.
Suler, J. R. (2001). Psychotherapy and clinical work in cyberspace. *Journal of Applied Psychoanalytic Studies*, *3*(1), 95—97.
Sullivan, H. (1953). *The Interpersonal Theory of Psychiatry*. New York: Norton.
Sussman, S., Pokhrel, P., Ashmore, R. D., & Bradford Brown, B. (2007). Adolescent peer group identification and characteristics: a review of the literature. *Addictive Behaviors*, *32*(8), 1602—1627.
Taga, K. A., Markey, C. N., & Friedman, H. S. (2006). A longitudinal investigation of associations between boys' pubertal timing and adult behavioral health and well-being. *Journal of Youth & Adolescence*, *35*(3), 380—390.
Tannen, D. (1990). *You just don't understand*! New York: Ballantine.
Taylor, C. S., Lerner, R. M., von Eye, A., Bobek, D. L., Balsano, A. B., Dowling, E., & Anderson, P. M. (2003). Positive individual and social behavior among gang and nongang African American male adolescents. *Journal of Adolescent Research*, *18*(5), 496—522.
Tedesco, L. A., & Gaier, E. L. (1988). Friendship Bonds in Adolescence. *Adolescence*, *89*, 127—136.
Thompson, A. R., Gregory, A., & Thompson, A. R. (2011). Examining the influence of perceived discrimination during African American adolescents' early years of high school. *Education & Urban Society*, *43*(1), 3—25.
Thompson, R. A. (1994). Emotion regulation: A theme in search of a definition. In N. A. Fox (Ed.), *Emotion regulation: Behavioral and biological considerations. Monographs of the Society for Research in Child Development*, *59*(2—3, Serial No.240), 25—52.
Thornton, B., & Maurice, J. (1997). Physique Contrast Effect: Adverse Impact of Idealized Body Images for Women. *Sex Roles*, *37*, 433—439.
Thornton, C., & Russell, J. (1997). Obsessive Comorbidity in the Dieting Disorders. *International Journal of Eating Disorders*, *21*, 83—87.
Tiemeier, H., Lenroot, R. K., Greenstein, D. K., Tran, L., Pierson, R., & Giedd, J. N. (2010). Cerebellum development during childhood and adolescence: A longitudinal morphometric mri study. *NeuroImage*, *49*(1), 63—70.
Tishler, C. L. (1992). Adolescent Suicide: Assessment of Risk, Prevention, and Treatment. *Adolescent Medicine*, *3*, 51—60.
Tobin, D. J. (2010). *Gerontobiology of the hair follicle*. New York: Springer.
Triplett, R., & Payne, B. (2004). Problem solving as reinforcement in adolescent drug use: Implications for theory and policy. *Journal of Criminal Justice*, *32*(6), 617—630.
Twenge, J., & Crocker, J. (2002). Race and self-esteem: Meta-analyses comparing whites, blacks, Hispanies, Asians, and America Indians and comment on Gray-Little and Hafdahl (2000). *Psychological Bulletin*, *128*(3), 371—408.
Udry, R. (1990). Biosocial models of adolescent problem behaviors. *Social Biology*, *37*(1—2), 1—10.

Underwood, M. K., Kupersmidt, J. B., & Coie, J. D. (1996). Childhood peer sociometric status and aggression as predictors of adolescent child-bearing. *Journal of Research on Adolescence*, 6, 201—223.

Underwood, M. K., & Maccoby, E. E. (2003). *Social aggression among girls*. Guilford.

Urberg, K. A., Degirmencioglu, S. M., Tolson, J. M., & Halliday-Scher, K. (1995). The structure of adolescent peer networks. *Developmental Psychology*, 31, 540—547.

Usmiani, S., & Daniluk, J. (1997). Mothers and their adolescent daughters: relationship between self-esteem, gender role identity, and body image. *Journal of Youth and Adolescence*, 26, 45—62.

Valkenburg P M., Sumter S R., & Peter J. (2011). Gender differences in online and offline self-disclosure in pre-adolescence and adolescence. *British Journal of Developmental Psychology*. 29(2), 253—269.

Van Leeuwen et al. (2004). A longitudinal study of the utility of the resilient, overcontrolled, and undercontrolled personality types as predictors of children's and adolescents' problem behavior. *International Journal of Behavioral Development*, 28, 210—220.

Van-Roosmalen, E. & McDaniel, S. (1992) Adolescent smoking intentions: Gender differences in peer context. *Adolescence*, 27(105), 87—105.

Veenstra, R., Lindenberg, S., et al. (2007). The dyadic nature of bullying and victimization: Testing a dual-perspective theory. *Child Development*, 78(6), 1843—1854.

Vernberg, E. M., & Others, A. (1994). Sophistication of adolescents' interpersonal negotiation strategies and friendship formation after relocation: A naturally occurring experiment. *Journal of Research on Adolescence*, 4, 5—19.

Volk, A. A., Camilleri, J. A., Dane, A. V., & Marini, Z. A. (2012). Is Adolescent Bullying an Evolutionary Adaptation? *Aggressive Behavior*, 38(3), 222—238.

Wade, T J., & Cooper, M. (1999). Sex Differences in the Links between Attractiveness, Self-Esteem and the Body. *Personality and Individual Differences*, 27, 1047—1056.

Waldrop, A. E., Hanson, R. F., Resnick, H. S., Kilpatrick, D. G., Naugle, A. E., & Saunders, B. E. (2007). Risk factors for suicidal behavior among a national sample of adolescents: Implications for prevention. *Journal of Traumatic Stress*, 20(5), 869—879.

Walter, C. A (1986). *The timing of motherhood*. Lexington, MA: D.C Heath.

Waterman, A. S. (2007). Doing well: the relationship of identity status to three conceptions of well-being. *Identity*, 7(4), 289—307.

Weir, K. F., & Jose, P. E. (2010). The perception of false self scale for adolescents: Reliability, validity, and longitudinal relationships with depressive and anxious symptoms. *British Journal of Developmental Psychology*, 28(2), 393—411.

Wellman, H. (2002). Understanding the psychological world: Developing a theory of mind. In U. Goswami (Ed.), *Blackwell handbook of child cognitive development* (pp.167—187). Malden, MA: Blackwell.

Wentzel, K. R., & Asher, S. R. (1995). The academic lives of neglected, rejected, popular, and controversial children. *Child Development*, 66, 754—763.

Whitesell, N. R., Mitchell, C. M., & Spicer, P. (2009). A longitudinal study of self-esteem, cultural identity, and academic success among American Indian adolescents. *Cultural Diversity and Ethnic Minority Psychology*, 15(1), 38—50.

Wichstrom, L. (1998). Self concept development during adolescence: Do American truths hold for Norwegians? In E. Skoe & A. von der Lippe (Eds.), *Personality development in adolescence: A cross national and life span perspective*, (pp.98—122). London: Routledge.

Wicks-Nelson, R. & Israel, A. (2006). *Behavior disorders of childhood* (6th Ed.). Upper Saddle River: Prentice-Hall.

Williams, J. M., & Dunlop, L. C. (1999). Pubertal timing and self-reported delinquency among male adolescents. *Journal of Adolescence*, 22, 157—171.

Williams, T. S., Connolly, J., Pepler, D., Craig, W., & Laporte, L. (2008). Risk models of dating aggression across different adolescent relationship: a developmental psychopathology approach. *Journal of Consulting and Clinical Psychology*, 76, 622—632.

Wills, T.(1990). Social support and the family. In E. Blechman et al. (Eds.), Emotion and the family: *For better or for worse*(75—98). Hillsdale, NJ: Erlbaum.

Winsler, A., Fernyhough, C., & Montero, I. (2009). *Private speech, executive functioning, and the development of verbal self-regulation*. New York: Cambridge University.

Wolak, J., Mitchell, K. J., & Finkelhor, D. (2007). Does online harassment constitute bullying? An exploration of online harassment by known peers and online-only contacts. *Journal of Adolescent Health*, 41(6), S51—S58.

Xu, Y., Farver, J.M., Schwartz, D., & Chang, L., (2003). Identifying aggressive victims in Chinese children's peer groups. *International Journal of Behavioral Development*, 27, 243—252.

Yip, Y. (2008). Everyday experiences of ethnic and racial identity among adolescents and young adults. *Handbook of race, racism, and the developing child*. Hoboken, NJ: John Wiley & Sons Inc.

Young, M. H., Miller, B. C., Norton, M. C., & Hill, E. J. (1995). The Effect of Parental Supportive Behaviors on Life Satisfaction of Adolescent Off spring. *Journal of Marriage and the Family*, 57, 813—822.

Youngs, G. A., Jr., Rathge, R., Mullis, R., & Mullis, A. (1990). Adolescent Stress and Self-Esteem. *Adolescence*, 25, 333—341.

Yunger, J. L., Carver, P. R., & Perry, D. G. (2004). Does gender identity influence children's psychological well-being? *Developmental Psychology*, 40(4), 572—582.

Zavala, M. A. (2008). Emotional intelligence and social skills in adolescents with high social acceptance. *Electronic Journal of Research in Educational Psychology*, 6(2), 319—338.

Zettergren, P. (2003). School adjustment in adolescence for previously rejected, average and popular children. *British Journal of Educational Psychology*, 73(2), 207—221.

Zimmerman, G. M., & Messner, S. F. (2010). Neighborhood context and the gender gap in adolescent violent crime. *American Sociological Review*, 75(6), 958—980.

Zimmermann, P. (1999). Emotions-regulation im Jugendalter [Emotion regulation in adolescence]. In W. Friedlmeier, & M. Holodynski (Eds.), *Emotionale Entwicklung* (219—240). Heidelberg: Spektrum der Wissenschaft.

Zimmermann, P., & Grossmann, K. E. (1997). Attachment and adaptation in adolescence. In W. Koops, J. B. Hoeksma, & D. C. van den Boom (Eds.), *Development of interaction and attachment: Traditional and non-traditional approaches* (271—280). Amsterdam: North-Holland.

Zucker, K. J. & Bradley, S. J. (1995). *Gender Identity Disorder and Psychosexual Problems in Children and Adolescents*. New York: Guilford.

陈红, 黄希庭. (2005). 青少年身体自我的发展特点和性别差异研究. 心理科学, 28(2), 432—435.

陈红, 羊晓莹, 翟理红, 何玉兰, 陈瑞, 高笑. (2007). 不同年龄段女性负面身体自我状况及相关因素. 中国心理卫生杂志, 21(8), 531—534.

陈美芬, 陈舜蓬. (2005). 攻击性网络游戏对个体内隐攻击性的影响. 心理科学, 28(2), 458—460.

陈月华, 毛璐璐. (2006). 试论网络传播中的身体. 哈尔滨工业大学学报(社会科学版), 8(5), 149—152.

陈祉妍, 杨小冬, 李新影. (2009). 流调中心抑郁量表在我国青少年中的试用. 中国临床心理学杂志, 4, 443—448.

程文红等. (2007). 青少年抑郁障碍患者的早期创伤史研究. 中国心理卫生杂志, 21(5), 326—327.

程燕, 余林. (2007). 大学生"网恋"心理与行为的初步研究. 中国临床心理学杂志, 15(1), 42—45.

崔丽娟, 胡海龙, 吴明证, 谢春玲. (2006). 网络游戏成瘾者的内隐攻击性研究. 心理科学, 29(3), 570—573.

丁新华, 王极盛. (2002). 中学生生活事件与抑郁的关系. 中国心理卫生杂志, 16(11), 788—790.

杜岩英, 雷雳, 马晓辉. (2010). 身体映像影响因素的生态系统分析. 心理科学进展, 18(3), 480—486.

范珍桃. (2004). 儿童性别恒常性发展. 心理科学进展, 1, 45—51.

方晓义, 张锦涛, 刘钊. (2003). 青少年期亲子冲突的特点. 心理发展与教育, 3, 46—52.

高红艳, 王进, 胡炬波. (2007). 青少年学生形体认知偏差与自尊、生活满意感的关系. 体育科学, 27(11), 30—36.

高亚兵, 彭文波, 骆伯巍, 周丽华, 叶丽红. (2006). 青少年学生体像烦恼与自尊的相关研究. 中国学校卫生, 27(1), 36—37.

郭菲, 雷雳. (2009). 初中生假想观众、个人神话与其互联网社交的关系. 心理发展与教育, 25(4), 43—49.

郭晓丽, 江光荣. (2007). 暴力电子游戏对儿童及青少年的影响研究综述. 中国临床心理学杂志, 15(2), 188—190.

郭晓丽, 江光荣, 朱旭. (2009). 暴力电子游戏的短期脱敏效应:两种接触方式比较. 心理学报, (3), 259—266.

侯丹. (2004). 小学六至八年级学生的自我表现策略研究[D]. 上海: 华东师范大学.

金灿灿,邹泓,侯珂.(2011).青少年的社会适应:保护性和危险性因素及其累积效应.北京师范大学学报(社会科学版),1,12—20.

寇彧,马艳,王磊,付艳,谭晨,唐玲玲,徐华女.(2003).青少年的亲社会行为研究.小康社会:文化生态与全面发展——2003年学术前沿论坛论文集.

雷雳,郭菲.(2008).青少年的分离——个体化与其互联网娱乐偏好和病理互联网使用的关系.心理学报,40(9),1021—1029.

雷雳.(2010).青少年"网络成瘾"探析.心理发展与教育,26(5),554—560.

李彩娜,邹泓.(2007).亲子间家庭功能的知觉差异及其与青少年孤独感的关系.心理科学,30(4),810—813.

李丹黎,张卫,李董平,王艳.(2012).父母行为控制、心理控制与青少年早期攻击和社会退缩的关系.心理发展与教育,2,201—209.

李宏利,雷雳.(2005).中学生的互联网使用与其应对方式的关系。心理学报,37(1),87—91.

李旭,钱铭怡.(2002).青少年归因方式在教养方式与抑郁情绪间的中介作用.中国心理卫生杂志,16(5),327—330.

李洋,雷雳.(2005).校内欺负行为的干预策略.首都师范大学学报(社科版),2,114—118.

林丹华,Xiaoming Li,方晓义,冒荣.(2008).父母和同伴因素对青少年饮酒行为的影响.心理发展与教育,3,36—42.

林丹华,方晓义,李小铭.(2008).环境和个体因素与青少年吸烟行为的发生.心理科学,31(2),304—306.

林丹华,方晓义.(2003).青少年个性特征、最要好同伴吸烟行为与青少年吸烟行为的关系.心理发展与教育,1,31—36.

刘桂芹,张大均.(2010).暴力网络游戏对青少年心理发展的影响及干预措施.教育科学研究,7,65—67.

刘海娇,田录梅,王姝琼,张文新.(2011).青少年的父子关系、母子关系及其对抑郁的影响.心理科学,6,1403—1408.

刘启刚,周立秋.(2013).亲子依恋对青少年情绪调节的影响.心理研究,2,34—39.

刘文,毛晶晶.(2011).青少年浪漫关系研究的现状与展望.心理科学进展,1011—1019.

刘希平,安晓娟.(2010).研究心理理论的新方法——失言识别任务.心理科学进展,3,450—455.

刘岩,刘岩,张蔚,陈晶,高艳霞,王益文.(2007)."心理理论"的神经机制:来自脑成像的证据.心理科学,30(3),763—765.

刘艳,邹泓,蒋索.(2010).中学生的情绪智力及其与社会适应的关系.北京师范大学学报(社会科学版),1,65—71.

刘志军,张英,谭千保.(2004).高中生的自我概念,父母教养方式与其亲社会行为的关系研究.湘潭师范学院学报:自然科学版,25(3),112—115.

罗英姿,王湘,朱熊兆,姚树桥.(2008).高中生的焦虑水平及其影响因素.中国心理卫生杂志,22(8),628—629.

骆伯巍,高亚兵,叶丽红,周丽华,彭文波.(2005).青少年学生体像烦恼现状研究.心理发展与教育,4,89—93.

马利艳, 雷雳. (2008). 初中生生活事件, 即时通讯与孤独感之间的关系. 心理发展与教育, 24(4), 106—112.

马晓辉, 雷雳. (2011). 青少年网络道德与其网络亲社会行为的关系. 心理科学, 34(2), 423—428.

孟庆东, 雷雳, 马利艳. (2009). 青少年的依恋与"网恋"的关系. 心理研究, 2(2), 75—80.

南洪钧, 钱俊平, 吴俊杰. (2011). 网络游戏行为对大学生心理健康的影响. 内蒙古师范大学学报: 教育科学版, 24(1), 46—49.

彭庆红, 樊富珉. (2005). 大学生网络利他行为及其对高校德育的启示. 思想理论教育导刊, 12, 49—51.

彭运石, 王玉龙, 龚玲. (2013). 家庭教养方式与犯罪青少年人格的关系: 同伴关系的调节作用. 中国临床心理学杂志, 21(6), 956—958.

平凡, 潘清泉, 周宗奎, 田媛. (2011). 体质量指数、嘲笑与自尊、身体意向的中介作用. 中国心理卫生杂志, 25(5), 369—373.

屈智勇, 邹泓. (2009). 家庭环境、父母监控、自我控制与青少年犯罪. 心理科学, 32(2), 360—363.

任小莉. (2009). 青少年网络交往中自我表现策略及与其自我认同的关系. 北京市社会心理学会 2009 年学术年会论文摘要集.

桑标, 邓欣媚. (2010). 社会变迁下的青少年情绪发展. 心理发展与教育, 5, 549—553.

邵阳, 谢斌, 乔屹, 黄乐萍. (2009). 男性暴力型违法犯罪青少年的愤怒情绪特征与父母教养方式对照研究. 中国临床心理学杂志, 17(4), 481—483.

宋晓蕾, 徐青. (2010). 青少年的心理理论与同伴接纳的关系. 中国青年政治学院学报, 6, 15—18.

唐东辉, 杜晓红, 陈庆果, 陈雁飞. (2008). 青少年学生身体自我满意度的现状及分析. 中国体育科技, 44(2), 60—63.

万晶晶, 周宗奎. (2005). 社会退缩青少年的友谊特点. 心理发展与教育, 3, 33—36.

王美萍, 张文新. (2007). 青少年期亲子冲突与亲子亲合的发展特征. 心理科学, 30(5), 1196—1198.

王树青, 陈会昌, 石猛. (2008). 青少年自我同一性状态的发展及其与父母教养权威性、同一性风格的关系. 心理发展与教育, 2, 65—72.

王树青, 张文新, 陈会昌. (2006). 中学生自我同一性的发展与父母教养方式、亲子沟通的关系. 心理与行为研究, 4(2), 126—132.

王小璐, 风笑天. (2004). 网络中的青少年利他行为新探. 广西青年干部学院学报, 18(55), 16—19.

王益文, 张文新. (2002). 3~6岁儿童"心理理论"的发展. 心理发展与教育, 1, 11—15.

席居哲, 左志宏, WU Wei. (2013). 不同心理韧性高中生的日常情绪状态与情绪自我调节方式. 中国心理卫生杂志, 27(9), 709—714.

夏良伟, 姚树桥, 胡牡丽. (2012). 青少年主观社会经济地位与吸烟行为: 生活事件的中介作用. 中国临床心理学杂志, 20(4), 556—558.

肖汉仕, 苏林雁, 高雪屏等. (2007). 中学生互联网过度使用倾向的影响因素分析. 中国临床心理学杂志, 15(2), 149—151.

辛自强, 池丽萍, 刘丙元. (2004). 不同社交地位初中生的社交焦虑特点. 中国心理卫生杂志, 18(4), 231—232.

徐夫真, 张文新. (2010). 家庭功能对青少年疏离感的预测:同伴接纳的调节作用及性别差异. 心理发展教育, 3, 274—281.

杨海燕, 蔡太生, 何影. (2010). 父母依恋和同伴依恋与高中生行为问题的关系. 中国临床心理学杂志, 18(1), 107—108.

杨洋, 雷雳. (2007). 青少年外向/宜人性人格、互联网服务偏好与"网络成瘾"的关系. 心理发展与教育, 2, 42—48.

易艳, 凌辉, 潘伟刚, 司欣芳, 马靖惠, 蒋艳娇, 胡凯. (2013). 青少年"我是谁"反应的内容分析. 中国临床心理学杂志, 21(3), 406—409.

尹娟娟, 雷雳. (2011). 青少年网上音乐使用问卷的编制及应用. 社会心理科学, 26(4), 65—70.

于凤杰, 陈亮, 张文新. (2013). 青少年早中期焦虑的发展及其与未来规划的关系:追踪研究. 中国临床心理学杂志, 21(4), 631—635.

余娟. (2006). 中学生亲社会行为及其与自我概念的相关研究[D]. 兰州:西北师范大学.

张国华, 雷雳. (2013). 网络游戏感知和体验与青少年网络游戏成瘾的关系:网络游戏态度的中介作用. 心理学与创新能力提升——第十六届全国心理学学术会议论文集.

张建人, 杨喜英, 熊恋, 凌辉. (2010). 青少年自我同一性的发展. 中国临床心理学杂志, 18(5), 651—653.

张兢兢, 徐芬. (2005). 心理理论脑机制研究的新进展. 心理发展与教育, 4, 110—115.

张静, 田录梅, 张文新. (2013). 同伴拒绝与早期青少年学业成绩的关系:同伴接纳、友谊支持的调节作用. 心理发展与教育, 4, 353—360.

张露, 范方, 覃滟云, 孙仕秀. (2013). 快速城市化地区青少年焦虑性情绪问题及影响因素. 中国临床心理学杂志, 21(3), 434—438.

张文新, 王美萍, Fuligni. (2006). 青少年的自主期望、对父母权威的态度与亲子冲突和亲合. 心理学报, 38(6), 868—876.

张文新. (2004). 学校欺负及其社会生态分析. 华南师范大学学报(社会科学版), 5, 97—103.

张璇, 谢敏, 胡晓晴, 葛少华, 郑全全. (2006). 大学生电脑游戏成瘾及其影响因素初探. 中国临床心理学杂志, 14(2), 150—152.

张云运, 陈会昌. (2011). 青少年特质情感、朋友冲突解决策略对友谊质量的影响. 心理科学, 34(1), 125—130.

赵冰, 梁福成, 吕勇. (2010). 大学生心理理论错误信念任务的事件相关电位特点. 中国心理卫生杂志, 24(10), 770—774.

赵永乐, 何莹, 郑涌. (2011). 电子游戏的消极影响及争议. 心理科学进展, 12, 010.

郑宏明, 孙延军. (2006). 暴力电子游戏对攻击行为及相关变量的影响. 心理科学进展, 14(2), 266—272.

郑思明, 雷雳. (2006). 青少年使用互联网公众观之健康上网调查. 中国教育学刊, 8, 39—43.

郑思明. (2007). 青少年健康上网行为的结构及其影响因素[D]. 北京:首都师范大学.

竺培梁, 卢家楣, 张萍, 谢玮. (2010). 中国当代青少年情感能力现状调查研究. 心理科学, 33(6), 1329—1333.

作者简介

雷雳 于北京师范大学获得博士学位。现任：中国人民大学教育学院二级教授，心理学博士生导师。中国心理学会理事，中国心理学会网络心理专业委员会副主任，中国心理学会发展心理学专业委员会委员。主要研究方向为发展心理学、互联网心理学。已发表中英文学术论文300余篇。

张雷 于美国南加州大学获得博士学位。现任：澳门大学心理学系讲席教授，系主任。主要研究方向为发展心理学、心理统计学、进化心理学。已发表中英文学术论文250余篇。